『十二五』国家重点图书出版规划项目

国家出版基金资助项目

国家出版基金项目
NATIONAL PUBLICATION FOUNDATION

晏阳初

民国乡村建设

华西实验区档案选编 · 经济建设实验 ②

贰

目录

二、农业（续）

农业工作计划、报告·其他部门报告

农业贷款

农业生产合作社·农业生产合作社相关书表

农业生产合作社·联合社

农业生产合作社·公文

农业推广繁殖站

璧山专署梁滩河农业生产指导所工作计划　9-1-209（101）

67

璧山專署梁灘河農業生產指導所工作計劃

本所工作計劃擬定了一個總方針隨時靈活的結合具体情况定出短期的工作計劃依照進行現將本所總方針半月工作計劃（四月份上半月）及在工作進行中幾個基本總合原則分別如下：

一、本所總方針

遵照上級農業生產指示暨狀各地農業經驗生產、根據本區現有農業生產水平，在勞動組織及技術改進上創造經驗指

璧山专署梁滩河农业生产指导所工作计划　9-1-209（102）

導全專區從當前農業生產基礎上逐步的發展農業生產

二、半月工作計劃

(一)建立農業組織

建立農民小組並從[illegible]驗研究變工互助勞動組織起來為首要工作，即本所從方針的勞動組織問題為進步工作是當前(當前勞動組織是農民小組或變工隊)與將來農業生產上領導推動的基本組織，農業生產的勞動組織與技術改進為一不[illegible][illegible]

璧山专署梁滩河农业生产指导所工作计划　9-1-209（103）

68

加強提高

各組在進行這一工作中必須掌握重要

於吸收經驗推動全面

（二）良種繁殖試驗

1、繼續檢查繁殖良種

繼續檢查繁殖的優良稻種和苕種至完全作到擇秧栽秧為止如對保証設意懷疑而不願種的可將規約手續通過農民組織重新申明以堅定信心、和加強他們的責任心

進步之工作為本所本年度壓倒一切的中心又

璧山专署梁滩河农业生产指导所工作计划 9-1-209（104）

作、建立農民小組工作提到首要地位在本年度該部是為了保証這一重大任務而進行的

2、繁殖小米稠、穗定首園準備擴種。

3、優良品種比較示範試驗

為定農民作的粗放式的及本所自行作的較精細式的都應抓緊時間計劃進行播種

（三）整理渠道、爭取放水

梁灘河灌溉渠增水工程正在計劃之中工作適應廣大群衆要求擬爭取於插秧時儘可能作到放水放水前作好整修疏濬渠灌溉組織管理

璧山四寶關文具印刷紙號印製

69

等準備工作

對當前農業生產情况毫不了解，為了便於計劃進行工作暫定先由繁殖區各保内分别作重點調查（每保先調查幾個甲或一個農民小組）

二、如何解决春耕、春荒、剩餘勞動力、

春耕春荒中的困难及剩餘勞動如何處理，可遵照政府指示，结合具体情况，通過農民組織，作適當解决。

三、約克瑟猪與本地猪交配，產生下一代雜

籌交增產，小春農業生產展覽會的準備都可繼續布注意進行。

七、政策宣傳上述工作，在現階段應特造謠農民生產情緒不够高漲的情况下，要結合農業政策，大力展開宣傳教育，特别是減租賦保佃權工自由，借貸自由，獎勵勞動等各項政策，要深入的反覆的解釋説明，，達風風揚揚，最好能作到口頭或文字上的宣傳。

本工作計劃，只舉一細目，詳細内容，當待各組討論制定。

璧山专署梁滩河农业生产指导所工作计划 9-1-209（107）

70

三、在工作進行中幾個基本結合原則

（一）工作進行與調查了解相結合

（二）工作與學習相結合

（三）完成任務與掌握政策相結合

（四）本所工作與本所總務科相結合

（五）每種工作與發動群众相結合

（六）掌握典型與推動全面相結合

（七）使用積極份子與聯繫群众相結合

（八）佈置工作與檢查、督促、總結相結合

（九）科學理論與農民实际相結合

（十）智识份子与工农群众相结合

（十一）本所工作与地方政府相结合

（十二）群众路线与阶级路线相结合

璧山专署梁滩河农业生产指导所检查巴县凤凰乡第一至五保六月份农业生产情况总结（一九五〇年七月五日） 9-1-227（80）

璧山專署梁灘河農業生產指導所檢查巴縣鳳凰鄉第一、二、三、四、五、保六月份農業生產情況總結

一九五〇年七月五日

六月二日我們在鳳凰鄉召集了一次擴大生產幹部會議關於農業生產方面曾作了許多決議我們立即通過群衆組織分保分組的布置下去農民們認識到各項決議案都是自己提出經大會通過的也是要自己努力切實作到的經過我們隨時的檢查督促他們已將六月份生產決議事項基本的作到了使整個的生產工作在原有的基礎上提高了一步現特將一至五保在六月份的生產情況簡畧如後：

一、在中耕方面

璧山专署梁滩河农业生产指导所检查巴县凤凰乡第一至五保六月份农业生产情况总结（一九五〇年七月五日）　9-1-227（81）

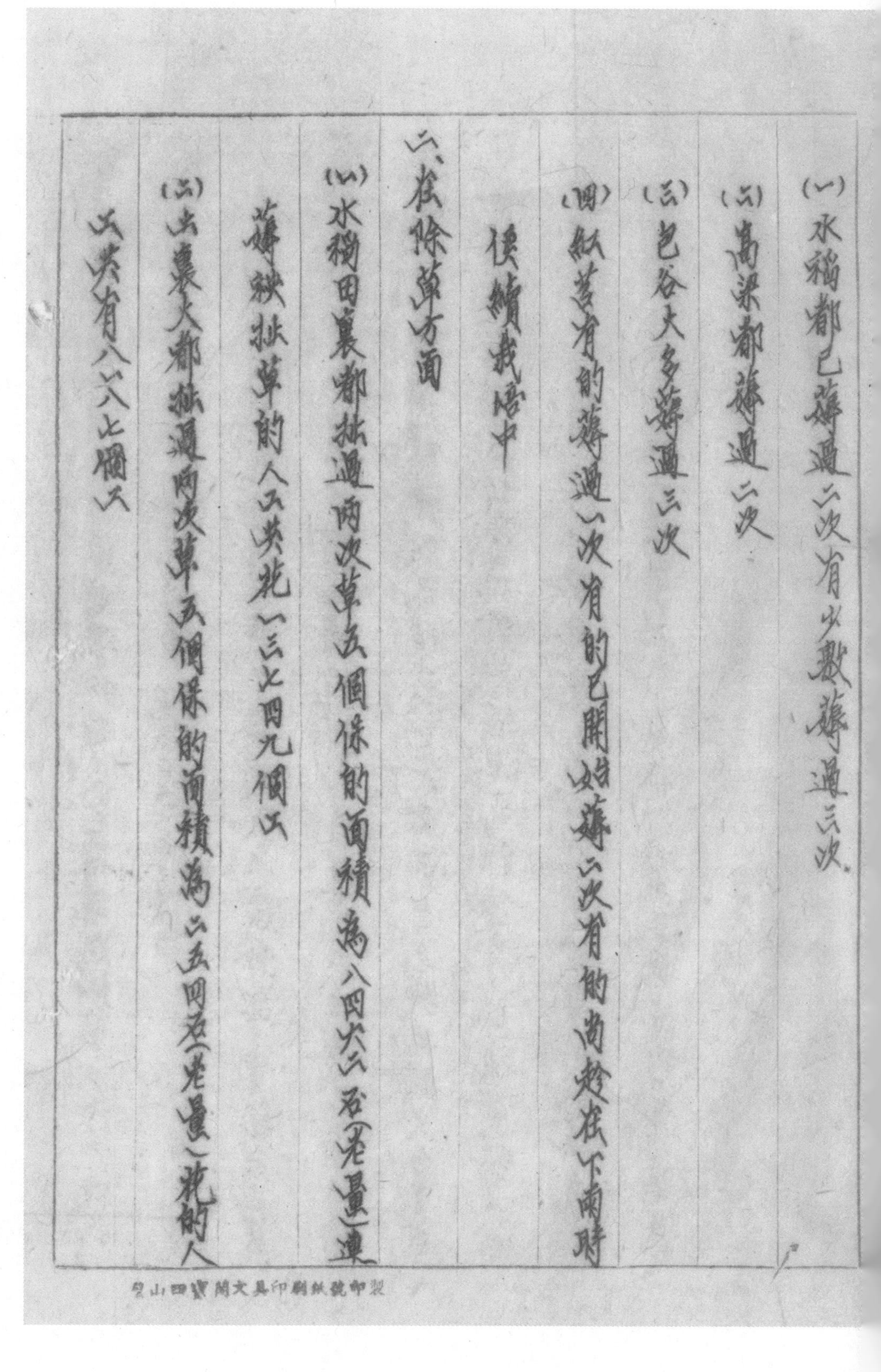
（一）水稻都已薅過二次有少數薅過三次。
（二）高粱都薅過二次
（三）包谷大多薅過三次
（四）紅苕有的薅過一次有的已開始薅二次有的尚趁在下雨時
候繼續栽培中
二、在除草方面
（一）水稻田裏都扯過兩次草五個保的面積為八四六二石（老量）連
薅秧扯草的人工共花一三七四九個工
（二）土裏大都扯過兩次草五個保的面積為二五四石（老量）扯的人
工共有八二六八七個工

璧山田寶閣文具印刷紙號印製

璧山专署梁滩河农业生产指导所检查巴县凤凰乡第一至五保六月份农业生产情况总结（一九五〇年七月五日） 9-1-227（82）

45

三、在施肥方面

（一）於水稻方面上一次的四九四户，上二次糞的二七七户，上三次糞的五八户，而因為田肥没有上糞祇有十七户

（二）高粱大多上過二次肥到三次肥

（三）包谷大都上過三次肥

（四）紅苕正在施肥，尚無統計

（五）肥料種類有綠肥、廄肥、草木灰、石灰、油餅、大糞、尿等

（六）關於集肥：如以鳳凰第三保為例，共有二四〇户，集有葫豆叶八〇〇斤，糞肥二〇七五挑，小糞一八八〇挑，石灰三四九〇斤，草木灰二八八挑，雜肥三五四三挑，購油餅四五八〇斤（其餘四保未作精確統計

璧山专署梁滩河农业生产指导所检查巴县凤凰乡第一至五保六月份农业生产情况总结（一九五〇年七月五日） 9-1-227（83）

見關於除蟲害方面、發動農民指導他們捕捉的有以下幾項、

(二) 水稻螟蟲（第三代）

1、為害程度、五個保的總面積為八百六十二石(老量)計受害面積約三三八石的佔40%

折成市畝每畝產谷一．六老石

2、防治方法：：拔枯心苗五個保共拔去三六六〇〇〇根

3、為害原因：：

(1) 泥脚過深 (2) 秧苗栽得太嫩

(3) 秧栽得過早或過遲 (4) 下雨過久

(5) 去年冬天沒有下雪

璧山专署梁滩河农业生产指导所检查巴县凤凰乡第一至五保六月份农业生产情况总结（一九五〇年七月五日）　9-1-227（84）

46

(二)稻苞虫(俗名捲稻虫或青虫)咬水稻嫩叶计五个保捉死的估
计有一六八〇〇〇条
(三)玉米螟(俗名鑽心虫)
1、為害程度約佔1%
2、防治方法：拔去受害植株計五個保共拔去受害植株約四
五〇〇株
(四)水稻不滿、
1、受害程度：五個保水田為八四六二石據總計不滿者為一八
四九石約佔14%
2、不滿原因：

璧山专署梁滩河农业生产指导所检查巴县凤凰乡第一至五保六月份农业生产情况总结（一九五〇年七月五日） 9-1-227（85）

(1)缺了水田　(2)、泥脚太深　(3)雨水太多

3、防治方法：：

(1)施肥：下石灰、馬糞或其他人畜糞肥等

(2)栽灰秧

(3)晒水：：五個保都能及時救治，共施石灰約有六0、000斤

且凡是下湯的田都是晒了水的，估計將來減產量只有

也不過三百石

五、在换工方面：：

五個保共有换工組三七組，五六0人，他們都是在自願兩利的原則下

組織起來的，截至六月底共换工三九0七工，其中有幾樁特殊的表現

三保的农民小组组员张明廷为光棍，妻眼瞎，都是佃贫农，因为缺乏劳动力，该保提三队动员了十六人用一天的工夫帮他们中耕除草。五保八甲的农民小组组员陈大华本因病患力弱，薅秧换工队员自动去了二十三人，费了半天工夫，将秧薅完了。他们都是毫不取代价的，不吃烟不吃饭，不要工资，为自己的兄弟们做，这表现出了穷人崇高的阶级互助友爱精神，令人十分感动。

六、奖评：

（1）本乡各级组织的负责人，虽在公务繁忙之中，都没有荒废自己的生产工作，而且还积极的起了推动带头、监督示范的作用，我们是应给以表扬的。

璧山专署梁滩河农业生产指导所检查巴县凤凰乡第一至五保六月份农业生产情况总结（一九五〇年七月五日） 9-1-227（86）

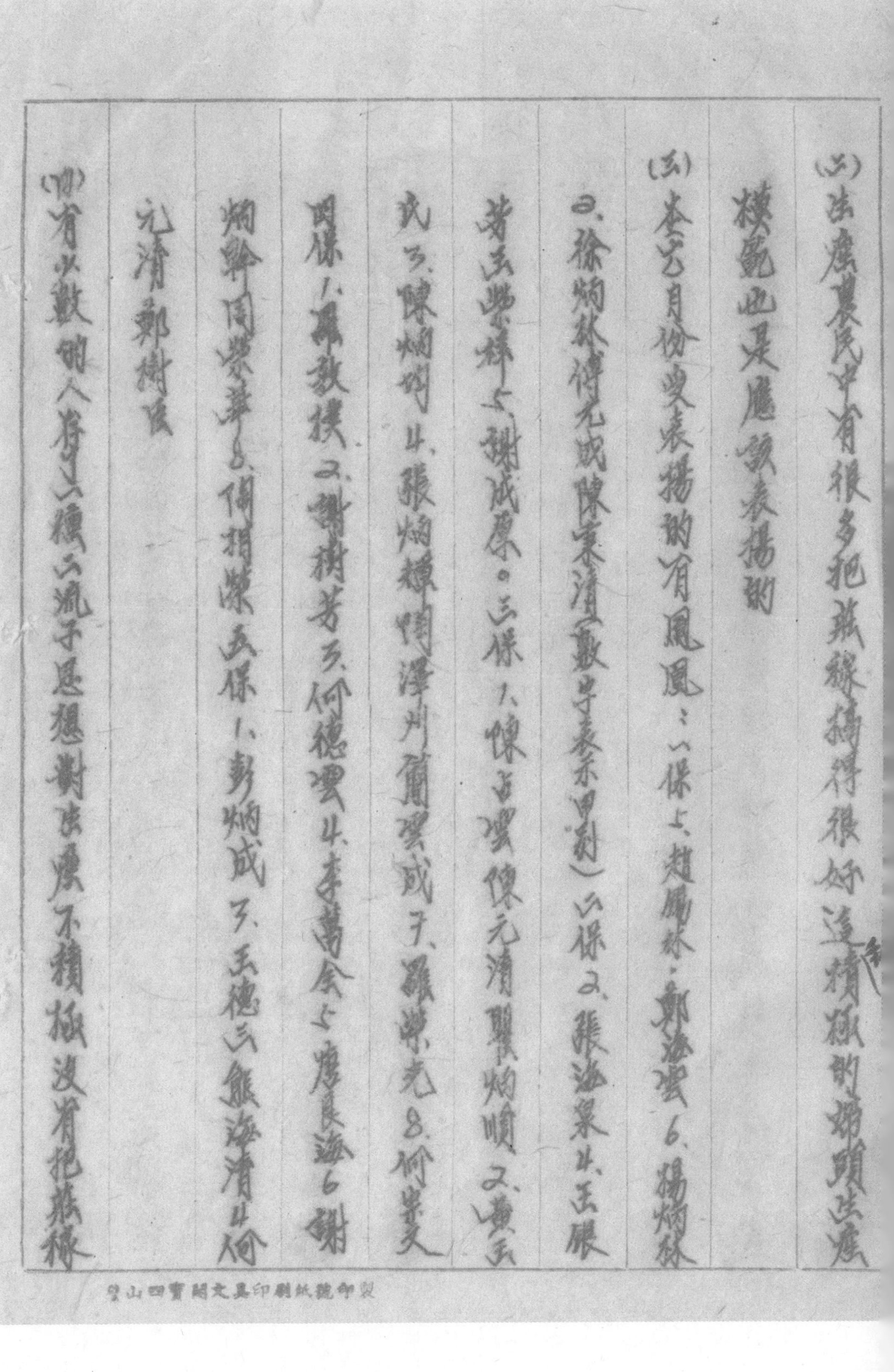

(六)該處農民中有很多把莊稼搞得很好這積極的帶頭該處
模範也是應該表揚的
(五)本月份要表揚的有鳳凰：一保1、趙國林、鄭海雲6、楊炳林
2、徐炳林、何元成、陳秉清(數字表示甲別)二保2、張海泉4、王服
芳5、王榮梓5、謝成原。三保1、陳占雲、陳元清、關炳順2、黃玉
成3、陳炳剛4、張炳輝、陶澤州、蕭雲成7、羅榮光8、何其文
四保1、羅致樸2、謝樹芳3、何德雲4、李萬余5、廖良海6、謝
炳斡、周榮華5、倘相淵。五保1、彭炳成3、王德之6、熊海清4、何
元清、鄭樹成
(四)有少數的人存了二種子流子思想對莊稼不積極沒有把莊稼

璧山专署梁滩河农业生产指导所检查巴县凤凰乡第一至五保六月份农业生产情况总结（一九五〇年七月五日） 9-1-227（88）

478

、搞好我們這會大會上提出來批評他善意的鼓勵他使他轉變成為生產中的一個積極份子。

(五)本六月份受批評不努力生產的份子有：一保陳光勳大才(地主)二保羅銀清、陳玉明、謝維炳、謝中輝。三保：陳兆海、彭德謙、3、張建中、4、賀子元(地主)5、蔣顯林6、謝維清7、羅貴生8、陳炳全。四保：謝騰州、熊有聲、張世榮、謝良臣、何榮祿、余德明、周光勳、賀光智。五保：何天彬、熊錫良、何炳森(保長)

六、生產意見：

我們在檢查這一個月的生產情況過程中感到有以下三點提供各位注意：

璧山专署梁滩河农业生产指导所检查巴县凤凰乡第一至五保六月份农业生产情况总结（一九五〇年七月五日） 9-1-227（89）

（二）譬如夏旱，今年暮春與初夏均多雨，轉瞬已到水稻抽穗期，適屆時大旱無雨，則應即發動農民聯繫檢查梁灘河水渠，先期整修，以便及時放水灌溉；非灌溉區域亦應提倡挖塘蓄水防旱。

（三）由於各種病蟲害的猖獗，嚴重影響各種作物的產量，我們應開展鳳凰鄉全鄉的除蟲運動，掌握害蟲發展規律，按期採卵挖卵捻苞摘葉，捕殺幼蟲，不使其為害，爭取到發生到哪裏消滅在哪裏，不使其蔓延。

（四）吸取舊經驗，今後大量農民生產經驗和經驗與能為群眾所接受的科學技術相結合，這是在現有條件下改良技術的根本辦

49

法因此我們工作者感到要積極學習技術提高自己。

璧山专署梁滩河农业生产指导所检查巴县凤凰乡第一至五保六月份农业生产情况总结（一九五〇年七月五日） 9-1-227（90）

华西实验区万县专署农业生产指导所一九五〇年十一月份工作报告表 9-1-188（138）

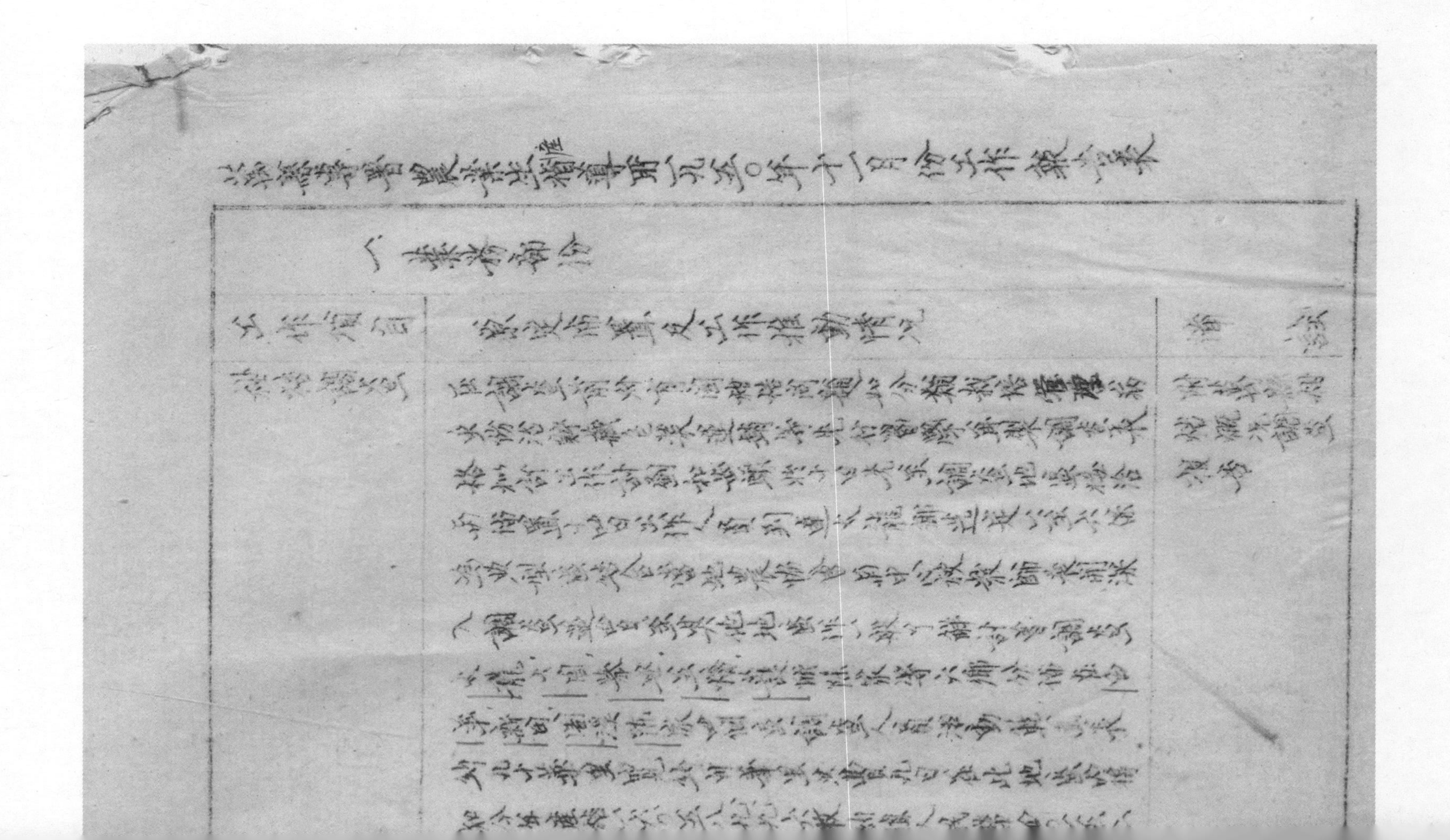
万县专署农业生产指导所一九五〇年十一月份工作报告表

一、业务部份

工作项目	实际布置及工作推动情况	备注

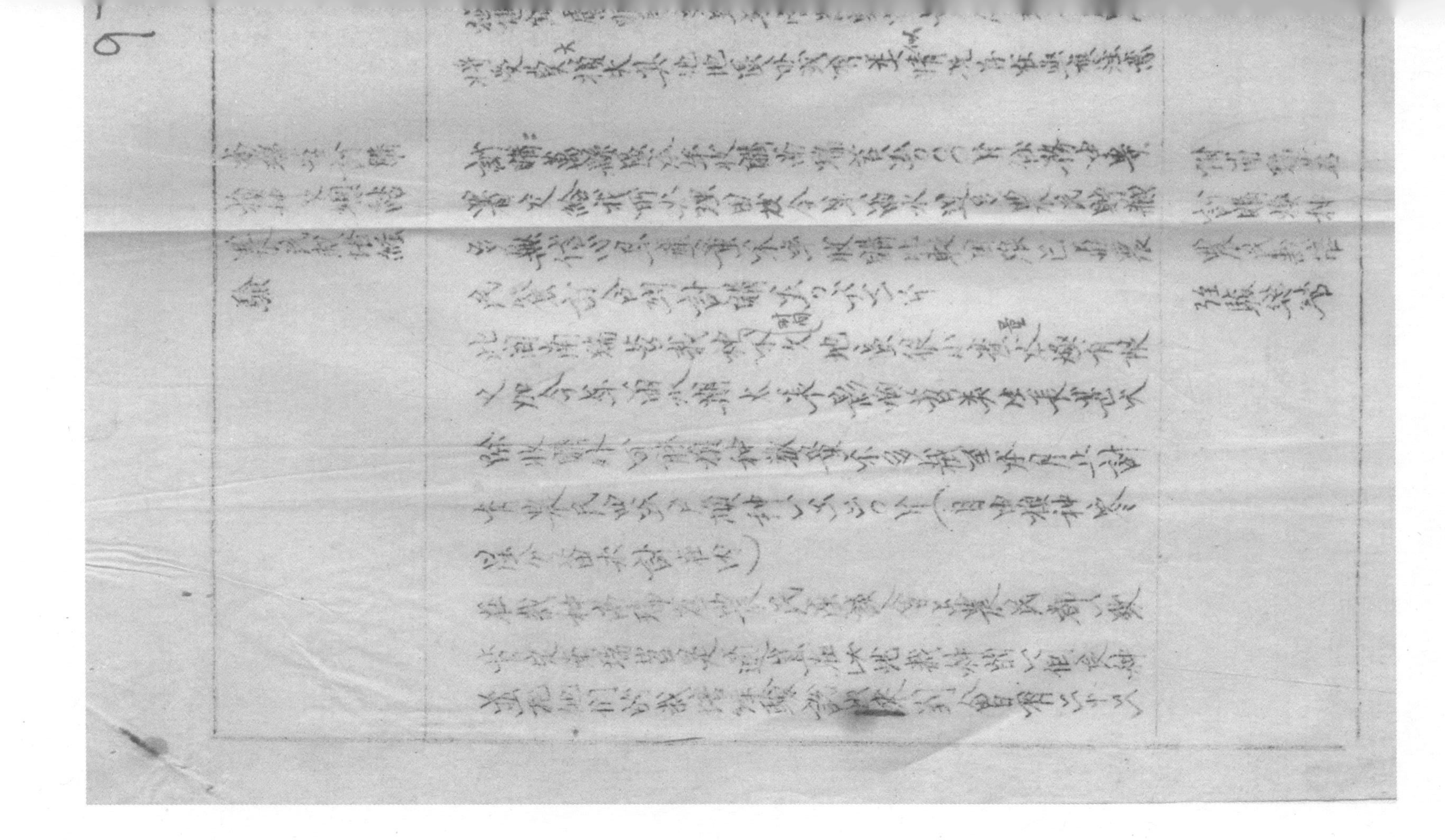

华西实验区万县专署农业生产指导所一九五〇年十一月份工作报告表　9-1-188（138）

华西实验区万县专署农业生产指导所一九五〇年十一月份工作报告表 9-1-188（139）

同農民有九個人發言，首[illegible]的[illegible]人說的比較切實，不能代的，我們人員加以總結之，向他們作個報告，使大家的經驗得到交流。

發動典型農民生產會議　在我們工作計劃上，本月原定在此典型農民發動生產會議，目前為工作溝通，想與群眾中心工作不能脫節，[illegible]農民暫且把建農協會，更是有必要，應成立以實際把農協會前有很熟悉了的老農及積極分子做骨幹，準備會的工作等到中心工作一段落再來發動。

二、總結領導部份。

[illegible]　本人能夠實地在此地調查，由[illegible]向農民協會和小學教師結合的好，又得于農民協會的工作人員深入，[illegible]

华西实验区万县专署农业生产指导所一九五〇年十一月份工作报告表 9-1-188（139）

98

[illegible]

由我负责生产会议上提出来，分别推动，当为生产会议未

能够动员，这次工作也无法单独进行。

感想体会

「推动工作，依靠群众」是作好工作最[illegible]的，在我们[illegible]

地区里，群众得到了认识，[illegible]也[illegible]，[illegible]我们

的地区，当地群众情况，他们[illegible]说出[illegible]，[illegible]

[illegible]不[illegible]这次[illegible]分[illegible]，[illegible]

[illegible]他就[illegible]，[illegible]真实情形说出来，这[illegible]

[illegible]因此我们[illegible]依靠群众[illegible]顺利[illegible]

[illegible]这次以后我们[illegible]站稳立场[illegible]群众[illegible]

以后的会[illegible]这个[illegible]

以前[illegible]不起的发现，在革命阵营中，这个真理，离开了人

群众，其中意义[illegible]在实践中[illegible]以体会。

华西实验区涪陵区专员公署农业生产指导所、涪陵县人民政府农场秋季共同采购桐种合同（一九五〇年十一月） 9-1-188（140）

存

涪陵區专員公署農業生産指導所
涪陵縣人民政府農場　一九五〇年
秋季共同採購桐種合同

一、涪陵區专員公署農業生産指導所（以下簡稱甲方）涪陵縣人民政府農場（以下簡稱乙方）为佈置来年桐業推廣增産起見，特訂立本合同。

99

二、甲乙双方分担下列責任：

1.甲方担負採購桐種費用三、〇〇〇、〇〇〇元

华西实验区涪陵区专员公署农业生产指导所、涪陵县人民政府农场秋季共同采购桐种合同（一九五〇年十一月） 9-1-188（140）

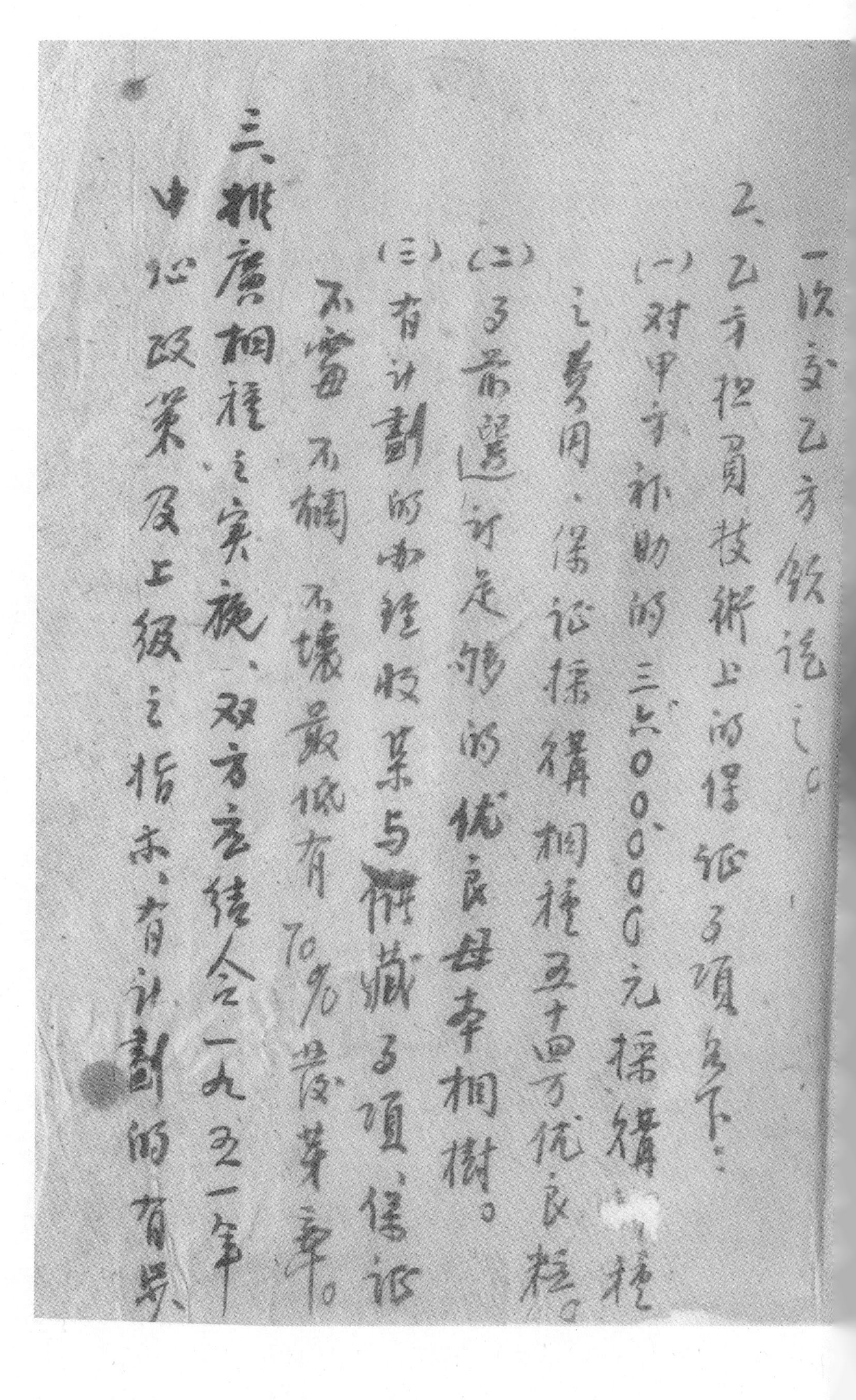
一次交乙方领讫。

乙、乙方担負技術上的保证事項如下：

（一）对甲方补助的三点〇〇〇〇元採備桐種之费用，保证採備桐種五十四万优良種。

（二）事前選訂足够的优良母本桐樹。

（三）有计劃的分經收集与储藏事項，保证不霉不爛不壞最低有70%發芽率。

三、推廣桐種之實施，双方应结合一九五一年中心政策及上级之指示，有计劃的有步驟、

100

發動共同負責推廣之。

四、本合同共繕五份，除雙方各執一份外，另抄送涪陵縣人民政府、涪陵區專員公署、華西實驗區各一份核備。

五、本合同自雙方同意簽字之日施行。

甲方代表人 楊秉風

乙方代表人 李博[illegible]

證人

华西实验区涪陵区专员公署农业生产指导所、涪陵县人民政府农场秋季共同采购桐种合同（一九五〇年十一月） 9-1-188（141）

公元一九五〇年十一月　日

华西实验区涪陵区专员公署农业生产指导所、涪陵县人民政府农场秋季共同采购桐种合同（一九五〇年十一月）　9-1-188（141）

华西实验区一九五〇年收购小麦工作总结　9-1-261（96）

48

一九五零年收購小麥工作總結

一、前言

本區為收購小麥良種準備秋耕推廣材料特於本年四月廿二日調派農業工作人員十五人分赴璧山巴縣江北等縣進行小麥良種生長檢定至四月下旬各地工作同志歸來之後曾根據調查工作所得擬具收購計劃分別通知璧山楊家祠及梁灘河兩農業小組指導所之工作同志就地佈置收購工作又五月十日派員出席璧山專署實業会議討論小麥收購工作本區即派杜儒三張國鈞涂遠文徐鐘夫等四同志在璧山巴縣江北三縣協助政府辦理小麥收購工作截至目前為止除少數地區小麥尚未收進倉庫外大部份基本上已完成收購任務茲將進行工作臚陳於後

二、收購小麥數量

(一)本區收購小麥數量表

收購地區		收購品種名稱及數量			儲存地點	備
縣份	鄉鎮	中農廿八號	中農六二號	中農四八三號		
璧山	城北鄉	一五六七(市斤)	七七六(市斤)	二六一三(市斤)	城北鄉六保楊魯三楊陳氏倉庫內	
巴縣	青木鄉	七二〇市斤	七九〇市斤		青木關三保六甲花学儀刘炳林倉内	
	土主鄉		九六四市斤	六〇四市斤	土主鄉七保八甲[illegible]倉庫	

华西实验区一九五〇年收购小麦工作总结　9-1-261（97）

合計	五三一八市斤	四五〇二市斤	五一〇九市斤	倉庫	尚未計入

（二）本區派員協助政府收購小麥數量表

縣份	鄉鎮	中農廿八號	中農、六二	中農四八三	合場五號	南大二四一九	備註
巴縣	屏都	一六〇〇（市斤）		一四〇〇（市斤）	八二〇（市斤）		係根據工作同志報告列出，所列數字係調[illegible]結果，可能收購數，非已收數量
	白市	七一〇		五一〇			
	白節	一八六		七七〇			
	南泉	二八〇		三〇〇	一七〇〇		
江北	人和	八四五				三七〇	上列數字係工作人員報告可能收購數字，其報告時尚未能收進內
	灘口	一二五〇				四八八	
璧山	獅子	一三〇〇		五七〇			自丁家以下等六鄉有收購麥種尚未[illegible]，係何種品種，[illegible]列入廿八號內，非正式數字，應即[illegible]明
	丁家	一七三〇					
	馬坊	一三二六					
	廣普	四六七					
	來鳳	二二一六					

49

三、收購經費

協助政府收購部份本區工作人員僅負技術上之協助，撥付公糧掉換小麥，政府專人負責，至本區收購部份之經費開支情形列後：

收購地區	收購數量	收購經費	平均價格	備考
璧山城北鄉	四九五六（市斤）	二、六三二、六七〇（元）	五三一（市元）	以上僅購買價款，工作人員之旅膳費尚不列入
巴縣青木鄉	一五二〇	八八二、〇〇〇	五八一	
土主鄉	一五六八	九七三、八五〇	六二一	
歇馬場	六八八八	四四六六、八二〇	六五〇	
合計	一四九二二	八九五五、三四〇	平均 六〇〇	

四、收購經過及羣衆反映

(一)收購經過

甲、第一步派員進行小麥生長檢查，根據檢查資料擬具收購計劃及收購小麥注意事項，於四月廿二日以前分别通知各地工作人員開始佈置收購工作。

乙、第二步進行宣傳教育：四月廿五日以後至五月十日各地工作人員深入到璧山城北、河邊鄉，巴縣的歇馬、土主、青木等各鄉進行調查，調查每户農家栽培面積、所產優良

育及個別教育使農民明瞭收購意義保證其標準度晾乾純潔在中農以下者按
付一部份訂金
丙、第三步覓定倉庫：於收購區內選擇適中地點覓定農民現有倉庫作為儲存地點
丁、第四步進行收購：收購之前通過農民評定收購價格於小麥完全乾燥時開始進倉
進倉時工作人員須將每個農民送來的種籽以口咬試是否乾燥再行入倉
戊、第五步進行封倉：小麥進倉工作完成後隨即封倉，面囑保管農戶注意鼠害虫蝕，
如發現有何種情況即行報告，以便檢查。

(二) 農民反映

甲、一般農民對於中農廿八號的豐產一致表示滿意尤其在巴縣南泉一帶農民不願出售只作相互換種深恐政府把好種籽運走了，但是農民又反映：適宜於種植肥土及水源方便的乾田而且需要提早播種，播種須在寒露前二三日，大家都認為廿八號剛出土時（冬天）生長緩慢，但開春以後生長齊一，同時出穗桿硬從不倒伏無病害麥粒精壯，麵粉成分高麵筋好麵白，農民甚為喜歡，尤其麵房特別歡迎，其缺點是桿粗短不適編草帽所以歇馬場農民不大滿意，璧山巴縣一般農民均嫌其成熟較晚不易脫粒。

乙、一般農民對於中農六二的反映是：如每窝多播種籽數粒，產量高，麥粒肥壯皮薄，麩少麵粉成分高，惟品質稍差磨房喜歡其麵粉高但不嫌其黏性低不適宜於掛麵，其分蘖

华西实验区一九五〇年收购小麦工作总结　9-1-261（100）

51

力差，桿長易倒伏，好多老百姓說，我去年上了當，每窩少丢了數顆，發育不好，長起來稀稀的幾根，收成不大好。

戊、農民對於四八三號麥種的早熟感到非常滿意，巴縣西里歇馬場一帶農婦都喜歡它的桿子細長好編草帽，麵筋好，麵粉多，皮薄，每單位容量超本地種重，雖微有倒伏，但並不嚴重，惟其缺點亦多，因為去年播種較早，今春抽穗亦早，穗尖受凍害，空殼多而不實，影響產量頗大，所以農民都一致表示這麥子就是收成不好，原以其分蘖力差，去年每穴播種粒數太少，生長欠佳，於產量影響至鉅，去年白市驛農民何君甫在寒露前播種四八三號麥種二十斤，今年收穫為一五〇斤，又張紫富以同樣的土質及天然條件下在霜降節播種六斤，今年收穫一六四斤，其他還有同樣情形，所以農民都說，今年播種應該晚幾天，不應太早了。

丁、屏都和南泉的農民反映合場五號的產量尚好，品質亦佳，只是成熟後若一倒伏一二日內即行發芽，須提前收穫。

戊、農民都一致承認優良小麥種籽不得病，少虫害，各地農民都說：「漢麥子就是不長黑穗泡」，耐肥，一般產量均高，後悔當初懷疑麥種，沒有種完感到可惜

五、工作總結

(一)根據工作人員的報導以及一般農民的反映，各縣推廣的良種小麥，產量雖有高有低，而四八三號(僅有少部份四八三號因栽培不得法產量較低於本地種)從推廣前途看，今後以上數種

廣良種更需要良種良法，即良種栽培的方法，方能達到增產的目的。

（一）關於播種期問題：各地農民一致反映，六八號應該提早到寒露前一二日，而四八三則須延後到霜降節播下為宜，這些寶貴的意見值得注意和詳加研究，作推廣工作的人應該根據這些反映，自己先去農家安置作試驗，試驗結果良好，再行推廣，方不致犯錯誤。

（二）一般的看，本年收購的小麥良種，各有其優點，但也有其缺點，今後的推廣工作，不僅要告訴農民它的缺點是什麼，讓農民有清楚的認識，和他自己已有的各種條件相結合，來栽種優良小麥，那是更有希望的推廣工作。

（三）關於收購工作方面：今年發動得較晚，璧山區五月十六日開會才正式提出討論，當時已有一部份小麥如四八三號已經收獲，農民普遍缺乏口糧，早收就早吃，即使不吃可能混雜了，或出賣了，這於收購數量及種籽純度均有莫大的影響，如江北一二兩區自行留種的二九〇斤，純度不足者一二〇斤，完全混雜者二七〇斤，缺乏口糧而吃掉的三五〇斤，合計為一〇三〇斤。

（五）發動時間過晚，對於農民的教育不夠，一切良心教育，責任教育，對於少數覺悟程度不夠的農民收效很微的，以至農民送來的種籽有時欠乾燥，有時純度不夠，單是看種籽又不易分辨，在時間倉卒了解情況不夠，技術幹部又少，工作人員不敷分配的各種條件限制下，所以小麥收購工作普遍在各地進行，對小麥純度的保証，我們感到是一件冒險的工作。

（六）要求工作的順利推進和保證種籽的純度，必須通過農民協會依靠群眾依靠組織並須

华西实验区一九五〇年收购小麦工作总结 9-1-261（102）

51

和政府的中心工作相結合才能完成任務。

（七）農民喜歡優良小麥自行換種是一個不推而廣的好辦法我們應當盡量提倡農民自行換種並接受農民對於換種的意見，知道農民對於小麥良種的真正需要

（八）小麥收購工作中一個大的問題就是收購後的保管工作存放農民家中分別保管可免損耗但易混雜如寄存公私倉庫管理較便惟在秋收之前倉庫需要裝載予今後究應如何處理值得注意

华西实验区农业合作社贷款分配表 9-1-54（223）

農業合作社貸款分配表

項目	本年貸款總額	本期需款數目	預計本期效果	預計本年效果
創置社田及扶植自耕農	四〇、〇〇〇美元	由六月份起開始貸放一九、〇〇〇美元	創置社田九百五十石	購置社田二千八百石
耕牛貸款	五〇、〇〇〇美元	由六月份起開始貸款二〇、〇〇〇美元	貸牛一千頭	貸牛二千六百四十頭
養豬貸款	三〇、〇〇〇美元	由八月份起開始貸放一〇、〇〇〇美元	貸豬二千頭	
水利貸款	一〇〇、〇〇〇美元	由五月份開始貸放三〇、〇〇〇美元		
其他生產事業貸款	四〇、〇〇〇美元	由五月份起開始貸放一〇、〇〇〇美元	栽種美煙肥料及修建烤房五十座每座二十美元	
共計	二六〇、〇〇〇美元	五月至七月八六、〇〇〇美元		

四、合作社之訓練

(1)理事主席及經理之訓練：由本區召集各社理事主席及經理施以七日之訓練，使其有處理社務之方法、經營業務之技術，本年度分期召集完成全部訓練

(2)會計人員訓練：由本區召集各社會計施以二十日之訓練，授以會計基本知識及帳務之處理技術，本年度分期召集完成全部訓練

(3)社員訓練：社員訓練於各輔導區採分區巡迴訓練辦法，以加強社員對合作之認識及授以參加合作業務之方法手續，各社社員咸受普遍訓練

华西实验区总办事处就签盖农业贷款协议书一事与中国农民银行重庆分行的往来快邮代电　9-1-97（163）

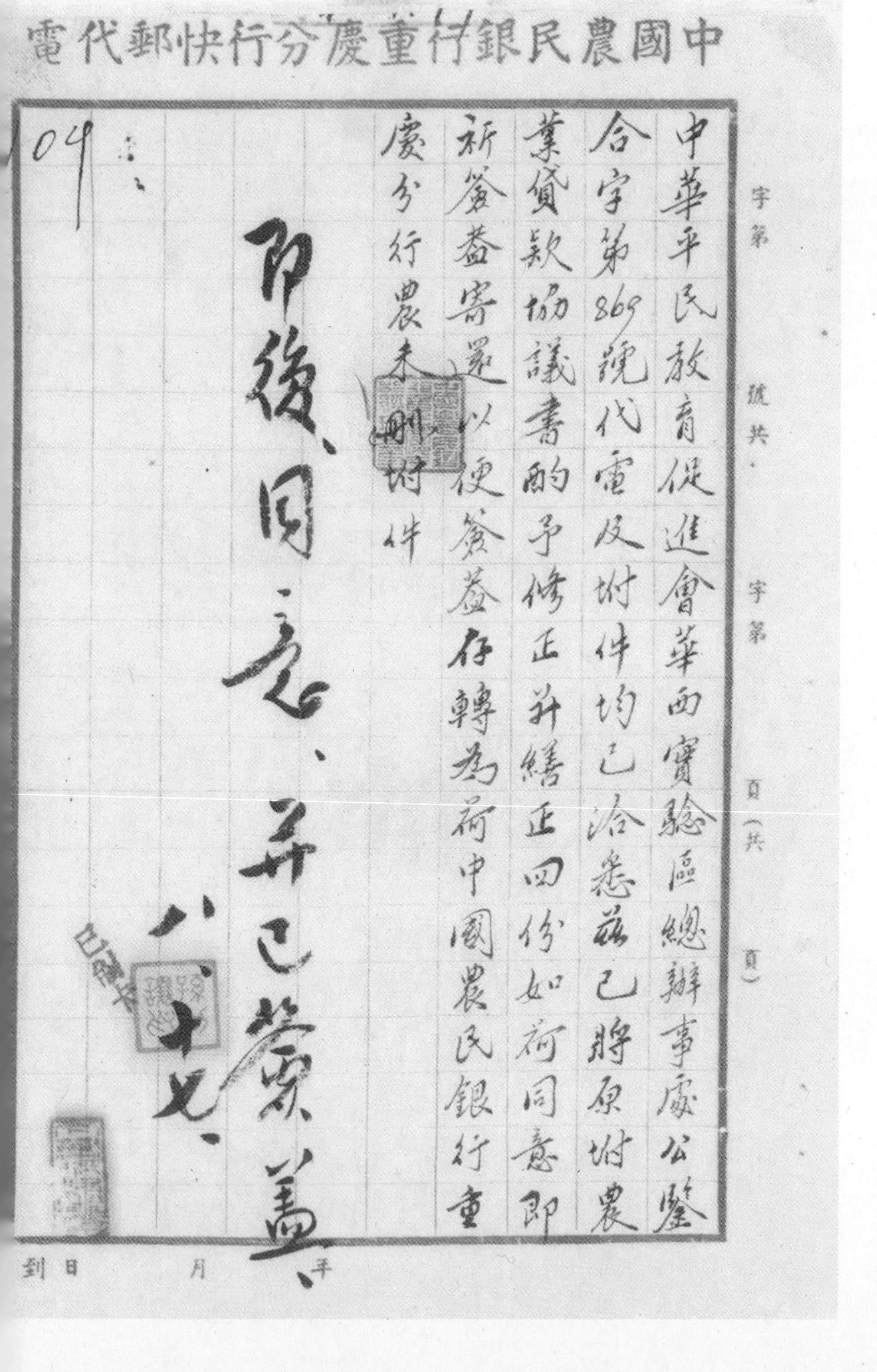

中國農民銀行重慶分行快郵代電

104

中華平民教育促進會華西實驗區總辦事處公鑒：合字第869號代電及附件均已洽悉。茲已將原附農業貸款協議書酌予修正並繕正四份，如荷同意，即祈簽蓋寄還，以便簽蓋存轉為荷。中國農民銀行重慶分行農未删附件

即復，同意，並已簽蓋。八、十七、

已制卡

字第　號共　頁

年　月　日到

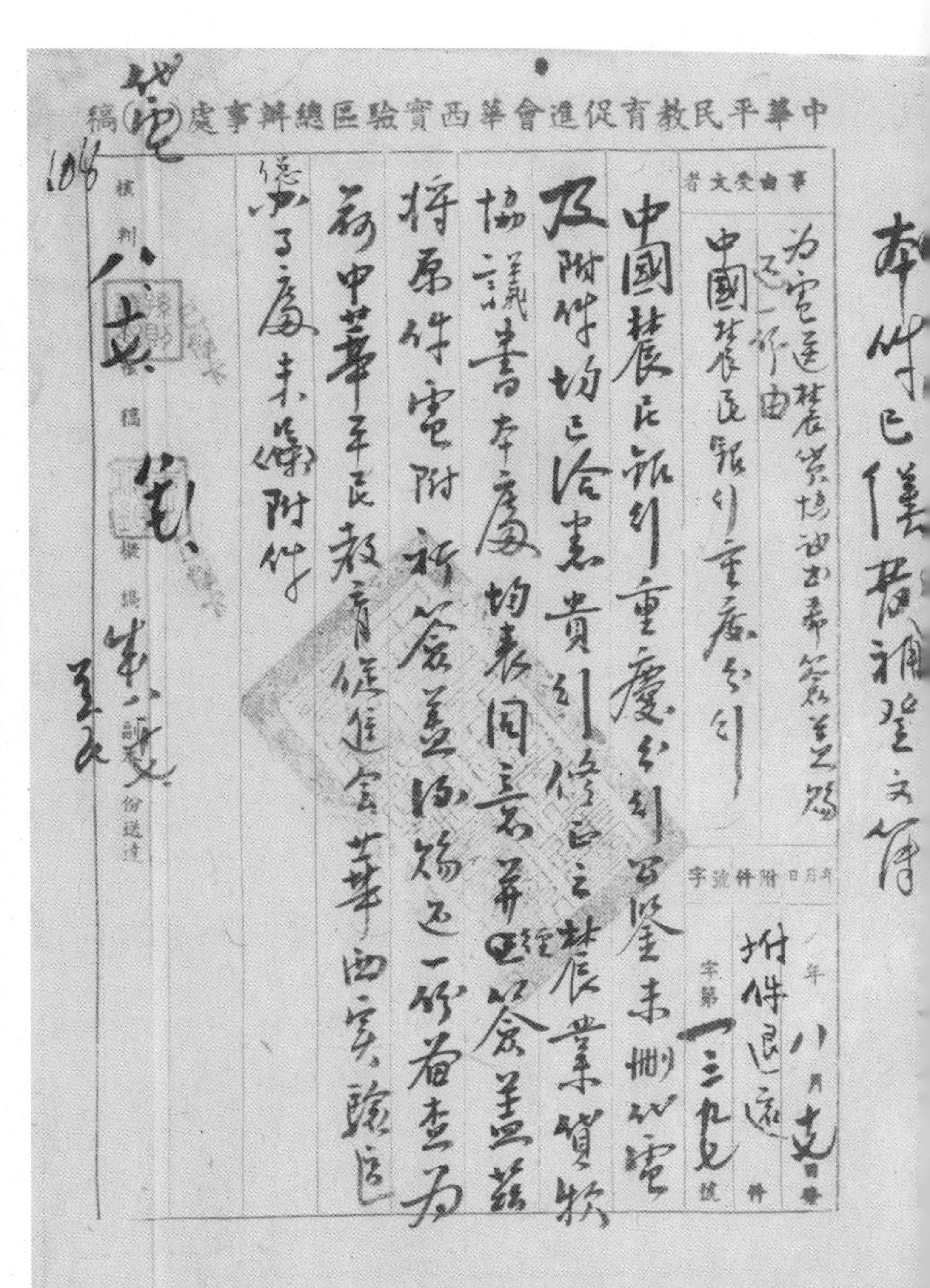

中華平民教育促進會華西實驗區總辦事處稿

事由：为電送農貸協議書希簽蓋見還由

受文者：中國農民銀行重慶分行

附件：協議書

中國農民銀行重慶分行公鑒：未刪代電及附件均已洽悉。貴行修正之農業貸款協議書本處均表同意並經簽蓋，茲將原件電附，祈簽蓋後寄還一份備查為荷。中華平民教育促進會華西實驗區總辦事處

華西实验区总办事处就签盖农业贷款协议书一事与中国农民银行重庆分行的往来快邮代电　9-1-97（162）

华西实验区总办事处就签盖农业贷款协议书一事与中国农民银行重庆分行的往来快邮代电 9-1-97（178）

中國農民銀行重慶分行快郵代電

字第　號共　頁

中華平民教育促進會華西實驗區總辦事處公鑒：合字第1357號來箋代電及附件均已洽悉，茲將該項農業貸款協議書簽蓋完竣，除存轉外，相應檢同一份復希洽照爲荷。中國農民銀行重慶分行農未養（印）

附件

如存卷备查

中華民國　年　月　日發

到　日　月　年

华西实验区办事处、中国农民银行重庆分行农业贷款协议书 9-1-97（174）

116

农业贷款协议书

立办农业合作贷款协议书 中华平民教育促进会华西实验区 中国农民银行重庆分行（以下简称行区方）兹根据双方座谈会纪录双方同意订立农业合作社贷款条件如左：

（一）贷款地区：以璧山巴县北碚及区方新扩展经洽商行方同意之地域为限

（二）贷款对象：经区方辅导在当地县政府完成登记之农业合作社或区方认为有特殊需要经洽商行方同意之社团

（三）贷款种类及标准

甲 水利贷款

1. 范围：与第一条贷款区域同

2、標準、A開鑿塘堰 B小型水利、各社請求此項貸款應先估計效果擬定初步計劃由各區派員實地勘查後送總辦事處核辦必要時得由雙方派技術人員前往覆勘並監督修築

3、貸款成數、合作社自籌三成配貸七成

4、期限、暫定一年至四年隨時攤還利隨本減

乙、耕牛貸款

1、範圍、在巴璧碚三縣局設有繁殖站之合作社及約為表證農家之社員可優先申請貸款按五十石田需牛一頭計算

2、標準、A每社以十頭為限 B、母牛須佔購牛總數三分之一

中國農民銀行重慶分行抄稿紙

华西实验区办事处、中国农民银行重庆分行农业贷款协议书 9-1-97（170）

114

3、貸款成數：合作社自籌三成 配貸七成

4、期限：一年如養食母牛者得展為兩年

丙、養豬貸款

1、範圍：在巴璧碚三縣局先行舉辦 A 仔豬以社員中無力購買者為限 B、母豬每社以十頭為限

2、標準：A 仔豬以二十斤重為準 B、母豬以第二產者為準

3、貸款成數：貸款以當時肉價計算合作社自籌三成 配貸七成

4、期限：於一年內本息清償

乙丙兩項得先統計數字由區方會同合作社代表集体購買

贷放

丁、其他生產貸款：

1、範圍：除美菸貸款已在璧山貸放完後外其他如廣柑棉蚕釀造及農產加工等在區方工作轄區內視各地需要擇區舉辦

2、標準：按各種業務計劃酌予核貸

3、貸放成數：合作社自籌三成配貸七成

4、期限：壹年

（四）貸款比例：各項貸款經雙方同意按照區方九成行方一成之比例配貸如行方配額增加時區方按比例減少

华西实验区办事处、中国农民银行重庆分行农业贷款协议书　9-1-97（172）

115

（五）配贷款额：本年度第一批贷款总额定为银币壹拾万元，区方出资玖万元，行方出资壹万元。行方如因头寸调拨关系不能配搭贷放时，即由区方十足贷放。

（六）区方所拨交行方之备贷款项，行方应尽速转拨指定地区代为贷放，并将转拨日期以书面通知区方备查。

（七）贷款利息：均按照行方规定以月息八厘计算，不再另加任何费用。

（八）各合作社申请贷款经当地区方机构调查审核后，即转送当地行方机构贷放。如无特殊情形，行方应于三日内填发贷款通知书，通知贷款社于指定限期内到行方办理领款手续。

（九）行方于合作社领款后，即将借据副本分别（转）送当地区方及区方備查合作社還款時無論還一部或全部均由行方抄製還款清單送區方存查如收有實物並應抄製收實清單隨同附送每月終抄收放月報送區方存查

（十）合作社領款後應洽定日期由區方派員監放如各社需要採購實物時得由區方會同借款社共同購買上項監放及購买工作如須行方協助時行方得派員協助之

（十一）配搭貸放及行方代區方貸出之款行方負款項之收付帳冊表報之記載及借約之保管責任區方負合作社之組織訓練調查及審核責任應放款之合作社其申請書應由區方簽具准貸意見送請行方照貸行方得派員協助監放複查工作

中國農民銀行重慶分行抄稿紙

华西实验区办事处、中国农民银行重庆分行农业贷款协议书 9-1-97（168）

113

（十二）各借款社之帳務區行雙方得隨時派員蒞社查核指導其所需帳簿由雙方擬訂區方統籌印製按成本供給各社應用

（十三）貸款運送費區行方按九一比例分攤人事費用各別自理倘遇區方人手不敷需要行方派員下鄉協助辦理調查等工作時其費用（工作人員旅費及日用費）按區方之規定由區方負担所有區方應攤各費由行方抄附清單通知區方撥付

（十四）各社借款除由社員連環保証並由當地縣政府負承還担保外如雙方認為必要時得令借款社另提供担保物品

（十五）本協議書訂期一年自卅八年七月一日起至卅九年六月卅日止為有效期間屆期如經雙方同意可繼續有效

华西实验区办事处、中国农民银行重庆分行农业贷款协议书　9-1-97（169）

（六）本协议书如有未尽事宜得由双方洽商随时换文修正

（七）本协议书经双方签盖换文同意之日起生效

区方

代表人

中华平民教育促进会华西实验区办事处

孙则让

行方

代表人

中国农民银行重庆分行经理

中华民国卅八年七月十五日

中国农民银行重庆分行抄稿纸

华西实验区与中国农民银行重庆分行双方工作联系座谈会议记录及相关公文 9-1-97（116）

中華平民教育促進會華西實驗區
中國農民銀行重慶分行（簡稱區方
行方）卅八年度工作聯繫配合座談

會紀錄

時間 卅八年一月十八日上午十時

地點 中農行會議室

出席 孫則讓 徐壽屏 周洪昌 李國禎 胡長祥
吳錫貴 李雪泊 李光興 鄭寶泉

主席 孫則讓 紀錄 鄭寶泉

報告事項：（畧）

討論事項：

甲 土金方面

1.扶植自耕農貸款

一、貸區：以巴縣璧山北碚為主

二、貸額：區方貸六成計六七七萬美元（以一美元折合米七斗五升計合米<50>萬石）行方貸二成計<16.7500>石米（以每石三百元計約<5.025>萬金元）其餘二成由農民自籌計<16.7500>石米（以三百元一石計合<5.025>萬金元）

三、方式：以貸實收實為原則得按貸款時之米價折合現金貸放收回貸款時按當日米價折合現金收回之

四、期限：暫定十年逐年攤還利隨本減惟貸款收回時農行貸款部份五年內本息先行償還

中國農民銀行重慶分行抄稿紙

华西实验区与中国农民银行重庆分行双方工作联系座谈会议记录及相关公文 9-1-97（118）

76

五、利率：週息六厘

六、對象：農民個人及農業生產合作社

七、手續：(1)組社訓練工作由實驗區負責(2)農民或合作社向農行及實驗區申請貸款由區方負責調查審核(4)行方得會同調查及複查並抽查(5)村款記帳保管担保品及借約由行方負責放款後行方應將借據副本送區方存查(6)區方應攤貸款于放款前應撥存行方

八、担保：借款人除提供担保品外應由各貸款社團連環担保以如因組社不健全而致呆帳時農行貸款部份應儘先償還並由各縣縣政府負承還保證責任

九、費用分担：因貸款而支付之共同費用按双方貸款成数比例分担（即按实验區1/4農行3/4分攤）

2.農地改良（開鑿塘堰）貸款：

一、地區：以巴縣璧山北碚三縣為主

二、貸額：按開鑿塘堰415口每口需款折米129.08石每石按300元合金元〈38724〉共需米〈53568.2〉石折合金元〈16070460〉元由实验區與農行貸予七成計五萬美元區行六四比例分担計農行二萬美元（計米〈15000〉石）实验區三萬美元（計米〈22500〉石以一美元折合七斗五升計）其餘三成由農民自籌之

三、方式：與扶農放款方式同

中國農民銀行重慶分行抄稿紙

华西实验区与中国农民银行重庆分行双方工作联系座谈会议记录及相关公文　9-1-97（120）

77

四期限：暫定四年

五利率：週息六釐

六對象：以農業生產合作社為對象

七、手續：與扶農放款手續同

八、費用分担：與扶農放款手續同

乙農貸方面

1.機織貸款：

一、貸區：以北碚璧山兩縣為主

二、貸額：以〈250〉件紗為準 以貴動鐵機3000台每台貸紗六开

共為18000开，木機4000台每台貸紗三开共12000开兩[illegible]共折合棉

紗750件目前先由實驗區購備棉紗〈150〉件農行購備棉紗〈100〉件配合貸放以後增貸時之比例屆時重行商訂

三方式：以貸實收實爲原則目前暫定貸紗收布其收布標準另定辦法附後、

四、期限：貸紗收布期限一月至六個月結算一次。

五、利率：週息六厘

六、對象：以機織合作社爲對象

七、貸款手續：按農行原有規定辦理

八、盈餘分配：按貸款比例分攤

中國農民銀行重慶分行抄稿紙

华西实验区与中国农民银行重庆分行双方工作联系座谈会议记录及相关公文 9-1-97（122）

78

2. 造纸代贷款：

一、贷区：铜梁一县为主

二、代贷额：暂定〈240〉万金元（以每石米〈300〉金元折合〈8000〉石米）其厰房租费〈100〉万金元由实验区负责其余〈140〉万金元农行贷予〈80〉万金元（折合〈2670〉石米）实验区代贷予〈60〉万金元

三、方式：以代贷实收实为原则以米折合余同前

四、期限：六个月

五、利率：过息六厘

六、对象：以纸业生产合作社为对象

七、手续同前

3、养猪贷款：

一、贷区：巴县璧山北碚三县为主，其余八县俟区方优良仔猪普遍推广时再为配合贷放，所有全区公猪母猪繁殖贷款及保险兽医等费用由区方负责，其余巴璧碚三县仔猪由行方负责。

二、贷额：三县计〈14〉万户，每两户贷款养子猪一头，共七万头，以每头壹佰金元计算，共七百万金元，按七折由农行贷放计〈490〉万金元，以现时肉价五元一斤为准，肉价增加时比例增加，其余三成由农户自筹计〈210〉万金元

中国农民银行重庆分行抄稿纸

79

三、方式：以貸實收實為原則以當時肉價折合

四、期限：壹年

五、利率：週息六厘

六、對象：以農業生產合作社為對象

七、手續：照農行規定辦理

八、保險：豬隻保險及血清注射由實驗區負責辦理

4. 耕牛貸款：

1. 貸區巴璧等十一縣

2. 貸額：第一年養牛一萬頭（每頭以三千金元計共三千萬金元）

貸予三千萬金元由區方負責五成計〈1500〉萬金元農行貳成〈600〉萬

金元農民負擔三成計（900）萬金元每老石谷以三百元計算谷價會加時比例增加

3.方式：以貸實收實為原則按每谷十老石折合耕牛一頭計算公牛母牛各佔半數

4.期限：壹年

5.利率：週息六厘

6.對象：以農業生產合作社為對象

7.手續：按農行規定辦理

8.保險：牛隻保險及血清注射由實驗區負責辦理

5.農倉貸款：

中國農民銀行重慶分行抄稿紙

华西实验区与中国农民银行重庆分行双方工作联系座谈会议记录及相关公文　9-1-97（124）

华西实验区与中国农民银行重庆分行双方工作联系座谈会议记录及相关公文 9-1-97（125）

80

1、區域：以巴縣璧山北碚三縣為主，所有建倉工作由實驗區負責辦理，俟秋收後再行以倉商押款辦法

6、美菸貸款：

1、貸區：以巴縣璧山永川三縣為主

2、貸額：以推廣六千畝為準計，貸予（150）叁座烤房修建費（每座三千金元，合黃谷十老石），計四十五萬金元；燃料費六十萬金元（按每畝肆百斤計，二十四萬斤，合一二〇噸，每噸五百元）；肥料費九萬元（每畝油餅三十斤，共十八萬斤，每斤伍角）。綜共一四萬元，雙方各半分担，其人工費用由農民自籌。谷價增加時比例增加

3. 方式：貸實收實按當時谷價折合

4. 期限：八個月

5. 利率：週息六厘

6. 對象：以菸葉生產合作社為對象

7. 手續：按農行規定辦理

7. 油桐貸款：

關於油桐生產及推廣工作由區方辦理加工運銷貸款工作由農行按已核定之貸現收實辦法辦理

8. 柑桔貸款

關於柑桔苗木推廣工作由區方負責以農行所屬之澤

中國農民銀行重慶分行抄稿紙

华西实验区与中国农民银行重庆分行双方工作联系座谈会议记录及相关公文 9-1-97（127）

園藝示範場為原始苗木繁殖場儘量供給柑桔苗木柑桔運銷業務由區行兩方會同辦理至苗木繁殖辦法另擬之。（此項辦法另行研究決定）

以上桐油柑桔兩項所需費用由區行兩方會商增配

丙、信託方面：

凡因土產農貸實施實業業務之需要所發生之購買運輸銷售保管倉儲等有關業務除實驗區可能就地辦理者外其餘悉以信託方式委託農行信託分部代辦並按每種業務之需要分別與農行信託分部訂定信託合約以便遵循辦理

丁、关於區方所有拟定配合之資金暫以实際收到者由農行撥之配合办理為原則如将来有變更時雙方函行洽訂

中國農民銀行重慶分行抄稿紙

华西实验区与中国农民银行重庆分行双方工作联系座谈会议记录及相关公文 9-1-97（132）

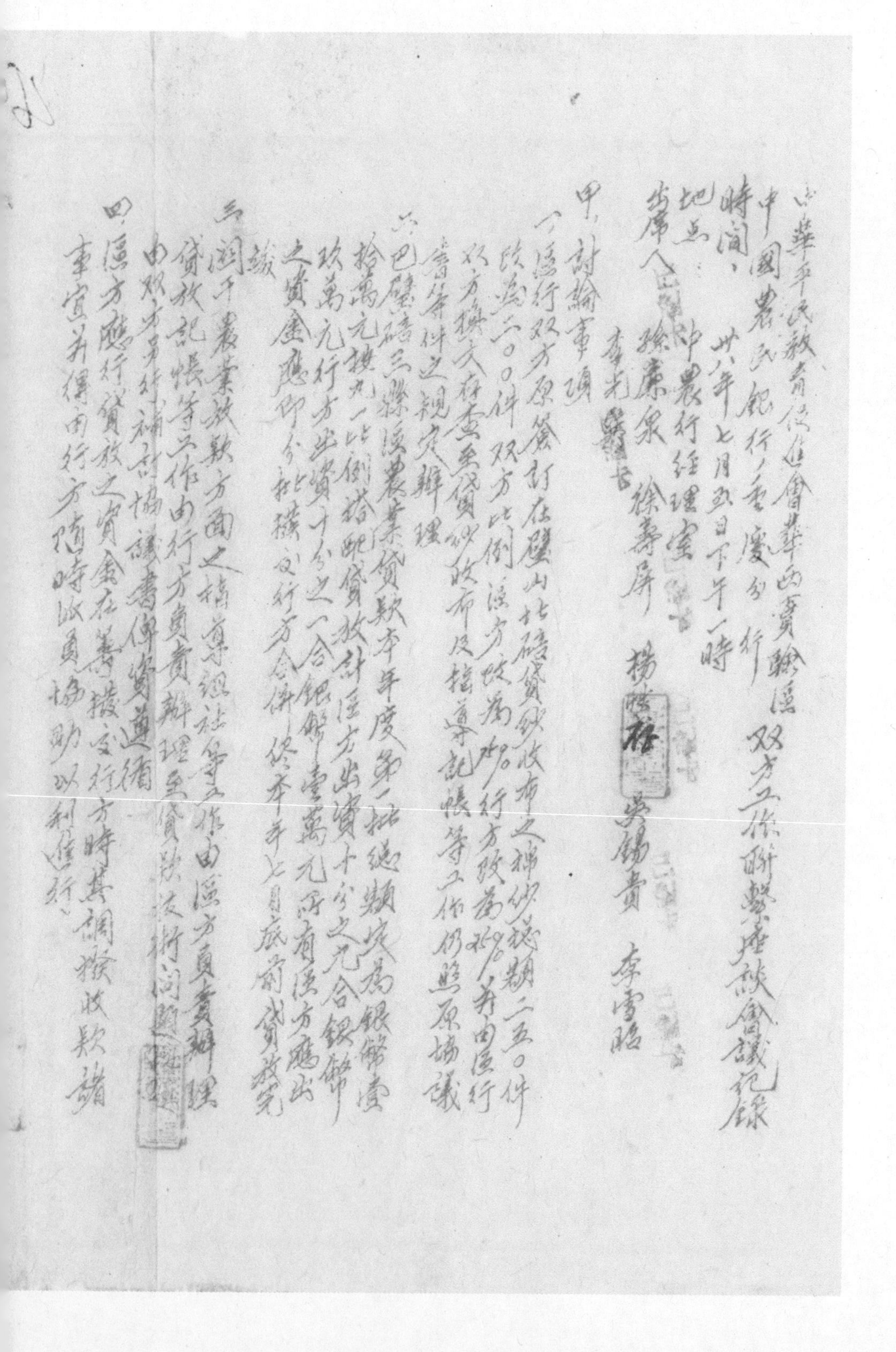

中華平民教育促進會華西實驗區 双方工作聯繫座談會議記錄
中國農民銀行重慶分行

時間：卅六年七月五日下午一時

地点：中農行經理室

出席人：徐康泉 徐壽屏 楊□林 吳錫貴 李雪瞻
李光□

甲、討論事項

一、區行双方原簽訂在璧山北碚貸紡紗機布之織紗機二五〇件改為六〇〇件，双方比例：區方改為四成，行方改為六成，并由區行双方換文存查，至貸紗收布及指導記帳等工作，仍照原協議會簽辦法規定辦理

二、巴璧銅三縣區農業貸款本年度第一批總額改為銀幣壹拾萬元，按九一比例搭配貸放計，區方出資十分之九合銀幣玖萬元，行方出資十分之一合銀幣壹萬元，所有區方應出之資金應即分批撥交行方合併，於本年七月底前貸放完竣

三、關于農業放款方面之指導組社等工作由區方負責辦理，貸放記帳等工作由行方負責辦理，至貸款技術問題由双方另行補訂協議書，俾資遵循

四、區方應行貸放之資金在籌撥交行方時，其調撥收款諸事宜并得由行方隨時派員協助，以利進行。

华西实验区与中国农民银行重庆分行双方工作联系座谈会议记录及相关公文　9-1-97（142）

農業

91

中國農民銀行重慶分行快郵代電

字第　號共　頁（共　頁）

中華平民教育促進會華西實驗區辦事處公鑒：查貴我雙方七月五日工作聯繫座談會議紀錄業經繕正，其中討論事項第二條所訂區方行方按九一比例搭配貸放一節，敝行應搭配之一成資金自應勉力配貸，惟自體制再度改革以後，敝行週轉資金并不十分充沛，在實施搭配貸放時，應請將貴區所籌資金儘先貸放，萬一敝行應配貸之資金籌措不及時，即儘貴區所籌資金貸放，究竟藉符實際。除分函敝璧山、北碚處查照并陳報外，相應檢附該項座談會議紀錄一份，電達洽照，并見復為荷。中國農民

中華民國　年　月　日發

到　日　月　年

华西实验区与中国农民银行重庆分行双方工作联系座谈会议记录及相关公文　9-1-97（143）

98

中國農民銀行重慶分行快郵代電

字第　號共　字第　頁（共　頁）

銀行重慶分行農貸股附件

關於農業生産貸款部份擬一段

一、討論事項之三之四各條均同意

二、第三條辦理協議書事特報請你

行保單表呈請行方主請經双方同意

照辦

三、第二條原擬廣安縣九万元應由你行撥付請示

晏陽初　七月廿二日

到　日　月　年

速件

中華平民教育促進會華西實驗區總辦事處（代電）稿

事由：准電并檢附工作聯繫座談會紀錄一案電復查照由

受文者：中國農民銀行重慶分行

年 7 月 卅 日發

附件：農貸協議書草稿一份

字號：平實字第八六九號

接准貴行農午冊代電暨工作聯繫座談會紀錄壹紙，略以貴我雙方原簽訂在璧山北碚機織生產貸放布總額棉紗貳五〇件改為二〇〇件，雙方比例區方改為叁成，行方改為柒成等由，區行雙方檢文存查。又農業生產貸款總額定為壹拾萬元，區雙方比例區方出資九萬元，行方為壹萬元之等各項，本區均表同意，茲擬送農業生產貸款協議書草稿壹份備用。

核　校　稿　副本　份送達

七、廿八

华西实验区与中国农民银行重庆分行双方工作联系座谈会议记录及相关公文 9-1-97（131）

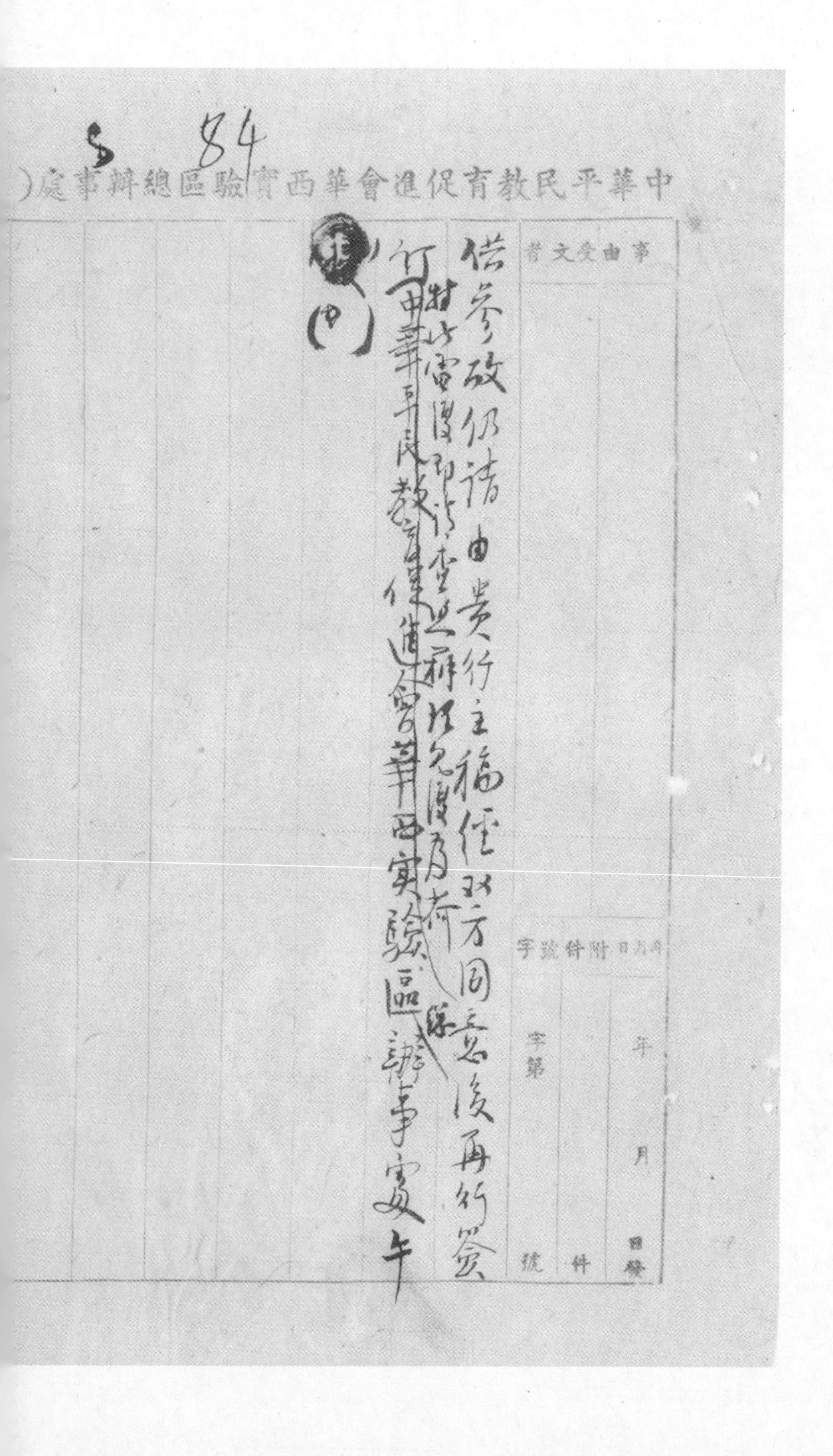
84

中華平民教育促進會華西實驗區總辦事處（ ）

事由	受文者

借參考，仍請由貴行主稿，經雙方同意後再行簽發。
對此函復，即請查照辦理為荷。此致
行
中華平民教育促進會華西實驗區總辦事處 午

年月日	附件	字號
年 月 日發	件	字第 號

华西实验区与中国农民银行重庆分行双方工作联系座谈会议记录及相关公文　9-1-97（129）

中國農民銀行重慶分行代電

收文 民國38年2月14日 渝秘字第119號

中華平民教育促進會華西實驗區辦事處公鑒：查貴行與貴區卅八年度工作聯繫配合座談會紀錄業經繕正，又雙方貸紗收布辦法亦經貴區李主任國楨送行，并經按照雙方座談會紀錄酌予修正，除陳報外并分函璧山、北碚兩處遵照外，相應檢附双方座談會紀錄及貸紗收布辦法各一份，電達洽照。惟此項座談條屬原則，至配貸時本行出資方面應視當時總處核定情形辦理，并請查照并見復為荷。中國農民銀行重慶分行農五文　附件

中華民國　年　月　日發

到　年　月　日

华西实验区总办事处与中国农民银行重庆分行农业贷款协议书修改稿 9-1-97（133）

86

農業貸款協議書

立辦農業合作貸款協議書 中華平民教育促進會華西實驗區
中國農民銀行重慶分行
（以下簡稱區行方）兹根據雙方座談會記錄雙方同意訂立農業合作社貸款條件如左：

（一）貸款地區：以璧山巴縣北碚及區方新擴展經洽商行方同意之地域為限

（二）貸款對象：經區方輔導在當地縣政府完成登記之農業合作社或區方認為有特殊需要經洽商行方同意之社團

（三）貸款種類及標準：

甲、土地貸款：為實驗解決土地問題在巴璧碚三縣局選擇適

不如之

宜地區先行舉辦創劃社田各合作社辦到之土地先

試行共耕逐漸推行其貸款標準條件如左：

1、範　圍：在巴璧碚三縣酌選擇適宜地區先行酌部實驗

2、標　準：A、土壤適宜田地能自成一段者B、水利方便C、交

通便利易於示範者D、能作繁殖優良品種之場

所者E、便於本區農業技術之指導者F、原有地權

無任何糾紛者G、地價合於一般市價標準者H、土地

契約合於法律規定手續者

3、貸款成數：合作社自籌二成配貸八成

期　限：暫定十年逐年攤還利隨本減

华西实验区总办事处与中国农民银行重庆分行农业贷款协议书修改稿　9-1-97（134）

87

甲、水利貸款：

1、範　圍：與第一案貸款同

2、標　準：A、開鑿塘堰 B、小型水利各社請求此項貸款應先估計效果擬定初步計劃由各區派員實地勘查後送總辦事處核辦必要時得由雙方派技術人員前往覆勘並監督修築

3、貸款成數：合作社自籌三成配貸七成

4、期　限：暫定一年至四年隨時攤還利隨本減

乙、耕牛貸款

1、範　圍：在巴璧銅三縣向設有繁殖站之合作社及對為表

證農家之[illegible]

一頭計算

2.標準：A.每社以十頭為限 B.母牛須佔購牛總數三分之一

3.貸款成數：合作社自籌三成，農貸七成

4.期限：一年，如養母牛者得展為兩年

丙 養豬貸款：

1.範圍：在巴璧碚三縣局先行舉辦 A.仔豬以每社社員中無力購者為限 B.母豬以[illegible]每社以十頭為限

华西实验区总办事处与中国农民银行重庆分行农业贷款协议书修改稿 9-1-97（136）

2、標　準：A、仔猪以二十斤重為準 B、母猪以榮昌[illegible]重為準

3、貸款成數：貸款以當時肉價計算其合作社自籌三成配貸七成

4、期　限：於壹年內本息清償

乙丙兩項得先統計數字，年終結算一次報

丁、其他生產貸款：

由本行會同合作社分配以表

1、範　圍：除美菸貸款已在璧山貸放完竣外其他如廣柑柞蠶繭釀造（及農產加工）等在區方工作轄區內視各地需要擇區舉辦

2、標　準：按各種業務計劃酌予核貸

3、貸款成數：合作社自籌三成配貸七成

华西实验区总办事处与中国农民银行重庆分行农业贷款协议书修改稿　9-1-97（137）

（四）貸款比例：各項貸款經雙方同意按照區方九成行方一成之比例配貸如行方配額增加時區方得按比例減少

（五）配貸款額：行方貸照區方核定之貸款額搭配貸款區方核定之各項貸款數額如左：

本年度第一批貸款核定為銀幣壹拾萬元由區方貸九萬元行方出資一萬元

甲、土地貸款：四二、〇〇〇美圓

乙、水利貸款：一二〇、〇〇〇美圓

丙、耕牛貸款：五二、〇〇〇美圓

丁、養猪貸款：五〇、〇〇〇美圓

戊、其他生產貸款：四〇、〇〇〇美圓

以上區方核定之貸款共計為三〇四〇〇〇美圓得分批撥貸行方貸

华西实验区总办事处与中国农民银行重庆分行农业贷款协议书修改稿 9-1-97（138）

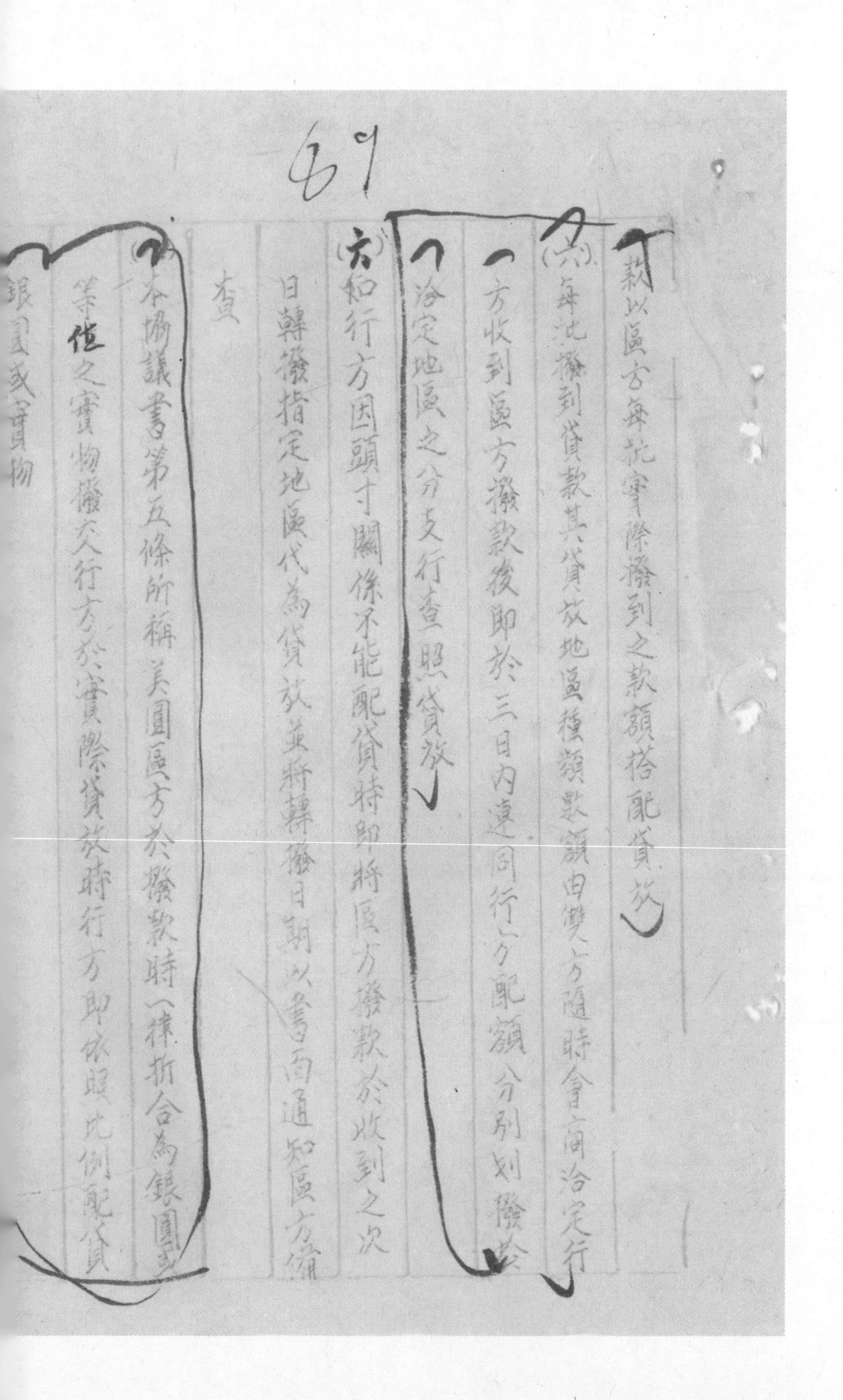

款以區方每批實際撥到之款額搭配貸放
（六）每批撥到貸款其貸放地區種類數額由雙方隨時會商洽定行
方收到區方撥款後即於三日內連同行方配額分別划撥於
洽定地區之分支行查照貸放
（六）如行方因頭寸關係不能配貸時即將區方撥款於收到之次
日轉撥指定地區代為貸放並將轉撥日期以書面通知區方備
查
本協議書第五條所稱美圓區方於撥款時一律折合為銀圓或
等值之實物撥交行方於實際貸放時行方即依照比例配貸
銀圓或實物

华西实验区总办事处与中国农民银行重庆分行农业贷款协议书修改稿　9-1-97（139）

（七）貸款利息：均按照行方規定以月息八厘計算
（甲）區方貸款部份其利率按週息八厘計算收息其多收部份
（乙）退交貸款社作為該社之合作發展基金另外除代收合作事業補
（丙）費一厘外不再另加任何費用
（八）各合作社申請貸款經雙方會同調查審核後即轉送當地行
方機構配貸如無特殊情形行方應於三日內填發貸款通知書
通知貸款社於指定限期內到行方辦理領借手續
（九）行方於合作社領款後即將借據副本分別轉送當地縣政府及區
方備查
（十）合作社領款後定期由雙方派員監放如各社需要採購實物時

华西实验区总办事处与中国农民银行重庆分行农业贷款协议书修改稿 9-1-97（140）

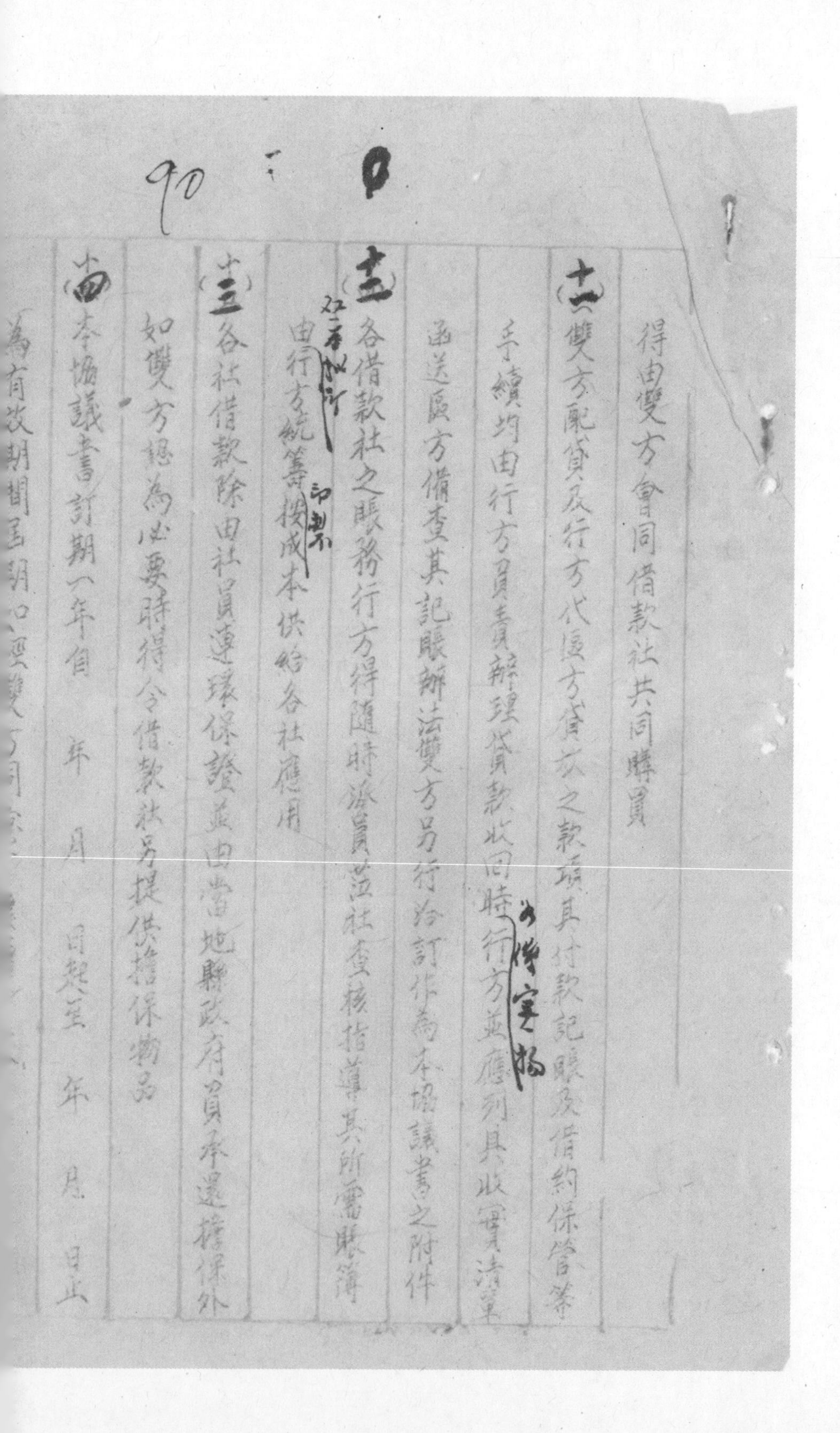

得由雙方會同借款社共同購買

（十一）雙方配貸及行方代區方貸放之款項其付款記賬及借約保管等手續均由行方負責辦理貸款收回時行方並應列具收回清單函送區方備查其記賬辦法雙方另行洽訂作為本協議書之附件

（十二）各借款社之賬務行方得隨時派員至社查核指導其所需賬簿由行方統籌按成本供給各社應用

（十三）各社借款除由社員連環保證並由當地縣政府負承還擔保外如雙方認為必要時得令借款社另提供擔保物品

（十四）本協議書訂期一年自　年　月　日起至　年　月　日止為有效期間屆期如雙方同意

华西实验区总办事处与中国农民银行重庆分行农业贷款协议书修改稿　9-1-97（141）

（十五）本協議書如有未盡事宜得由雙方洽商隨時換文修訂之

（十六）本協議書經雙方簽蓋換文同意之日起生效

區方代表人

行方代表人

中華民國　　年　　月　　日

华西实验区办理农业生产合作社申请贷款事项注意要点 9-1-136（223）

辦理農業生產合作社申請貸款事項注意要點

本區農業生產合作社已普遍展開，對於各社請求貸款事項亟應審慎辦理，特擬定應行注意事項如左：

壹、各社申請貸款手續及注意事項

一、各鄉鎮社學區農業生產合作社如申請貸款，須經由本區各級輔導機構嚴行審核，其程序：1.各社將申請貸款書表送駐鄉輔導員之輔導員審核後轉送輔導區辦事處；2.輔導區辦事處審核核後轉送總辦事處；3.總辦事處作最後核定。

二、總辦事處核定准予貸放後，即分別通知輔導區辦事處轉知申請貸款之合作社及經營貸放之機關辦理貸借事宜，同時將通知副本送縣府辦事處存查。

三、各社申請貸款得視原定業務計劃需款之緩急分期申請，一時尚無實際需要之用款不得請貸。

四、各社請求貸款事前應妥爲準備，不得過分倉卒，以免錯誤。

[illegible]劃書表證社章少總法說[illegible]

貳、各社申請貸款之貸前審查與貸後指導注意事項

一、駐鄉輔導員對申請貸款之單位社應詳作調查，調查時間不得超過三日，調查時應注意下列各點：

1、審閱各項書表是否合式，有無錯誤。

2、查驗該社登記證。

3、社務組織是否健全，有無糾紛問題。

4、社股是否收齊，如何運用。

5、各項貸款總額是否超過保證責任社股數（註：社股以實物計算保證責任倍數以五十倍至一百倍為限，如股款過少，應盡量增加股數，以實物繳納股款，申請登記時仍應以當日市價折合為金圓券填入各項書表）。

6、審查各項貸款手續是否完備，及是否符合該社業務計劃，對於貸款後之效益估計是否適當。

7、請求貸款事項是否經理事會或社務會議通過，並檢查會議紀錄。

（二）

华西实验区办理农业生产合作社申请贷款事项注意要点　9-1-136（225）

126

8、對還款辦法如何規定及是否能如期歸還如需要抵押品、
或抵押品如何籌措？
9、該社會計是否有相當經驗平時賬目記載清楚否？、
以上各點輔導員應分別簽註意見連同申請書表送
轉輔導區辦事處
二、輔導區辦事處對請求貸款之合作社書表應詳爲
核查必要時得派員會同鄉輔導員到該社複查有關事
項爲收到之日向不得超過四日簽核完畢應簽註意見送達總
辦事處
三、總辦事處對各社申請貸款事項如無特別情形須
于五日內將貸放與否之核定並分別通知
四、各社領得貸款時如係合共貸款有委託社員經營
者應訂立正式合同規定雙方權利義務
五、各社領得貸款後各輔導區辦事處應責成鄉輔
導員注意各社對貸款之經營使用情形並將經營輔導
[illegible]

八、土地貸款　土地問題[illegible]論解決土地問題方法之一種如

與扶植自耕農貸款[illegible]

各社均有此項貸款需要不可能各區應視各社實際情形

選用各種方法[illegible]保證[illegible]當為穩定土地使用權之

一種良好方法應即斟酌施行又如各該區內如有開明地主

願以其土地一部或全部交該合作社代為經營者在適當條件

下當可簽立合同移交該社倘有請求購買社田或扶植自

耕農貸款者事前對於該社社員土地分配情形使用狀況

與人口及社員經濟狀況以及貸款之效果均須作精確之調

查分析然後始可決定[illegible]亦即各區事前對於此項貸款

應作慎重之考慮使[illegible]預期之效果茲將土地貸款辦

法說明於下：

甲、創設[illegible]：

（一）範圍：暫在巴璧[illegible]三縣局先行實驗

（二）標準：（1）土壤適宜田地能自成一段者（2）水利方便（3）交

华西实验区办理农业生产合作社申请贷款事项注意要点　9-1-136（226）

华西实验区办理农业生产合作社申请贷款事项注意要点　9-1-136（227）

127

適使利易於示範者(4)試作繁殖優良品種之[illegible]場所者(5)便於本區農業技術之指導者(6)原有地權無任何糾紛者(7)地價合於一般市價標準者(9)土地契約合於法律規定手續者

(三)貸款額：(1)合作社至少須自籌全部價款兩成其餘由本區及農民銀行配貸八成(2)期限：暫定十年逐年攤還利本(3)利率：週息八厘(4)方式：以貸實物實為原則(5)手續：照農民銀行規定手續辦理

乙、扶植自耕農

(一)範圍：暫在巴璧銅三縣為各輔導區選擇少數合作社試辦。

(二)標準：(1)社員自耕田地以十石為限原佃社員有優先权(2)貸款須有切實保證或有適當担保者

(三)貸款：貸款辦法與創置社田第三項各款相同

丙、貸款時期：自六月份開始申請貸放

(二)標準：(1)開墾堤堰工[illegible]
各社請求此項貸款者，應先估計效果，擬定勘查計劃，
由各區派員實地勘查後，送區本部核辦，於必要時本
區派技術人員前往覆查（[illegible]修築
(三)貸款：(1)貸額：合作社至少須自籌全部費用三成
本區洽農行貸[illegible]七成，(2)[illegible]貸撥貸為原則(3)
期限：暫定四年，逐年攤還，利隨本減，以[illegible]遞息
入座(5)手續：依照農民銀行規定手續辦理
(四)貸款時期由五月份開始申請
五、耕牛貸款：
(一)範圍：已經登記設有業務組織之合作社為農業推廣
家之社員可優先申請貸款，暫按五十[illegible]暫按每戶
因需牛一頭，[illegible]由會議決定社全部
耕地數與現有耕牛頭數（[illegible]）
(二)標準：(1)每社以十頭為限(2)合作社至少須自籌全部
金額三成，其餘由本區洽農行貸放七成(3)每牛貸[illegible]

华西实验区办理农业生产合作社申请贷款事项注意要点 9-1-136（229）

128

佔購牛總數三分之一（十）每頭牛貸款不得超過公債
右（三）方式：以貸實收實為原則
（四）期限：壹年如養母牛貸款為兩年
（五）利息：週息八厘
（六）手續：按農行規定手續辦理
（七）貸款時期：由六月份開始申請
七、養豬貸款
（一）範圍：巴璧三縣局（1）仔豬以每社員一頭為限（2）每豬以設有繁殖站之合作社優先貸放每社以二十頭為限
（二）標準：（1）仔豬以二十斤重為準（2）每豬以八十斤重為準（3）貸款以當時價計算合作社自籌全部價款六成其餘由本區與農行配貸（仔豬貸款將農民服行貸額核定後另通知舉辦）

华西实验区办理农业生产合作社申请贷款事项注意要点　9-1-136（230）

（五）利息：週息八厘

（六）手續：照農行規定辦理

（七）貸款時期：（1）仔豬貸款待農行核定貸額後辦理

（2）母豬由八月開始

5、關於貸款

（一）範圍：巴縣璧山永川三縣為主

（二）標準（1）修建糞坑（2）燃料（3）肥料（4）人工費用各社自籌之

其餘由本區與農行酌貸

（三）方式：貸實物實物按當時合價折合

（四）期限：八個月

（五）利息：週息八厘

（六）手續：按農民銀行規定手續辦理

（七）貸放時期：（1）肥料由五月份開始（2）糞坑由五月份開始

（3）燃料由七月份開始。

华西实验区办事处中国农民银行重庆分行为检送贷放北碚合作农场贷款清单的往来公文　9-1-161（14）

12

合字1739號

中國農民銀行重慶分行快郵代電

中華平民教育促進會華西實驗區辦事處公鑒案據敝北碚處渝貸字第13號函開頃奉鈞行農字第代電囑將前運送銀元壹萬三千元貸放情形列具清單具報等因茲遵製代理華西實驗區貸放北碚各合作農場清單一份隨函附陳敬祈鑒核為禱等情據此相應抄附該項代貸放款清單一份即希洽收存執并將本行所出銀元壹萬叁千元收據一張退回以清手續為荷中國農民銀行重慶分行農未陷

附件

擬將附件由本組抄留一份番查文移請

会计室办理

中華民國　年　月　日

到　日　月　年

华西实验区办事处中国农民银行重庆分行为检送贷放北碚合作农场贷款清单的往来公文　9-1-161（12）

中華平民教育促進會華西實驗區辦事處（公函）稿

事由：爲准電檢送貸放北碚合作農場貸款清單一案函復查照由

受文者：中國農民銀行重慶分行

一、貴行農未陽快郵代電暨附件均敬悉

二、承送貸款清單核與北碚各合作農場貸款借據核對除白廟鄉貸款四〇〇元清單內列爲「第十二保合作農場」其借據爲「第十一保合作農場」「十二」與「十一」不相符合外餘全部相合

三、貴行前收貸款一三〇〇〇元除貸出一二八〇〇元外剩餘廿〇〇元暫存候另案清理

年月日：卅八年九月十三日發

附件：　件

字號：卅華實會字第七一二號

已制卡

华西实验区办事处中国农民银行重庆分行为检送贷放北碚合作农场贷款清单的往来公文 9-1-161（13）

11

中華平民教育促進會華西實驗區辦事處（　）稿

受文者

四、貴行前函收撥二筆俟北碚貸款借據送齊銷帳

須即照來函

相應函復即請

查照為荷

主任 孫[illegible]

附件

字號

校判

擬稿

副本 份送達

华西实验区与中国农民银行重庆办事处款额农业贷款协议书 9-1-177（58）

30

農業貸款協議書

立辦農業合作貸款協議書 中華平民教育促進會華西實驗區
中國農民銀行重慶分行
（以下簡稱區方 行方）茲根據雙方座談會記錄雙方同意訂立農業合作社貸款條件如左：

（一）貸款地區：以璧山巴縣北碚及區方新擴展經洽商行方同意之地域為限

（二）貸款對象：經區方輔導在當地縣政府完成登記之農業合作社或區方認為有特殊需要經洽商行方同意之社團

（三）貸款種類及標準：

甲、土地貸款：為實驗解決土地問題在巴璧碚三縣局選擇適

宜地區先行舉辦創設社田各合作社[illegible]之[illegible]地先

試行共耕逐漸推行其貸款標準條件如左：

1、範圍：在巴璧碚三縣局選擇適宜地區先行局部實驗

2、標準：A、土壤適宜田地能自成一段者B、水利方便C、交通便利易於示範者D、能作繁殖優良品種之場所者E、便於本區農業技術之指導者F、原有地權無任何糾紛者G、地價合於一般市價標準者H、土地契約合於法律規定手續者

3、貸款成數：合作社自籌二成，配貸八成

4、期限：暫定十年逐年攤還利隨本減

华西实验区与中国农民银行重庆办事处款额农业贷款协议书　9-1-177（60）

31

乙、水利貸款：

1、範　圍：與上項土地貸款同

2、標　準：A、開鑿塘堰　B、小型水利各社請求此項貸款應先估計效果擬定初步計劃由各區派員實地勘查後送總辦事處核辦必要時得由雙方派技術人員前往覆勘並監督修築

3、貸款成數：合作社自籌三成配貸七成

4、期　限：暫定四年逐年攤還利隨本減

丙、耕牛貸款

1、範　圍：在巴璧江三縣[illegible]

證農家之社員......

一頭計算

2、標　準：A、每社以十頭為限　B、母牛須估購牛總數三分之

一

3、貸款成數：合作社自籌三成，配貸七成

4、期　限：一年，如養母牛者得展為兩年

丁、養豬貸款：

1、範　圍：在巴璧銅三縣局先行舉辦，A、豬以每社員一頭為

限　B、母豬以設有繁殖站之合作社優先貸放，每社

以二十頭為限

华西实验区与中国农民银行重庆办事处款额农业贷款协议书　9-1-177（62）

32

2、標　準：A、仔猪以二十斤重為準 B、母猪以八十斤重為準

3、貸款成數：貸款以當時肉價計算合作社自籌三成配貸七成

五、期　限：於壹年內本息清償

戊、其他生產貸款：

1、範　圍：除美菸貸款已在璧山貸放完竣外其他如廣柑柘蠶釀造等在區方工作轄區內視各地需要擇區舉辦

2、標　準：按各種業務計劃酌予核貸

3、貸款成數：合作社自籌三成配貸七成

华西实验区与中国农民银行重庆办事处款额农业贷款协议书 9-1-177（63）

（四）貸款比例：各項貸款經雙方同意按照區方九成行方一成之比例配貸如行方配額增加時區方得按比例減少

（五）配貸款額：行方暫照區方核定之數額搭配貸放區方核定之各項貸款數額如左：

甲、土地貸款：四二、〇〇〇美圓

乙、水利貸款：一二〇、〇〇〇美圓

丙、耕牛貸款：五二、〇〇〇美圓

丁、養猪貸款：五〇、〇〇〇美圓

戊、其他生產貸款：四〇、〇〇〇美圓

以上區方核定之貸款共計為三〇四、〇〇〇美圓得分批撥貸行方貸

华西实验区与中国农民银行重庆办事处款额农业贷款协议书　9-1-177（64）

款以區方每批實際撥到之款額搭配貸放

（六）每批撥到貸款其貸放地區種類數額由雙方隨時會商洽定行方收到區方撥款後即於三日內連同行方配額分別劃撥於洽定地區之分支行查照貸放

（七）如行方因頭寸關係不能配貸時即將區方撥款於收到之次日轉撥指定地區代為貸放並將轉撥日期以書面通知區方備查

（八）本協議書第五條所稱美圓區方於撥款時一律折合為銀圓或等值之實物撥交行方於實際貸放時行方即依照比例配貸銀圓或實物

（九）貸款利息：均按照行方規定以月息八厘計算但於貸款收回時區方貸款部份其利率按週息八厘計算收息其多收部份即退交貸款社作為該社之合作發展基金另外除代收合作事業補助費一厘外不再另加任何費用

（十）各合作社申請貸款經區方會同調查核定由該社收取轉送當地行方機構配貸如無特殊情形行方應於三日內填發貸款通知書通知貸款社於指定限期內到行方辦理領借手續

（十一）行方於合作社領款後即將借據副本分別轉送當地縣政府及區方備查

（十二）合作社領款後定期由雙方派員監放如合社需要採購實物時

华西实验区与中国农民银行重庆办事处款额农业贷款协议书　9-1-177（66）

34

待由双方会同借款社共同办理

（十三）双方配贷及行方代区方贷放之款项，其付款记账及借约保管等手续，均由行方负责办理，贷款收回时行方并应列具收实清单函送区方备查。其记账办法双方另行洽订，作为本协议书之附件。

（十四）各借款社之账务，行方得随时派员莅社查核指导，其所需账簿由行方统筹按成本供给各社应用。

（十五）各社借款除由社员连环保证并由当地县政府负责承还担保外，如双方认为必要时，得令借款社另提供担保物品。

（十六）本协议书订期一年，自　年　月　日起至　年　月　日止

华西实验区与中国农民银行重庆办事处款额农业贷款协议书　9-1-177（67）

（十七）本协议书如有未尽事宜得由双方洽商随时换文修订之
（十八）本协议书经双方签盖换文同意之日起生效

区方　代表人
行方　代表人

中华民国　　年　　月　　日

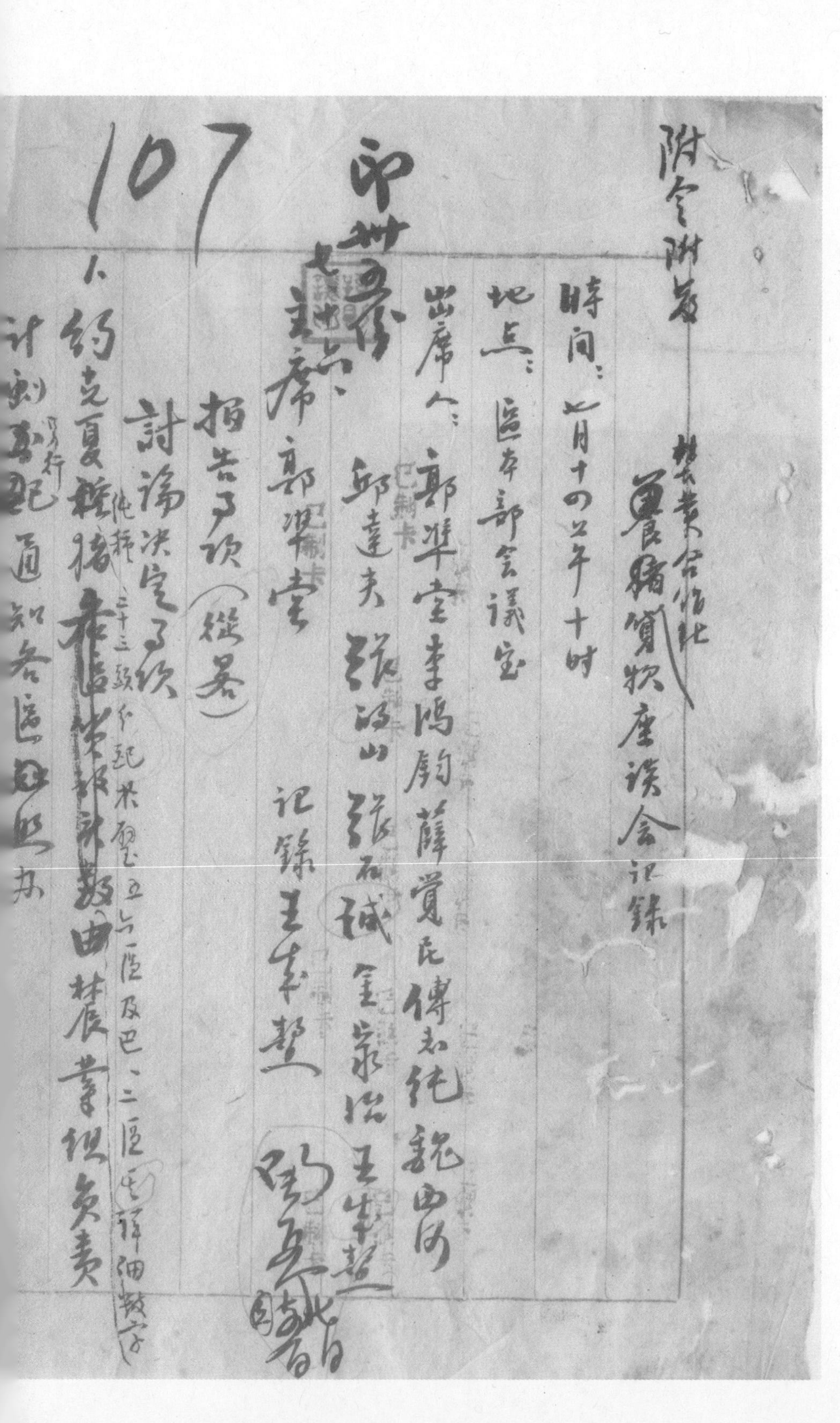

附令附簽

农业合作社养猪贷款座谈会记录

時間：六月十四日上午十时

地点：区本部会议室

出席人：郭準堂 李鸿钧 薛覺民 傅志纯 魏西岭 郭達夫 張汲山 張石斌 全家治 王来哲

主席：郭準堂　記録：王来哲

報告事項（從畧）

討論決定事項

一、約克夏種豬由林振業担负责

計劃另行通知各區照辦

华西实验区农业合作社关于养猪贷款等事宜的座谈会议记录　9-1-278（195）

2、纯良种猪大猪分配各繁殖站饲[illegible]母猪

在本年[illegible]前[illegible]饲[illegible]

分配期以[illegible]分配[illegible]

3、荣昌种猪以一乡贷放一头为原则[illegible]八十头并不加贷

一头

4、荣昌买猪人员旅用费补[illegible]由本处支给

各社[illegible]之旅费加入饲猪生本[illegible]

运输生本不能达当地市价时则加入饲猪生本

由贷款社担负如生本达市价时则由本处[illegible]

[illegible]　一郭[illegible]

华西实验区农业合作社关于养猪贷款等事宜的座谈会议记录　9-1-278（197）

108

5. 母猪贷款各区即可估计数字先行由区主任着拨支领一部派员赴荣昌购买，但各区主任应负责辅导各社补办借款手续

6. 仔猪贷款各区即可开始指导各社申贷手续，应在月内办理完毕

7. 荣昌种猪指定须在荣昌安富盘龙两镇购买，其他母猪各区可于前（荣昌）酌划分采购地区，各区指定采购地区分别自行购买，以期不刺激市价能顺利完毕

8. 郭主任达夫代表总处于下星期一即日出发

到达该社筹备下到了该（一）觅定养猪地点（至少该地养
二百头之地点）（二）养猪工人（以二名为限）（三）准备养猪饲料
（四）区划各区镇猪只地区（五）时与总处以电讯取得
联系（六）计划选送已划之种母猪
9. 各区办事处选派人员于下星期四应即出发到
达该社先至安富镇与总处人员取得联系并决
准备下列工作：（一）预定买猪社员（二）确定接猪
地点（三）接猪地点确定该社报告总处并通知[illegible]
处邱主任达夫知照

108

10、煽猪贷款各社煽猪人员须请该社会计登记帐，以便稽销

11、关于煽猪防疫问题，血清疫苗等药品器械由农业组负责洽商准备，第一次先整一千五百头之用量准备，注射人员由邱达夫主任负责召集，品农村[illegible]办理

12、各区买牛人员之选派，各区同意由第二辅导区办事处派员为璧山各社统筹买牛代表人，各区不再选派

13、各社养牛贷款申请手续应在本月内办理完竣

华西实验区农业合作社关于养猪贷款等事宜的座谈会议记录 9-1-278（119）

14、[illegible]
以[illegible]查勘促各区为求实效应先择[illegible]適
中并有经济价值之少数地点先行试办

15、换乡社贷纱手续应于二十日内办完贷放手续
至迟於下月十五日前完毕逾期即另待下期
[illegible]贷款

16、各社申请贷纱各区处应在申请书上签注具体（主管辅导员及）
意见切实负责以总处不再派员複查为原
则但如有少数地点因特殊情形[illegible]须总处
派员複查[illegible]

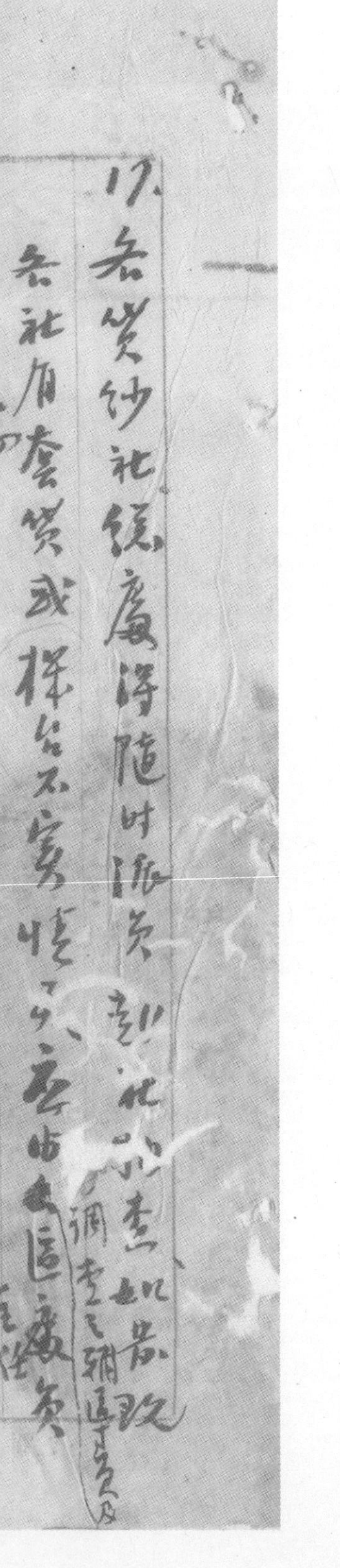

110

17. 各贷猪社经应得随时派员到社抽查，如发现各社有套贷或借名不实情事，应由该区辅导员及主任负其一切责任。

散会 当日上午十时

华西实验区农业合作社关于养猪贷款等事宜的座谈会议记录 9-1-278（201）

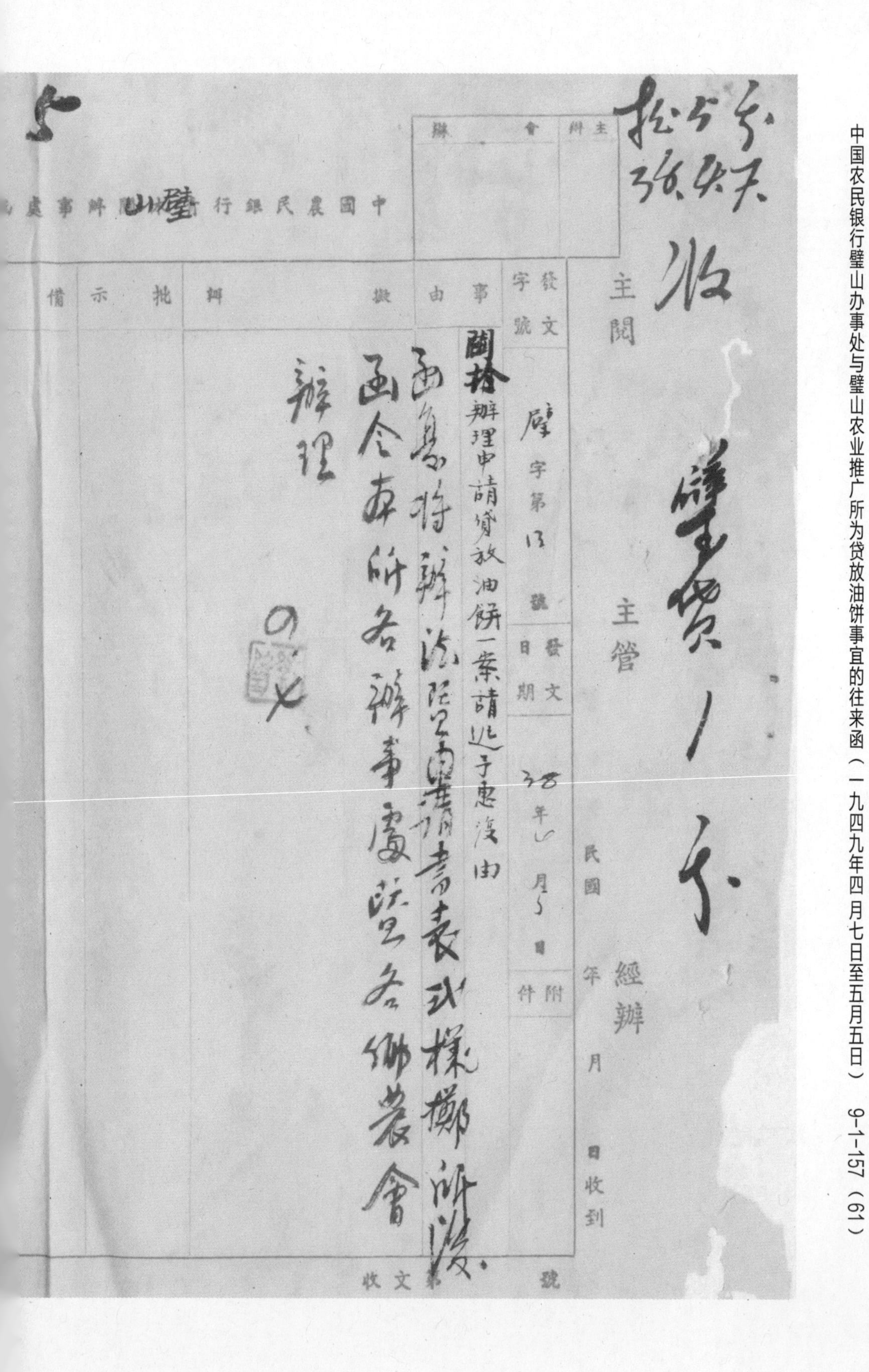
中國農民銀行璧山辦事處

主辦 會辦

主閱 主管 經辦

發文字號：璧字第13號

發文日期：38年6月5日

附件

事由：關於辦理申請貸放油餅一案請迅予惠復由

擬辦：函復將辦法及申請書表式樣擲所後，函令本所各辦事處暨各鄉農會辦理

批示

備

民國　年　月　日收到

收文　第　號

中国农民银行璧山办事处与璧山农业推广所为贷放油饼事宜的往来函（一九四九年四月七日至五月五日）　9-1-157（61）

中国农民银行璧山办事处与璧山农业推广所为贷放油饼事宜的往来函（一九四九年四月七日至五月五日） 9-1-157（62）

逕啟者查春耕在邇敝處收購之油餅亟應從速貸放以應農需曾於上月廿一日以璧字第十一號函請

貴所指導農會申請以憑核貸在案兹為時已久尚未蒙轉送申請書表到處

貴所辦理該項申請貸放如有困難即煩

查照迅予惠復為荷

此致

璧山農業推廣所

中國農民銀行璧山辦事處

中国农民银行璧山办事处与璧山农业推广所为贷放油饼事宜的往来函（一九四九年四月七日至五月五日） 9-1-157（60）

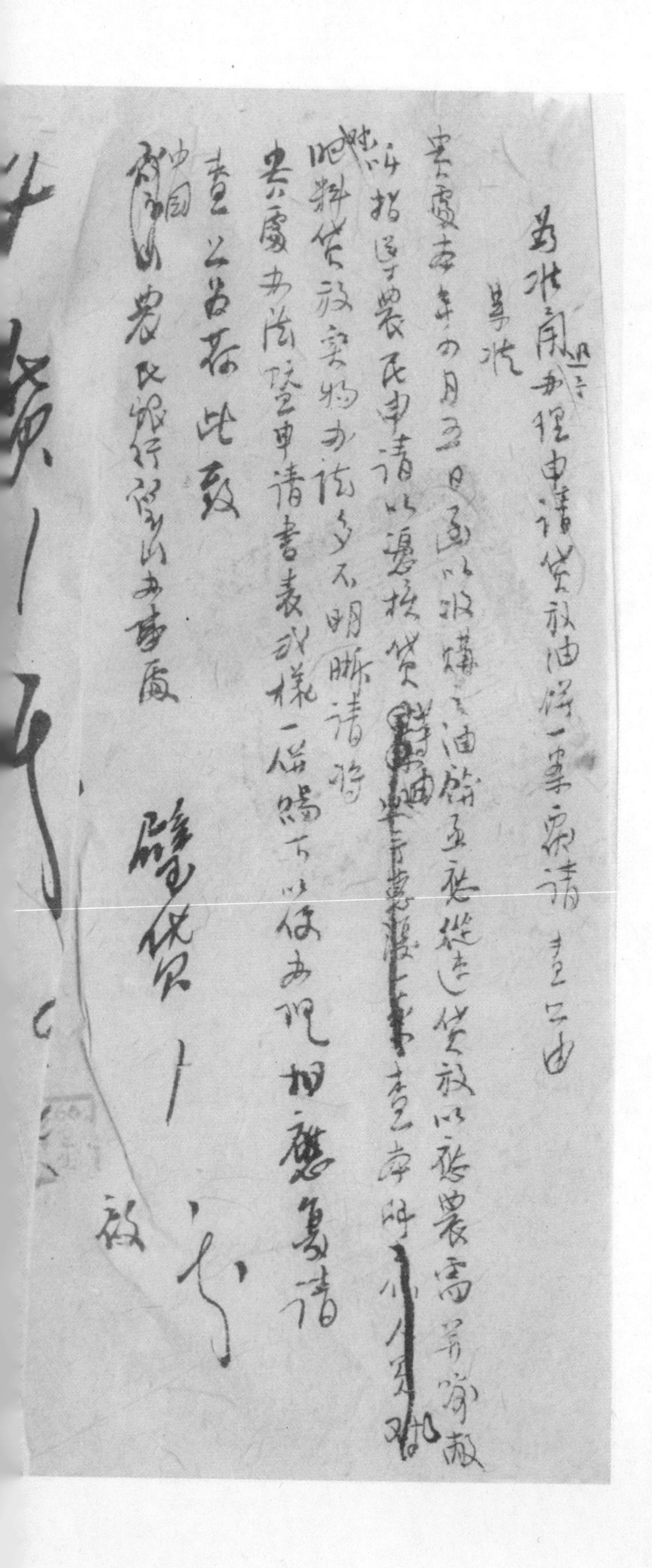

为准函办理申请贷放油饼一案函请 查照由

案准

贵处本年四月五日函以收购油饼五万斤从速贷放以应农需等由，敝

处以指导农民申请以资接贷[illegible]查本所[illegible]实难

肥料贷放实物办法多不明晰，请将

贵处办法暨申请书表式样一份赐下，以便办理，相应函请

查照为荷！此致

中国农民银行璧山办事处

璧农贷[illegible] 启

中国农民银行璧山办事处与璧山农业推广所为贷放油饼事宜的往来函（一九四九年四月七日至五月五日） 9-1-157（59）

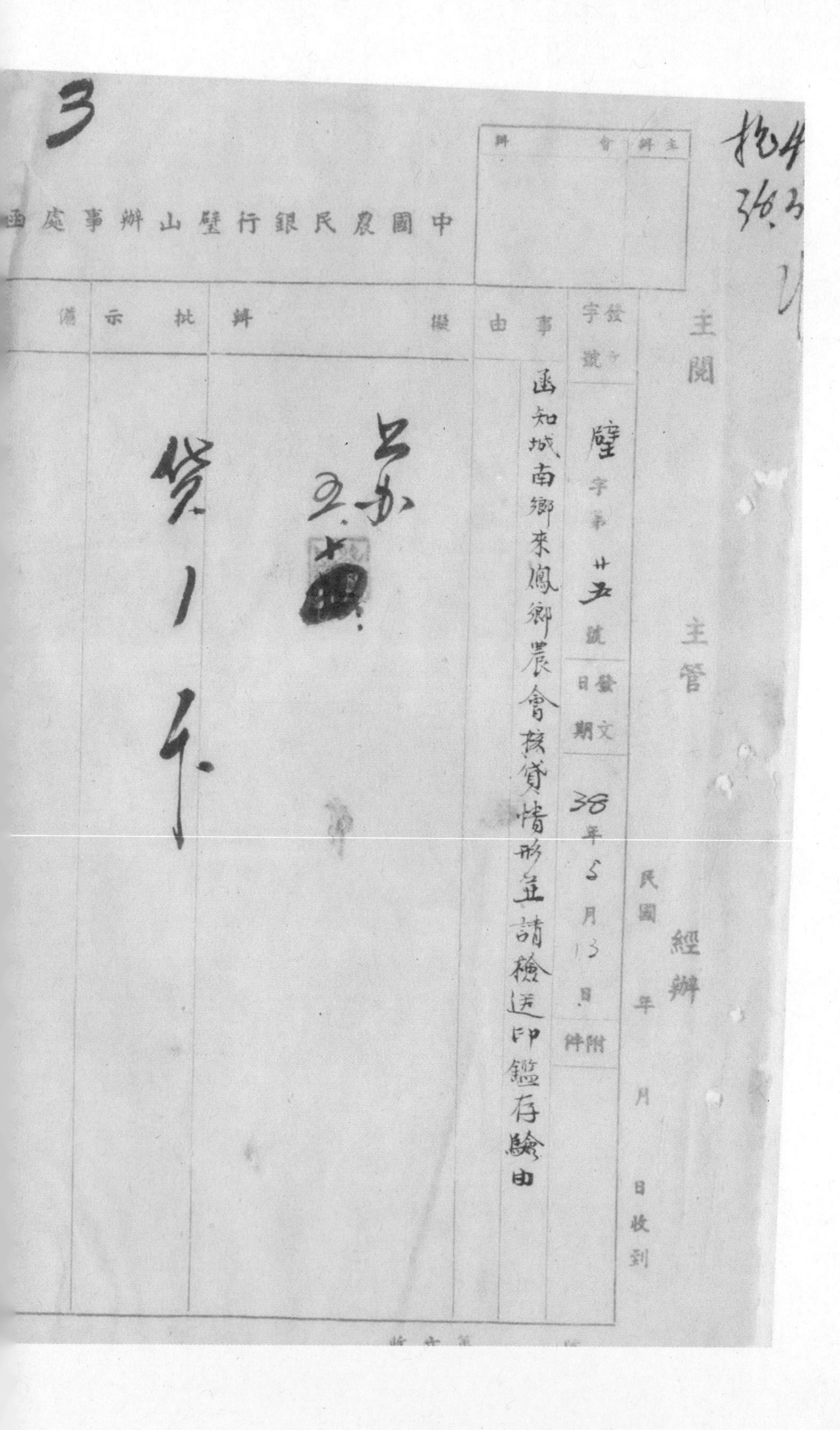

中國農民銀行璧山辦事處函

主辦	會辦

主閱

主管

經辦

民國　年　月　日收到

發文字號	璧字第廿五號
發文日期	38年5月13日
附件	
事由	函知城南鄉來鳳鄉農會核貸情形並請檢送印鑑存驗由
擬辦	
批示	
備	

中国农民银行璧山办事处与璧山农业推广所为贷放油饼事宜的往来函（一九四九年四月七日至五月五日） 9-1-157（59）

逕啟者前准

貴所先後函送城南鄉來鳳鄉農會申請書表囑查照核貸等由准此經派員前往各該會監放於四月十六日計貸予城南鄉農會油餅〈17686〉斤折合中熟米29.18市石訂期於〈38〉年〈10〉月〈15〉日歸還五月二日計貸予來鳳鄉農會油餅〈10000〉市斤折合中熟米〈10〉市石訂期於〈39〉年〈1〉月〈2〉日歸還相應函達

貴所備查又各農會申請貸款何係由

貴所負承還保證責任即煩檢送

貴所鈐記及新主任印鑑以備存驗為荷

此致

璧山農業推廣所

中國農民銀行璧山辦事處

巴县西彭乡泥壁沱特种美烟生产合作社借款申请书及附件 9-1-199（96）

78

巴县西彭乡泥壁沱特种美烟生产合作社借款申请书及附件　9-1-199（97）

巴縣西彭鄉泥壁沱特種美菸生產合作社借款申請書

巴县西彭乡泥壁沱特种美烟生产合作社借款申请书及附件 9-1-199（99）

80

借款申請書

敬啓者本社遵照合作社法之規定成立特種美菸生產合作社業經巴縣縣政府登記註册在案自創立以來已見成效在巴縣地區鮮有提倡種美菸之局面中可為生產部門增加一線曙光茲為推廣業務為各鄉鎮之先導建造新式烤房二座增加培養肥料使用煤炭暗火烤烤以資精研而利推廣繁植需要資金擬向

鈞處申請借黄谷四百市石整訂限期一年期滿本利一併歸還決不延誤

敬請

巴县西彭乡泥壁沱特种美烟生产合作社借款申请书及附件　9-1-199（100）

[illegible]

中華平民教育促進會華西实驗區巴縣第八輔導區主任朱

中華平民教育促進會華西实驗區主任孫

附件

一、社章三份

二、業務经営計劃三份

三、社員名册及理事監事印鑑三份

申請人巴縣西彭鄉泥壁沱特種美菸生産合作社

理事會主席周渊如

中華民國三十八年六月　日

巴县西彭乡泥壁沱特种美烟生产合作社借款申请书及附件　9-1-199（83）

70

保證責任巴縣西彭鄉泥壁沱特種美菸生產合作社卅八年度業務計劃　自卅八年一月起至卅九年一月止

業務部門	業務科目	辦法摘要	預定進度	預定需款總額
種植美菸	培植烘烤	本社社員于一月，就各有耕種沙質壤土地區種植美菸，統計有十五万餘株，每十日施肥一次，最後施油粘為必要之肥料。	本年五月尾、六月初開始採菸烘烤	
肥料	施肥	本社種植美菸除施豬肥外，共需油粘式萬五千斤，由每万株至少需油粘壹仟餘斤。		統計需黄谷玖拾石。

建築烤房二座

材料人工

建造烤房二座每座七重樓長四丈寬二丈高四丈內用火管晴火式之建造用土木石磚混合構成所需材料略列(1)[illegible]條石六十四丈打石[illegible]黃谷[illegible]石(2)鐵料四十斤黃谷七石、(3)木料八十根黃谷七十五石(4)草料壹千斤黃谷五石(5)火磚四千塊黃谷九十六石(6)迴旋火管一百二十斤黃谷廿石(7)石灰五百斤黃谷四石(8)土工築牆一百[illegible]黃谷[illegible]石(9)泥工五十个黃谷五石(10)伙食黃谷十石(11)零工四十个黃谷二石(12)木工五十个黃谷五石以上黃谷共石弍百八十九石

烤房建造總計材料人工概照食米支付計算需要黃谷弍百八十九石。

巴县西彭乡泥壁沱特种美烟生产合作社借款申请书及附件 9-1-199（100）

燃料

烘烤美菸

全社員所產美菸輪流烘烤集合入烤預兩乾菸壹萬伍仟斤以上乃至兩万斤每烘一次可兩三百斤統計需煤四万斤黄谷九十六石。

統計需黄谷九十六石

附註

(一)本年度因物價波動在鄉村土木石工人一般受雇者均以食米計工故以食米計算所需建築材料肥料燃料等亦以食米為天易標準故以食米折合黄谷計算。

(二)以上申請貸借黄谷由社員所售菸價及社員保証金購買黄谷到期本利一併歸還。

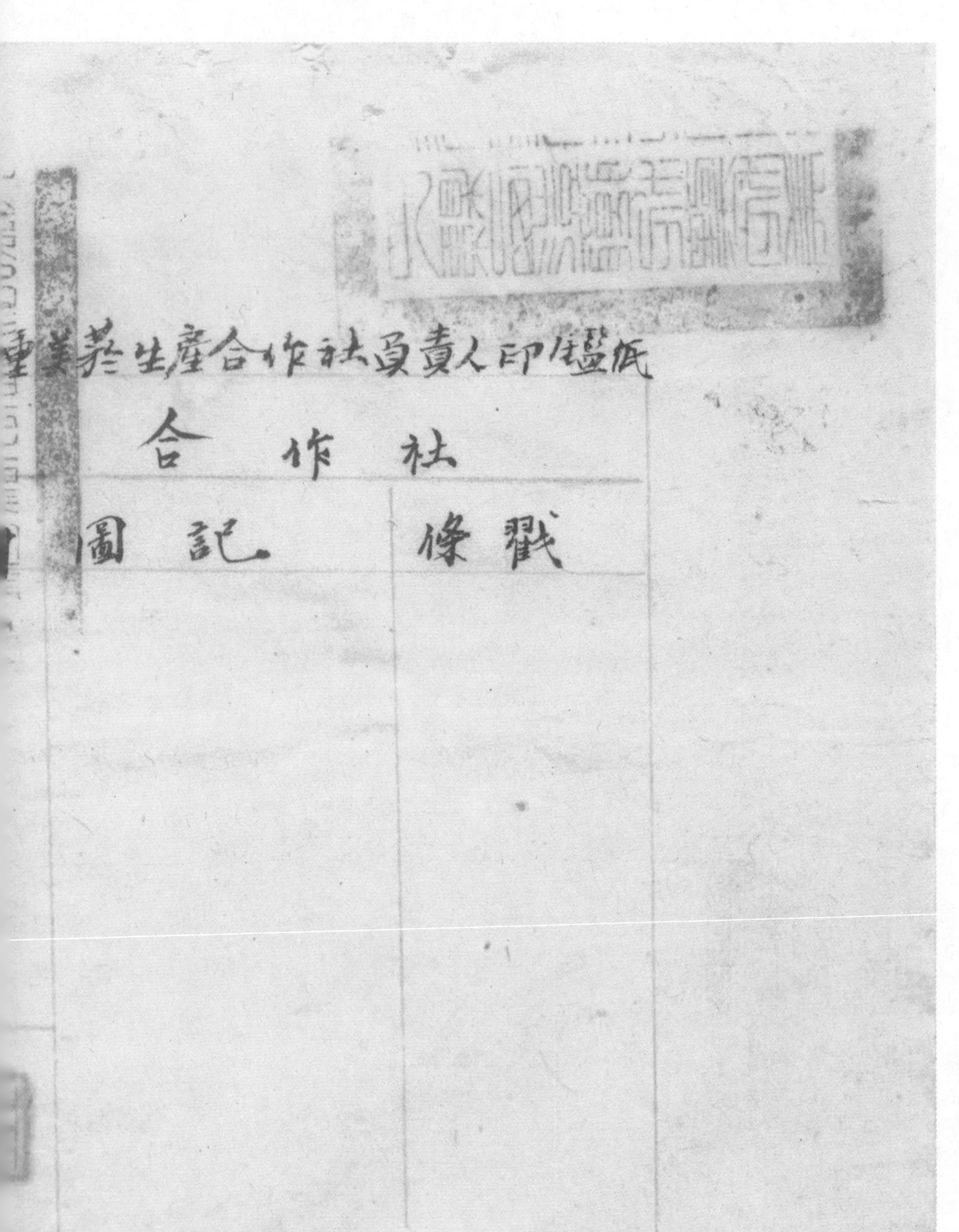
重美菸生產合作社負責人印鑑紙

合作社	
圖記	像戳

巴县西彭乡泥壁沱特种美烟生产合作社借款申请书及附件 9-1-199（103）

巴县西彭乡泥壁沱特种美烟生产合作社借款申请书及附件　9-1-199（103）

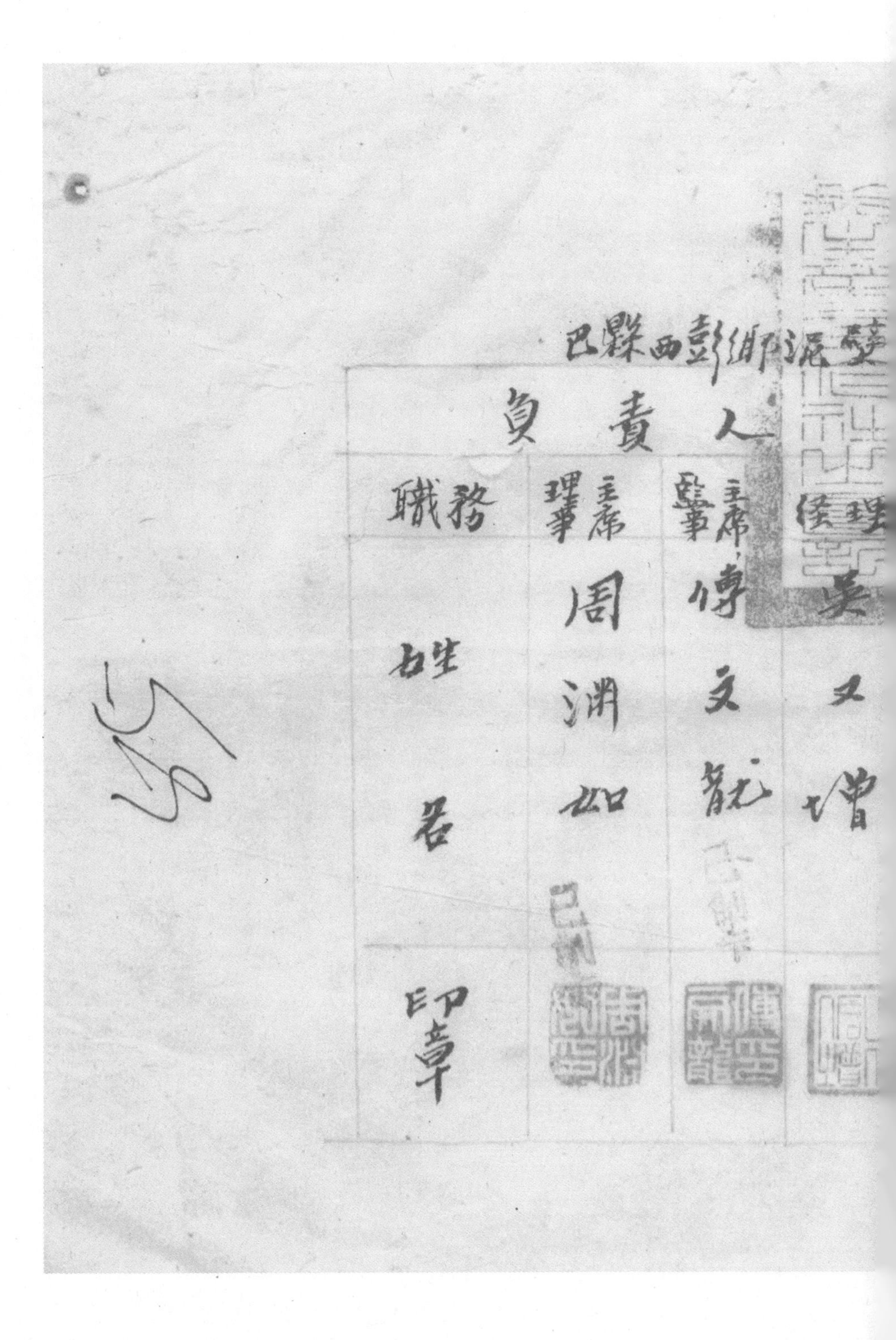

巴縣西彭鄉泥壁

負責人			
職務	主席理事	主席監事	經理
姓名	周渊如	傅文龍	吳又增
印章			

59

巴县西彭乡泥壁沱特种美烟生产合作社概况及业务表　9-1-199（101）（102）

巴縣西彭鄉泥壁沱特種美菸生產合作社概況及業務表

甲　概況

一、社址：四川省巴縣西彭鄉泥壁沱

二、創立日期：三十七年七月五日

三、登記及備案：

登記機關：四川省巴縣縣政府

登記日期：三十七年八月十五日

登記証字號：建証字135號

四、組織：依合作社法組有社員大会及理監事等

五、資本：三十九股每股金額黄谷四升保証金額為所認股一倍

六、社員人數：社員計二十七人

七、土地情况：

來源：自有及租有：廿五人自有十二人租有地

一般土質：大部為沙質壤土

地勢坡度：均約十度至十五度

[illegible]

八、社員預計種美菸面積，總計擬種美菸拾伍萬株

周洲	[illegible]万株	周銀山	〥千株	袁紹青	〣千株	李樹云	1万株
傅文龍	[illegible]株	李海云	〣千株	陶在民	〤千株	鄒金盛	〥千株
車澤波	〣千株	余紹文	〣千株	陳良天	〥千株	楊在民	〥千株
劉炳輝	〣千株	劉海廷	[illegible]千株	謝紹卿	[illegible]千株	李郁文	1千株
黄煥文	〣千株	傅銀廷	〣千株	傅國有	〣千株	饒德富	〥千株
梁玉康	〥千株	涂青云	〢千株	周云武	1千株	李吉祥	〥千株
楊海青	〤千株	周昌列	1千株	周竹筠	〣千株		

九、業務計劃及擬借金額

一、業務計劃及預期結果

業務項目	經營計劃	預期效果
種植美菸	集中育苗分户移種	每万株约可收獲1千餘斤統計壹兩万斤左右
建築炕房	烤房二座每间二重樓	全社員之生菸輪流入炕房烤菸

二、擬借黄谷金額

用途	說明	金額黄谷	还款來源
修建烤房二座	需要木石竹草材人工等	289石	美菸售價及
買油枯	種植美菸十五万株	〩0石	社員保証金
買煤炭	燃烤美菸	56石	

巴县西彭乡泥壁沱特种美烟生产合作社概况及业务表 9-1-199（102）（103）

巴縣西彭鄉泥壁沱特種美菸生產合作社社員名冊

姓名	性別	年齡	職業	住址	附註
周淵如	男	五五	農	巴縣西彭鄉泥壁沱	
傅文獻	男	四一	農	同上	
牟澤波	男	三三	農	同上	
劉秉輝	男	四一	農	同上	
黃煥文	男	三五	農	同上	
周銀山	男	四二	農	同上	
涂青云	男	五五	農	同上	
李海云	男	四五	農	同上	
余紹文	男	三二	農	同上	
劉海廷	男	四三	農	同上	
袁紹清	男	五二	農	同上	
陶世明	男	二四	農	同上	
謝紹清	男	二五	農	同上	
傅國臣	男	三七	農	同上	
牟樹云	男	二四	農	同上	
鄒金盛	男	五〇	農	同上	
饒玉民	男	六〇	農	同上	
李岐山	男	四八	農	同上	
饒德康	男	三八	農	同上	
梁玉康	男	三三	農	同上	
傅銀廷	男	三五	農	同上	
周雲武	男	三二	農	同上	
李吉輝	男	四〇	農	同上	
楊海青	男	三八	農	同上	
周昌列	男	三七	農	同上	
周竹筠	男	三一	農	同上	

华西实验区总办事处就巴县第八辅导区西彭乡泥壁沱申请特种美烟生产贷款应予缓贷的通知 9-1-199（78）

中華平民教育促進會華西實驗區總辦事處稿

事由：為覆知美菸貸款仍應緩貸由

受文者：巴縣第八輔導區

據該區輔字第一四五號報告請仍予核准美菸貸款以利鄉建等由；查該區泥壁沱美菸社申請肥料建築烤房及燃料貸款經該區於六月八日轉呈本處十五日方始收到是項文件經核閱文內容該社已於五月間即開始烤菸，其所申請各項貸款實係補用途不相符合，為免合作社空負債務不能獲得實際利益計本年度未設貸款茲呈該社貸款期間

年 八月 六 日發
字第 一一八七 號

华西实验区总办事处就巴县第八辅导区西彭乡泥壁沱申请特种美烟生产贷款应予缓贷的通知　9-1-199（79）

67

未予准贷一节，查是项贷款明白係指春季播种之烟苗，并非秋季改种之美烟。移植前情形

後知照，并希转知该社为要。

主任孙

举办建立农仓贷款 9-1-54（53）

舉辦建立農倉貸款

一、原則 在各鄉農業示範區之原種蕃殖站內，為便利社員農業產品集中與運銷，擬建立簡易農倉四個，以為儲藏保存之所。

二、辦法 先就巴璧碚一二四蕃殖站所在地，各建造農倉四個，共需建倉四五六個。每倉建造工料費用，需美金六〇元，以每元折合米七斗五升計，為四·五市石，四五六個倉共需美金二七、三六〇元，共合米二〇、五二〇市石，每倉容量以裝二百市石米為準。是項建造費款，擬請全部貸給，以為倡導。

三、償還辦法 此項農倉於每次儲藏農作物時，酌收儲費，以作償還

款每年應收回米三四二〇市石，至第七年還米息六年計米

二三·一二市石。

四 預期效果　農倉為調濟農村及市場盈虛，並使農產品得到

妥善的管理，實至為重要。如能將每年收回貸物米二十二百

八十市石，繼續轉貸建造農倉四十個，此項農倉，可完全適

應已建立一千個農業生產合作社之需要。

建倉貸款還款明細表

	貸款美金數	折合米數	每年還米數	備考
一個農倉	60元	45市石	7.5市石	
四百五十六個農倉	27,360元	20,520市石	3,420市石	至第七年一次還清六年息共合米23.12市石

扶植自耕农贷款计划　9-1-54（55）

30

扶植自耕農貸款計劃

一、貸款對象

佃農

自耕農——自有土地不敷生活而有剩餘勞動能力者。

二、原則

(一)每户貸款購置田地面積以水田十畝為原則（田地買賣大都只計水田土為附帶之物）

(二)貸給金額，佔購地價款總數百分之六十，其餘百分之四十由農民自行籌集。

三、辦法

(一)以貸實物還實物為原則，

扶植自耕农贷款计划 9-1-54（56）

暗（二四）為貸款範圍。

(三)農業生產合作社社區內有土地出賣時，原佃種該土地之社員得優先承購，合作社應代為申請貸款。

(四)現時土地價格，每畝折合美金貳拾伍元，貸給六成，計為十五元。

(五)貸款金額共五拾八萬九千五百美元，以民國卅七年十二月廿五日前價折合米四十四萬二千一百二十五市石，可購水田面積三萬九千三百畝，可扶植自耕農三千九百三十户。

四、償還辦法

(一)以十年為期，分年平均攤還，第十一年按六厘還息。

扶植自耕农贷款计划 9-1-54（57）

(二)每畝地價折合美金弍拾五元時值米一十八市石七斗五升照六成貸給為米一十一市石二斗五升，每年每畝平均償還一市石一斗二升五合三萬九千三百畝每年共應償還米四萬四千二百一十二市石五市斗

五、預期效果

(一)控制田地買賣使此區域不再有新地主產生

(二)一年之內，可使佃農及耕地不足生活之自耕農三千九百三十戶成為能自給之自耕農

附表

扶植自耕農貸款數及償還明細表

30

地	價貸款數				還款	備註
	美(元)金		折合食米(市石)		每年償還米（平均分十年還清）	
	全額	貸款六成	全額	貸款六成		
每畝	25	15	18.75	11.25	1.125市石	
39,300畝	982,500	589,500	736,875	442,125	44,212.5市石	至第十一年還息米六厘共計2652.75市石

扶植自耕农贷款数及偿还明细表　9-1-54（58）

繁殖站购买土地贷款及偿还明细表　9-1-54（75）

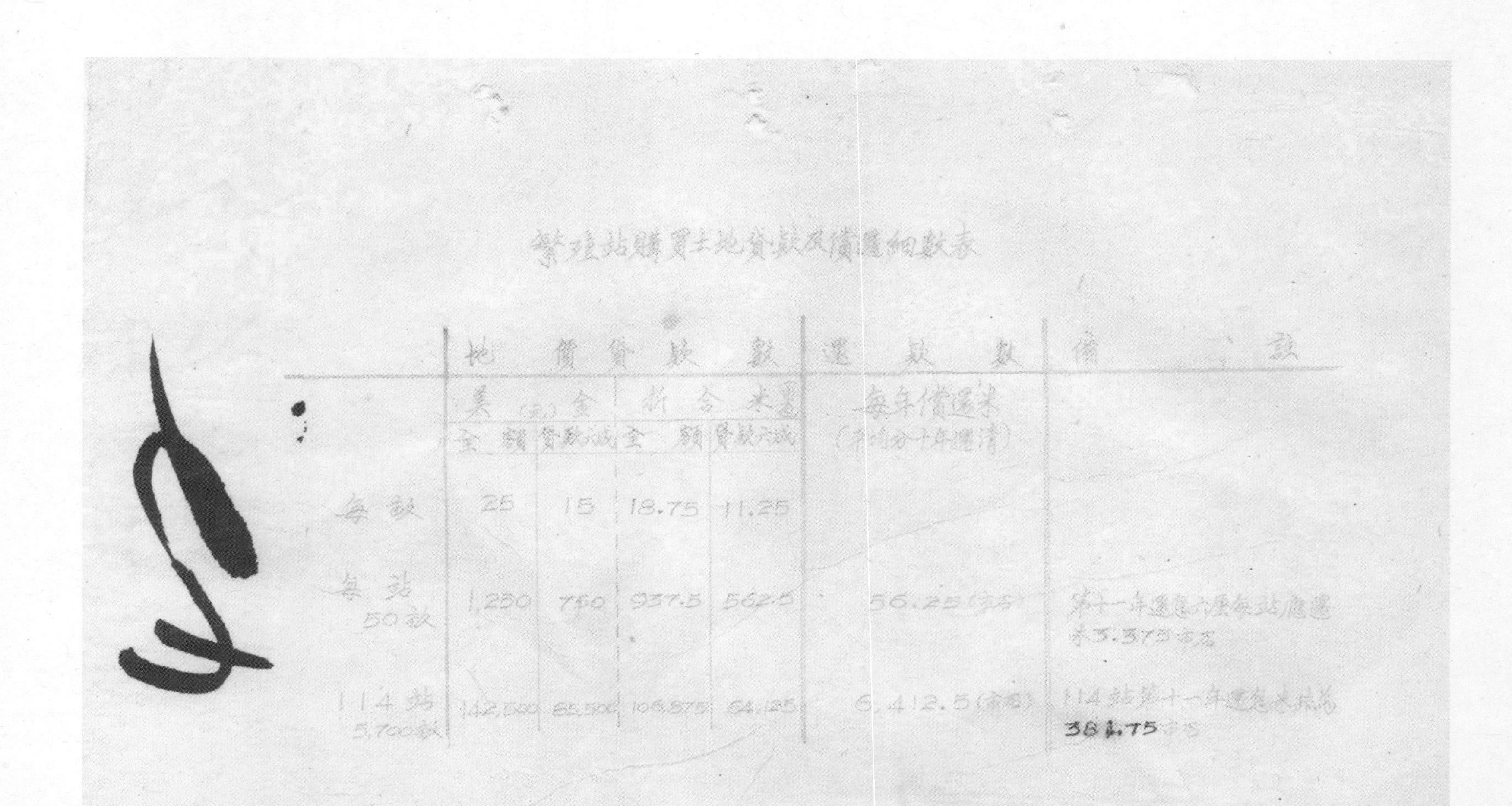

繁殖站購買土地貸款及償還細數表

	地價貸款數				還款數	備註
	美（元）金		折合米（石）		每年償還米（平均分十年還清）	
	全額	貸款六成	全額	貸款六成		
每畝	25	15	18.75	11.25		
每站 50畝	1,250	750	937.5	562.5	56.25（市石）	第十一年還息六厘每站應還米3.375市石
114站 5,700畝	142,500	85,500	106,875	64,125	6,412.5（市石）	114站第十一年還息米共為384.75市石

华西实验区总办事处为农业合作社借款利率调整给璧山县第三辅导区办事处的通知 9-1-121（156）

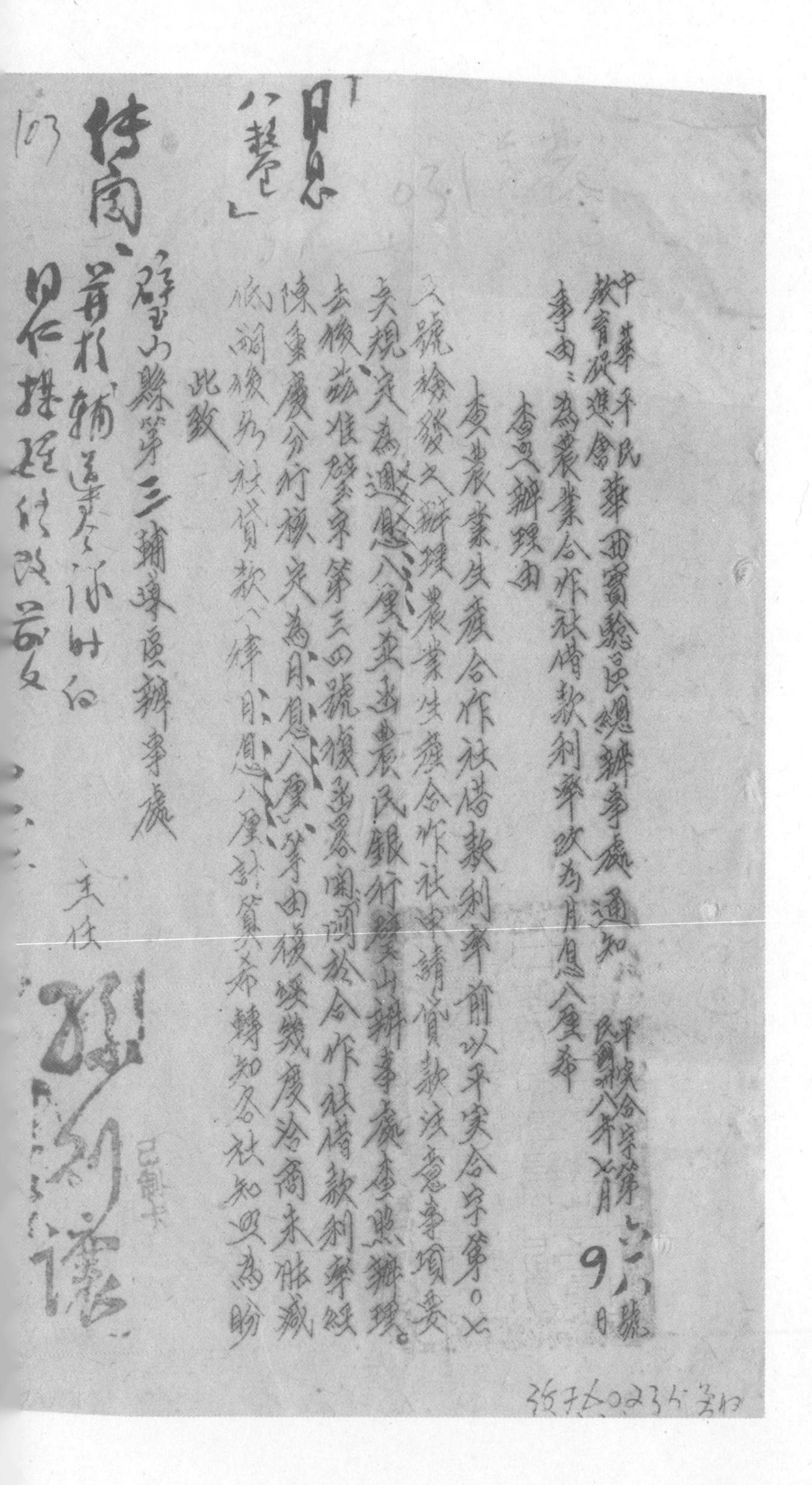

中华平民教育促进会华西实验区总办事处通知　平实合字第〇六八号　民国卅八年七月9日

事由：为农业合作社借款利率改为月息八厘希查照办理由

查农业生产合作社借款利率前以平实合字第〇七〇号检发之办理农业生产合作社申请贷款注意事项要点规定为週息八厘，并函农民银行璧山办事处查照办理。去后兹准璧字第三四号复函略开：以合作社借款利率经陈奉总处分行核定为月息八厘等由；复以现度洽商未能减低，嗣后各社贷款一律月息八厘计算，希转知各社知照为盼。

此致

璧山县第三辅导区办事处

主任

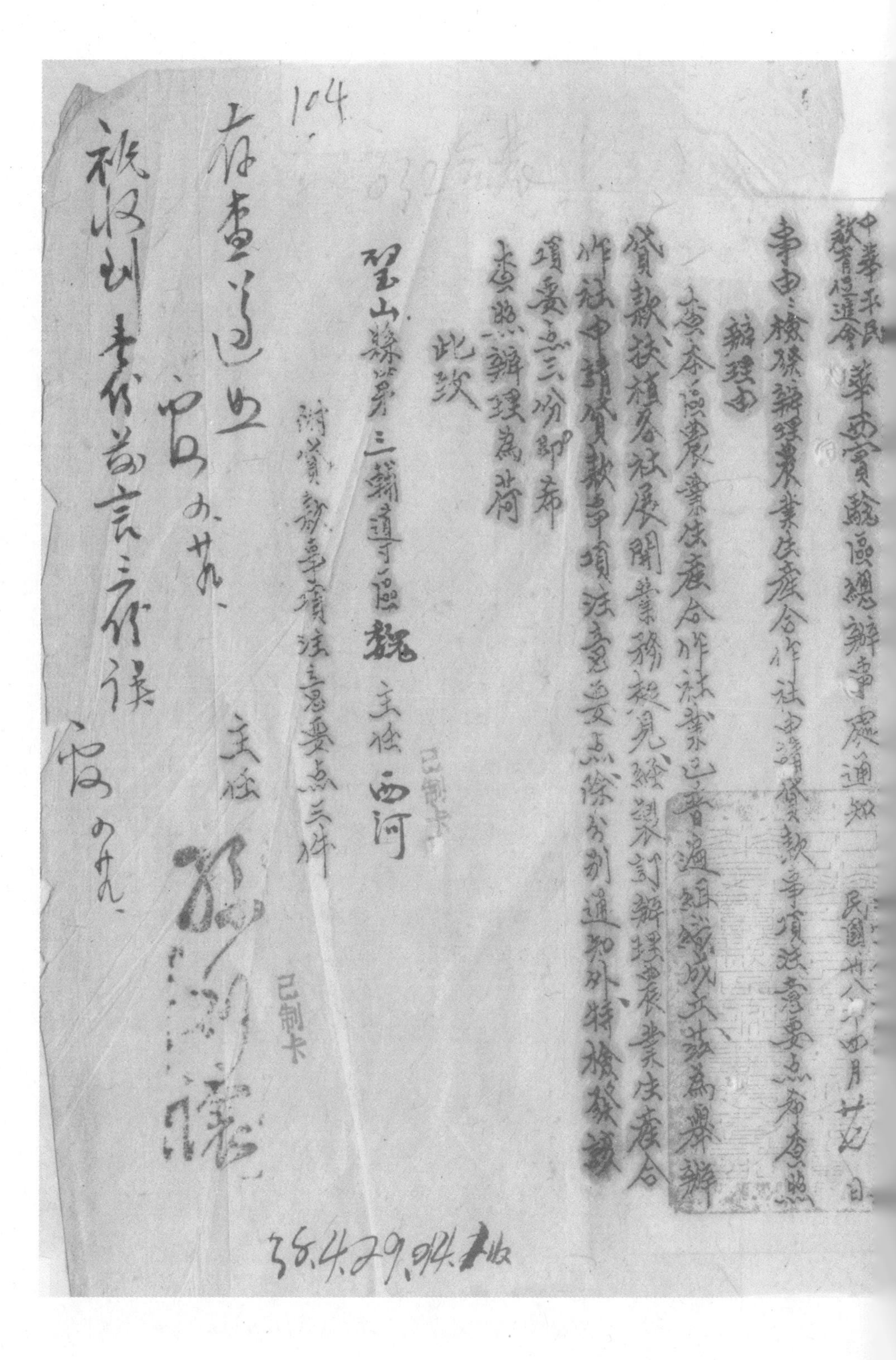

中華平民教育促進會華西實驗區總辦事處通知　民國卅八年四月廿[illegible]日

事由：檢發辦理農業生產合作社申請貸款事項注意要點希查照辦理由

查本區農業生產合作社業已普遍組織成立，茲為舉辦貸款扶植各社展開業務起見，經參酌訂辦理農業生產合作社申請貸款事項注意要點，除分別通知外，特檢發該項要點三份，即希查照辦理為荷。

此致

璧山縣第三輔導區魏主任西河

附貸款事項注意要點三件

主任 孫則讓

已制卡

38.4.29.到收

华西实验区总办事处为检发办理农业合作社申请贷款事项注意要点给璧山县第三辅导区办事处的通知（附：办理农业生产合作社申请贷款事项注意要点）　9-1-121（157）

105

辦理農業生產合作社申請貸款事項注意要點

本區農業生產合作社已普遍展開，對於各社請求貸款事項，並應審慎辦理，特擬具應行注意事項如左：

壹、各社申請貸款手續及注意事項

一、各鄉鎮、社學區農業生產合作社如申請貸款，須經由本區各級輔導機構嚴行審核，其程序：1、各社將申請貸款書表送駐鄉輔導員，2、輔導員審核後轉送輔導區辦事處，3、輔導區辦事處審核後轉送總辦事處，4、總辦事處作最後核定。

二、總辦事處核定准予貸放後，分別通知輔導區辦事處，轉知申請貸款之合作社及經管貸款之機關辦理貸借事宜，同時將通知副本送縣區辦事處存查。

三、各社申請貸款，得視所定業務計劃需要之緩急，分期申請，一時尚無實際需要之用款，不得請貸。

四、各社請貸[illegible]不得過分倉卒，以免錯誤。

华西实验区总办事处为检发办理农业合作社申请贷款事项注意要点给璧山县第三辅导区办事处的通知（附：办理农业生产合作社申请贷款事项注意要点）　9-1-121（158）

列審表除社章外統由總辦事處劃一格式。

貳、各社申請貸款之貸前審查與貸後指導注意事項：

一、駐鄉輔導員對申請貸款之單位社應詳作調查，調查時間不得超過三月，調查時應注意下列各點：

1. 審核各項書表是否合式有無錯誤。
2. 查驗該社登記證。
3. 社務組織是否健全有無糾紛問題。
4. 社股是否收齊，如何運用。
5. 各項貸款總額是否超過保證責任倍數。（註：社股以實物計算，保證責任倍數以五十倍至一百倍為限，如股款過少，應設法增加股數以實物繳納股款，申請登記時仍應以當日市價折合為金圓券填入各項書表）
6. 審查各項貸款手續是否完備及是否符合該社業務計劃，對於貸款後之效果估計是否適當。
7. 請求貸款事項是否經理事會或社務會議通過並檢查會議紀錄。

华西实验区总办事处为检发办理农业合作社申请贷款事项注意要点给璧山县第三辅导区办事处的通知（附：办理农业生产合作社申请贷款事项注意要点） 9-1-121（158）

华西实验区总办事处为检发办理农业合作社申请贷款事项注意要点给璧山县第三辅导区办事处的通知（附：办理农业生产合作社申请贷款事项注意要点） 9-1-121（160）

106

8. 對該款用法如何規定？是否能如期歸還？如需要担保品或抵押品，擬如何處辦？

9. 該社會計是否有相當經驗，平時賬目記載清楚否？

以上各點，該輔導員應分別簽註意見，連同申請書表送轉輔導區辦事處。

二、輔導區辦事處對請求貸款之合作社書表，應詳為核查，必要時得派員會同該鄉輔導員對該社複查，有關事項審核時間不得超過四日，審核完畢，應簽註意見，送總辦事處。

三、總辦事處對各社申請貸款事項，如無特別情形，須于五日內作貸款與否之核定，並分別通知。

四、各社領得貸款後，如係以公共貸款有委託社員經營者，應訂立正式合同，規定權利義務。

五、各社領得貸款後，各該輔導區辦事處應責成駐鄉輔導員注意各社對貸款之經營使用情形，并將監督輔導

华西实验区总办事处为检发办理农业合作社申请贷款事项注意要点给璧山县第三辅导区办事处的通知（附：办理农业生产合作社申请贷款事项注意要点）　9-1-121（160）

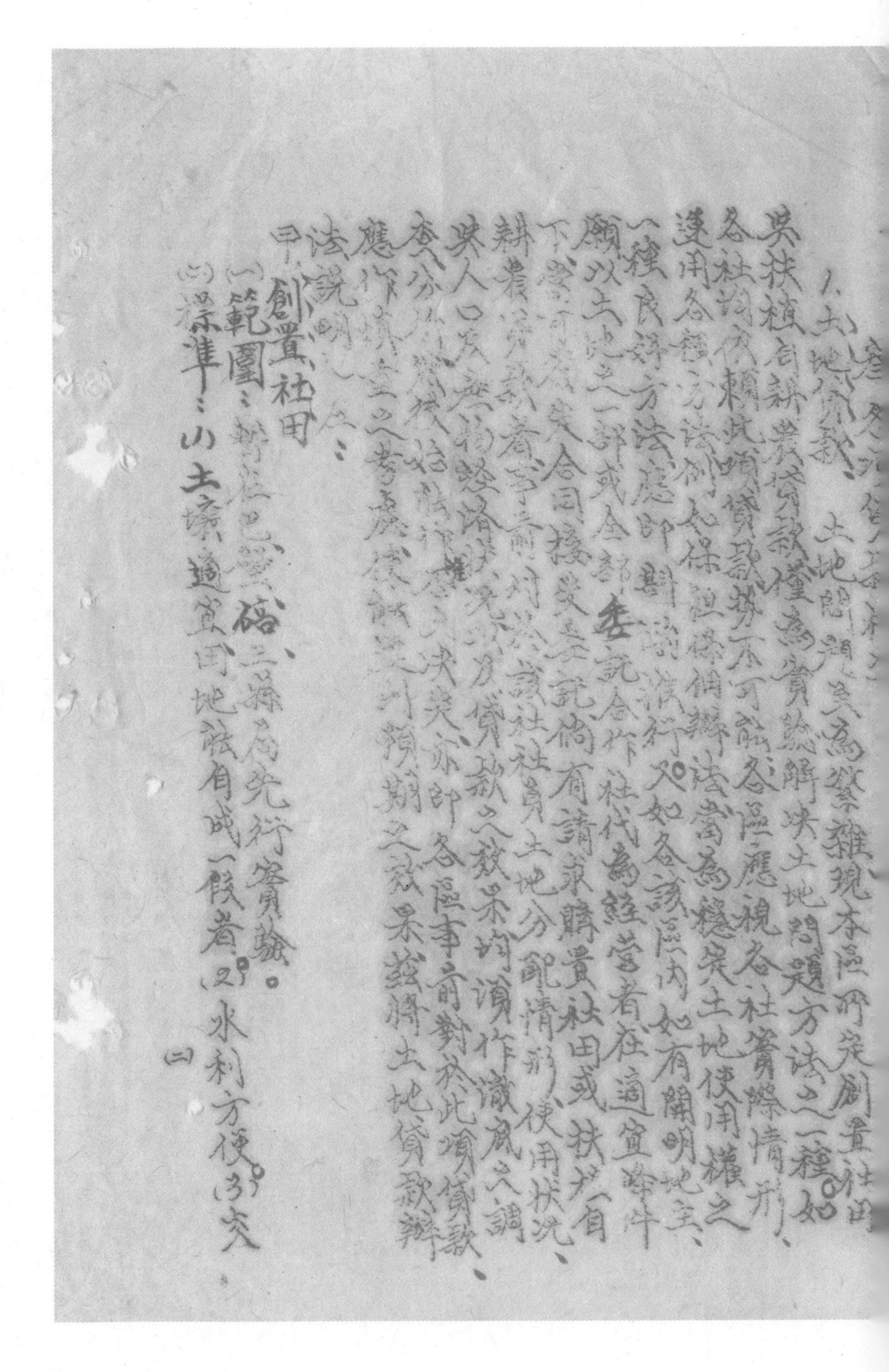

八、土地信用貸款：土地問題更為繁雜，現本區所定創置社田與扶植自耕農貸款，僅為實驗解決土地問題方法之一種，如各社均欲賴此項貸款，勢不可能。各區應視各社實際情形，運用各種方法，例如保證佃權辦法，當為穩定土地使用權之一種良好方法，應即斟酌推行。又如各該區內如有開明地主，願以其土地之一部或全部委託合作社代為經營者，在適宜條件下，當可試與之合同接受，並試倘有請求購置社田或扶植自耕農貸款者，宜先對該村及該社社員土地分配情形、使用狀況、與人口及各種經濟情況，及貸款之效果，均須作徹底之調查，分析研究估計，然後決定，亦即各區事前對於此項貸款應作縝密之考慮，審慎從事之判斷，預期之效果，並將土地貸款辦法說明如次：

甲、創置社田

（一）範圍：暫以巴縣、璧山、銅梁三縣為先行實驗。

（二）標準：（1）土壤適宜田地能自成一段者；（2）水利方便；（3）交

华西实验区总办事处为检发办理农业合作社申请贷款事项注意要点给璧山县第三辅导区办事处的通知（附：办理农业生产合作社申请贷款事项注意要点） 9-1-121（161）

適使利易於示範者(4)能作業殖優良品種之增殖者(5)使
於本區農業技術之指導者(6)原有地權無任何糾紛者
(7)地價合於一般市價標準者(9)土地契約合於法律規定手
續者。
(三)貸款額：(1)合作社至少須自籌全部價款兩成，其餘
由本區及農民銀行酌貸八成(2)期限：暫定十年逐年
攤還利隨本減(3)利率：週息八厘(4)方式：以貸資收買
為原則(5)手續：照農民銀行規定手續辦理。
乙、扶植自耕農
(一)範圍：暫在巴璧路三縣為合辅導區選擇少數合作社
試辦。
(二)標準：(1)社員自耕田地以十石為限，原佃社員有優先权。
(2)貸款須有如期歸還能力及適當担保者。
(三)貸款：貸款辦法與創置社田第三項貸款相同。
丙、貸款……：自六月份開始申請貸款

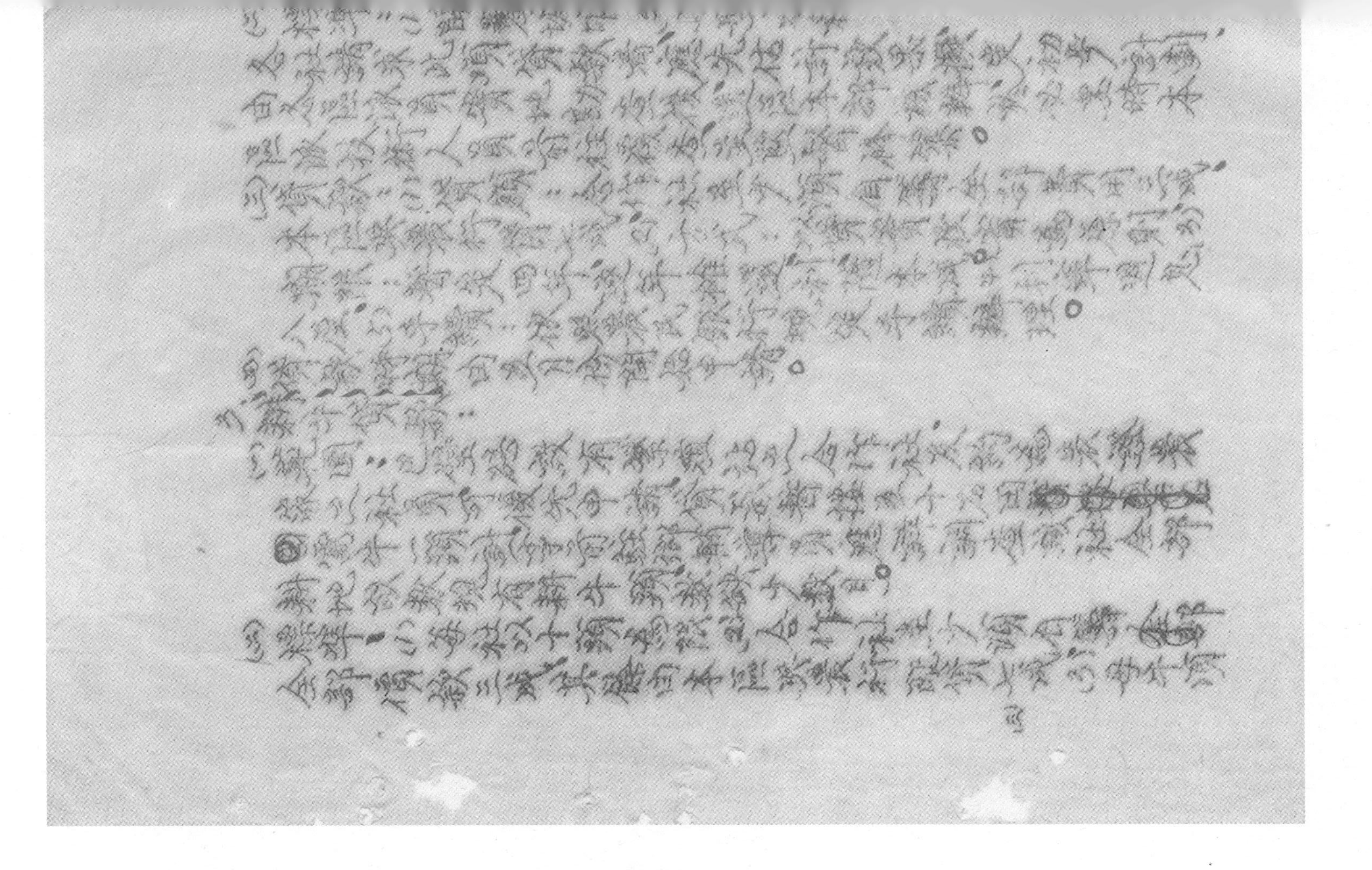

(二)標準：(1)[illegible]
各社請求此項貸款者應先估計數量擬定初步計劃，由各區派員實地勘查後送區本部核辦，於必要時本區派技術人員前往覆查妥為籌劃發款。
(三)貸款：(1)貸額：合作社至少須自籌全部費用三成，本區洽農行貸七成。(2)方式：以貸實物為原則。(3)期限：暫定四年，逐年償還，利隨本減，按月計算還息。(4)
入庫。(5)手續：依照農民銀行規定手續辦理。
(四)貸款時期：由五月份開始申請。
乙、耕牛貸款：
(1)範圍：已登記設有繁殖站之合作社，其社員均為農家之社員可優先申請貸款，暫以五十頭為限。
(2)需牛一頭計(?)前經鄉輔導員詳細調查該社全部耕地畝數，現有耕牛頭數，缺少數目。
(三)標準：(1)每社以十頭為限。(2)合作社至少須自籌全部價款三成，其餘由本區洽農行貸七成。(3)每牛須
(四)

华西实验区总办事处为检发办理农业合作社申请贷款事项注意要点给璧山县第三辅导区办事处的通知（附：办理农业生产合作社申请贷款事项注意要点）　9-1-121（162）

108

佔購牛總數三分之一、(四)每頭牛貸款不得超過公價(一)
之。
(三)方式：以貸實物為原則。
(四)期限：耕牛一年、如養母牛者最高兩年。
(五)利息：週息八厘、
(六)手續：按農行規定手續辦理。
(七)貸款時期：由六月份開始申請。
乙、養豬貸款
(一)範圍：巴璧銅三縣局、(1)借豬以每社員一頭為限、(2)每豬
以設有繁殖站之合作社優先貸放每社以六十頭為限。
(二)標準：(1)仔豬以二十斤重為準、(2)每豬以八十斤重為準、(3)
貸款以當時價計算、合作社自籌全部價款五成、其餘
由本區與農行配貸(仔豬貸款轉農民銀行貸額核定、
後另通知辦理)。

华西实验区总办事处为检发办理农业合作社申请贷款事项注意要点给璧山县第三辅导区办事处的通知（附：办理农业生产合作社申请贷款事项注意要点） 9-1-121（163）

（五）[illegible]

（六）手續：照農行規定辦理，

（七）貸款時期：（1）修補貸款於農行核米貸款後辦理，（2）母豬由八月份開始。

5、關於貸款

（一）範圍：巴縣璧山永川三縣為主。

（二）標準：（1）修建豬房（2）燃料（3）肥料（4）人工費用各社自籌之，其餘由本區與農行配貸。

（三）方式：貸實收實按當時合價折合。

（四）期限：八個月。

（五）利息：週息八厘。

（六）手續：按農民銀行規定手續辦理。

（七）貸款時期：（1）肥料由五月份開始（2）豬房由五月份開始（3）燃料由七月份開始。

华西实验区总办事处为检发办理农业合作社申请贷款事项注意要点给璧山县第三辅导区办事处的通知（附：办理农业生产合作社申请贷款事项注意要点） 9-1-121（164）

璧山县马坊乡大堰保农业生产合作社章程　9-1-24（156）

保証責任璧山縣馬坊鄉第五大堰保

農業生產合作社章程

38年8月19日
合字1460號

189

璧山县马坊乡大堰保农业生产合作社章程 9-1-24（157）

二

二、死亡
三、除名
四、因遷離業務區域

第八條 本社社員有左列情事之一者得經社務會出席理監事四分之三以上之決議予以除名以書面通知被除名之社員並報告社員大會
一、不遵照本社章程及社員大會決議履行其義務者
二、有防害本社社務業務之行爲者
三、有犯罪或不名譽之行爲者

第九條 出社社員得於年度終了結算後申請退還其已繳股款前項股款之退還於年度終了結算後決定之

第十條 出社社員對於出社前本社所負之債務自出社決定之日起經過二年始得解除但本社於該社員出社後六個月內解散時該社員視爲未出社

第十一條 本社社股金額每股新谷三市斗（或以實物計算）社員每人至少認購一股（社後得隨時增購但不得超過股金總額百分之二十

第十二條 社員認購社股分一期繳納但第一次所繳[illegible]

璧山县马坊乡大堰保农业生产合作社章程　9-1-24（158）

191

第十三條　本社設社員大會理事會監事會及社務會

第十四條　社員大會為本社之最高權力機關由全體社員組織之
理事會由理事五人候補理事〇人組織之監事會由監事二人候補監事〇人組織之理事候補理事監事及候補監事均由社員大會就社員中選舉之理事會監事會並各設主席一人由理監事分別推選之

第十五條　前項理事之任期為三年監事之任期為一年均得連任

第十六條　社務會由理監事共同組織之

第十七條　社員大會之職權如左：
一、選舉及罷免理監事
二、審核並接受社務業務報告及會計報告
三、通過預算決算及業務計劃
四、制定或修訂各種章程
五、規劃社務進行
六、處理理事監事及社員之提議事項

第十八條　理事會之職權如左：

三

璧山县马坊乡大堰保农业生产合作社章程 9-1-24（159）

四

一、擬定業務計劃
二、聘任職員
三、處理社員提出之問題
四、調解社員間糾紛
五、處理社員大會決議交辦事件
六、處理其他理事監事提出之事務

第十九條 監事會之職權如左：
一、監查本社財產狀況
二、監查本社業務執行狀況
三、當本社與理事訂立契約或爲訴訟上之行爲時代表本社
監事爲執行前項職務認爲有必要時召集臨時社員大會

第二十條 本社因業務之需要得分部經營各部得設經理主持其事並得酌用助理員經理及助理員由理事主席提請理事會任用之

第二十一條 理事監事皆屬義務職但有必需公務費用時由理事會認可支付之

第二十二條 本社出席聯合社之代表由理事會提出於社員大會推選之其任期爲一年但

192

第四章　會議

第二十三條　社員大會分通常社員大會及臨時社員大會兩種通常社員大會於每一業務年度終了後一個月內召集之臨時社員大會因下列情形召集之

一、理事會及監事會於執行職務上認爲有必要時

二、社員全體四分之一以書面記明提議事項及其理由請求理事會召集時

前項請求提出後十日內理事會不爲召集之通知時社員得呈報主管機關自行召集

第二十四條　社員大會應由社員過半數之出席始得開會出席社員過半數之同意始得決議

第二十五條　社員大會以理事會主席爲主席理事會主席缺席以監事主席爲主席社員自行召集大會時臨時公推一人爲主席

第二十六條　社務會每二月開會一次由理事主席召集之其開會時之主席由理監事互推之

第二十七條　理事會及監事會每月召集一次由各該會主席召集之

第五章　業務

第二十八條　本社業務如左：

璧山县马坊乡大堰保农业生产合作社章程　9-1-24（161）

六

一、穩定耕地使用權及創置社田

（1）保障業佃權益：凡本社業務區域內社員佃耕之土地應[illegible]佃約副本交合作社存記有必要時得由合作社向業主統一承租另立新約其土地仍由原承租人耕種由合作社負責保障業主法定地租並依法保障佃農不再有被撤佃換佃情事

（2）創置社田：由合作社控制耕地轉移凡本社業務區域內有土地出售時由合作社向農業金融機關貸借資金承買或由社自集資金承買仍分配原社員耕種以其地租分年償還貸借資金地價還清後社員即按法定租額向合作社租作爲合作社公有基金辦理社區內教育衛生育幼養老及其他公共事業

（3）實施耕地整理：社有土地至相當成數時合作社對於社員耕地分配應從新加以整理每一耕作單位應以一個家庭之勞動力量爲標準並依土地肥瘠人口密度爲比例配劃之以促進社員之平均發展

二、建立社倉

（1）由合作社設置現代化倉庫供社員生產品之存儲及儲押之用

（2）社員生產品之加工運銷事宜由倉庫運用組織力量統籌辦理之

193

三、改進農業生產技術

（1）興辦水利

（2）購置適於共同利用之新式農具灌溉機及力畜等以租賃方式供社員使用

（3）改進農家副業促進其生產組織化與產品標準化

（4）實施家畜保育從事優良品種之培養與推廣

（5）其他有關農業改進業務

第二十九條　本社各部業務細則另訂之

第六章　結算

第三十條　本社以國曆一月一日至十二月三十一日為一業務年度理事會應於年度終了時造成業務報告書資產負債表損益計算書財產目錄及盈餘分配案至遲於社員大會開會前十日送經監事會審核後連同監事會查帳報告書報告社員大會

第三十一條　本社年終結算除社田地租部分另有規定外其他業務部分有盈餘時除彌補累積損失及付股息至少一分外其餘數應平分為一百分按照下列規定辦理

一、以百分之十作公積金由社員大會指定機關存儲生息

七

璧山县马坊乡大堰保农业生产合作社章程　9-1-24（163）

二、以百分之十作公益金由社務會決議作爲發展本社區內公益事業之用

三、以百分之五作理事及助理員之酬勞金其分配辦法由理事會決定之

四、以百分之七十五作社員分配金按社員對合作社之交易額比例分配之

第七章　解散及清算

第三十二條　本社解散時清算人由社員大會就社員中選充之

前項清算人應按合作社法之規定清理本社債權及債務

第三十三條　本社清算後有虧損時以公積金股金順次抵補之如再不足由各社員按照第二條之規定負其責任由清算人擬定分配案提交社員大會決定之

第八章　附則

第三十四條　本章程未盡事宜悉依合作社法合作社法施行細則及有關法令之規定

第三十五條　本章程經社員大會通過呈准主管機關登記後施行

璧山县马坊乡大堰保农业生产合作社章程　9-1-24（163）

194

全體社員簽名蓋章或按箕斗於後：

姓名	蓋章或按斗	姓名	蓋章或按斗	姓名	蓋章或按斗	姓名	蓋章或按斗
王正元		唐宗富		梅金廷		李树荣	
陈海金		王汉江		王伯清		刘荣武	
王焕章		王树合		谢成轩		李常初	
范炳轩		唐治成		李治清		王炳辉	
唐汉彬		唐玉成		李绍洲		唐明均	
王治中		唐树勋		范锡彬		陈泽厚	
李治德		唐祖德		李春成		彭秉三	
唐汉成		唐咏安		李吴洲		彭治荣	

巴县西彭乡泥壁沱特种美烟生产合作社章程　9-1-199（104）

86

保証責任巴縣西彭鄉泥壁沱特種美菸生產合作社章程

第一章　總則

第一條　本社定名為保証責任巴縣西彭鄉泥壁沱特種美菸生產合作社

第二條　本社宗旨(1)特種優良美菸(2)應用新式科學方法集体生產加工烘炕

第三條　本社為保証責任各社員之保証金額視其業务之發展于每年度開始时公佈之

第四條　本社以巴縣西彭鄉第六七八保所轄範圍為業务区域

第五條　本社社址設於巴縣西彭鄉泥壁沱新生農場

第二章　社員及社股

第六條　本社社股金額每股黄谷四斗正社員每人至少認購一股

第七條　居住於本社業务区域内之自耕農及佃農具有公民資格者均得申請為本社社員

第八條　本社社員有左列情事之一者得理監事視会四分之一以上决议予以除名

第九條　（一）不遵守社章及大会决议者

（二）妨害本社社务及業务之行為者

第九條　社員認購股金得分兩次繳足

第三章　組織及職权

第十條　本社設社員大会理事会監事会及社务会

第十一條　社員大会由全体社員組織之其職权如左

（一）選举及罷免理監事審核社業务之報告

巴县西彭乡泥壁沱特种美烟生产合作社章程　9-1-199（105）

巴县西彭乡泥壁沱特种美烟生产合作社章程 9-1-199（105）

（二）通过预决算及业务计划

第十二条 理事会由社员中推举理事五人组织之并设主席一人其职权如左

一 拟定业务计划 二 执行社员大会决议案及支出事项

三 聘任职员 四 開除不良社員

第十三条 监事会由社员推举监察三人组织监事会并设主席一人其职权如左

（一）监查本社财产状况 二 监查本社业务執行

第四章 会议

第十四条 社员大会每年度终了后一月内召集之理监事每月召集一次

第十五条 社员大会分通常会及临时会由理

巴县西彭乡泥壁沱特种美烟生产合作社章程　9-1-199（106）

通常大会於每年度業務終了後一月内召集之臨時大会由理
監事執行職务認為必要時得社員四分之一以上請求由理事
会召集之

第五章　業务

第十六條　本社業務
一特種優良美菸　二建築烘房利用新法集体烘製美菸

第十七條　本社業务組织各部另定之

第六章　結算

第十八條　本社以国曆七月一日至来年六月卅日為業务年度理事会应於年
度終了時造成業务报告及資産負債表損益計算書財産目
録及盈餘分配案送經監事会審查后連同審查書报告書

巴县西彭乡泥壁沱特种美烟生产合作社章程　9-1-199（106）

报告社员大会

第十九條　本社盈餘按下列比例規定办理

（一）公益金百分之十　（二）公債金百分之十

（三）理事及職員之　金百分之五

（四）其餘百分之七十五按社員对合作社交易額比例分配

巴县西彭乡泥壁沱特种美烟生产合作社章程　9-1-199（107）

第七章　附则

第廿一條　本社章程有未尽事宜，悉依合作社法及同法施行细则及其他有关法令之规。

第廿二條　本章程经社员大会通过呈准主管机关登记后施行之

巴县含谷乡双巷子农业生产合作社社会调查表　9-1-93（129）

61

保証責任四川省巴縣含谷鄉雙巷子農業生產合作社調查表

調查人姓名　余巳[illegible]　章

調查日期　三十八年九月二十三日

項目	調查事項	評定標準 一〇〇分至八〇分	評定標準 八〇分至六〇分	評定標準 六〇分以下不及格	評定分數
1	設立人中堅份子發起組社之動機	爲適應特殊需要以發展同儕自力改善生活	效法他人並無成見	借名營私希圖把持幷有意妨礙當地各級合作社之發展	85
2	設立人中堅份子之品行	均屬品行端正	品行尚佳口碑不惡	少數品行不佳	80
3	創立會開會之後社員有無增減	已增加一倍且在積極進行中	略有增加在積極進行中	並不進行顯有把持企圖	80
4	社員入社是否自動	自動者半數以上	自動者三分之一以上	自動者不足三分之一	90
5	理監事有無壟斷行爲	辦事公開毫無壟斷	辦事專權但非壟斷	壟斷營私	80
6	社員對合作之認識	半數以上社員明瞭合作意義並能精誠合作	半數以上社員對合作意義尚欠明白惟頗有興趣	半數以上社員不明合作意義祇知自私自利	80
7	認繳股金情形	認股平均每人一股以上已繳四分之三以上	認股平均每人一股已繳達四分之一	認股平均每人不足一股已繳不及四分之一	95
8	選舉理監事情形	公開	稍有糾紛但尚合法	有舞弊行爲	80
9	社員信任理監事否	能	尚能	不能	85

巴县含谷乡双巷子农业生产合作社社会调查表　9-1-93（130）

項目	甲	乙	丙	分數
12 社員份子是否純良	熱心公益者多	私己私人者多	自私自利者多	8
13 理監事之品行	品行端正	品行平平	品行惡劣	90
14 理監事之能力	辦事得力	能力不大但得信任	能力薄弱不得信任	95
15 業務計劃是否影響同地各級合作社業務之發展	無甚影響	頗有影響	影響甚大	95
16 雇員（如經理副經理技師等）是否忠誠稱職	是	尚可	不宜或不稱	90
17 設備是否完備	事務所佈置整潔設備完備	事務所佈置勉強實用設備不完全	事務所雜亂無章主要簿籍多未置備	90
18 社址是否適中	是	尚宜	不宜	90

其他要項	說明	填寫
呈請登記手續有他人轉手操縱情事		沒有人從中操縱
當地有無其他各級合作社或專營業務社	詳列其名稱業務概況及登記日期注意其區域及業務	沒有
交通情形	離車站碼頭縣城或大鎮什麼方向若干公里普通用何種舟車每次用費多大	住於賴白公路，交通十分便利，運費大低

總評定	
共查幾項	18
總分數	1570
平均分數（以六十分為及格）	87

調查人之意見	
指導員	輔導員
區主任意見	擬准登記
審核人之意見	
核准日期	年　月　日
證書號數	字第　號

平民教育促進會華西實驗區印製

巴县含谷乡双巷子农业生产合作社成立登记申请书　9-1-93（131）

62

合作社成立登记申请书

社名	保证责任巴县含谷乡双巷子农业生产合作社
业务	建立社仓、举办小型水利、繁殖优良品种
责任	保证责任
社址	含谷乡双巷子
社员人数	一百六十人
业务区域	含谷乡第五保及第九保五甲所辖区域
创立会日期	三十八年九月廿日
通讯处	含谷乡公所转
社股　每股金额	食米三市斤
缴纳方法	一次缴齐
共认股数	一百六十股
股金总数	食米四市石八斗
已缴金额	食米四市石八斗

职员	姓名	任期	性别	年龄	籍贯	职业	住所
理事 主席	刘志坚	三年	男	四八	巴县	自耕农	堡洪山
	廖源林	〃	〃	四二	〃	〃	武罗包
	钱致中	〃	〃	二三	〃	〃	灯坎
	邓廷芳	〃	〃	五一	〃	〃	吴家垭口
	何致中	〃	〃	六二	〃	〃	喻家塆
	周国安	〃	〃	四五	〃	〃	堰塘塆
	范定洪	〃	〃	四〇	〃	佃农	白鹤嘴
监事 主席	喻先中	〃	〃	三四	〃	自耕农	黄泥堡
	吴兆贻	〃	〃	三七	〃	佃农	尖坡顶
	刘礼佳	〃	〃	四七	〃	半自耕农	花房子

附：本社创立会决议录　个人/法人社员名册　业务计划书各一份　章程二份

谨呈

合作社理事主席　刘志坚

巴县含谷乡双巷子农业生产合作社一九四九年度业务计划 9-1-93（132）

63

巴縣含谷鄉雙巷子農業生產合作社三十八年度業務計劃 自三十八年七月二十日起至三十八年十二月三十一日止

（一）業務部門	（二）業務科目	（三）辦法	（四）預定進度	（五）預定需款額及還款辦法	（六）審核意見
建立社倉	建立現代化倉庫	由合作社設置現代化倉庫，供社員生產品之儲存及儲押之用	兩年後能成立兩個倉庫，能容谷五百市石	需洋一百六十元，由合作社依法歸還之	鄉下倉庫建築不良，稻谷霉爛，宜建新式倉庫補救
	農產品之加工及運銷	社員生產品之加工及運銷事宜，由倉庫統籌辦理之	一月可出菜油五千斤、苕酒八千斤、倉米一百市石	需洋三百五十元，依法歸還之	此社轄區内所產稻谷、高粱、菜籽等甚多，宜加工製造
改進農業生產技術	興辦小型水利	由合作社發動挖塘修堰	定本年内完成之	需洋八百元，依可行辦法歸還之	此社轄區内常有缺水現象，故應舉辦
	繁殖優良品種	由合作社向中農所借貸優良稻種，自行繁殖，再推廣及全體社員	一年内可推廣優良稻谷種五十市石	需洋三百元，依法歸還之	此社轄區内優良品種甚少，極應推廣

巴县含谷乡双巷子农业生产合作社一九四九年度业务计划　9-1-93（132）

巴县含谷乡双巷子农业生产合作社一九四九年度业务计划　9-1-93（133）（134）

64

巴县含谷乡双巷子农业生产合作社三十八年度业务计划　自三十八年九月二十日起至三十八年十二月三十一日止

（一）业务部门	（二）业务科目	（三）办法	（四）预定进度	（五）预定需款总额及还款办法	（六）审核意见
建立社仓	建立现代化仓库	由合作社设置现代化仓库供社员生产品之储存及储押之用	两年后可成立两个仓库能容谷五佰市石	需洋一百六十元由合作社依法归还之	乡下仓库建筑不良，稻谷霉湿，实有建筑新式仓库以资补救
	农产品之加工及运销	社员生产品之加工及运销事宜由仓库统筹办理之	一月可出菜油五千斤乾酒八千斤食米一百市石	需洋三佰五十元依法归还之	此社辖区内所产稻谷、高粱、菜籽等甚多，宜设法加工[illegible]
改进农业生产技术	兴办小型水利	由合社发动筑塘修堰	定半年内完成之	需洋八百元依政府办法归还之	此社辖区内常有缺水现象，故应兴办
	繁殖优良品种	由合作社向中农所借贷优良品种向行[illegible]推广及全体社员	一年内可推广优良稻谷种五十市石	需洋三百元依法归还之	此社辖区内优良品种甚少，极应推广

巴县含谷乡双巷子农业生产合作社创立会决议录　9-1-93（135）

65

巴縣含谷鄉雙巷子農業生產合作社創立會決議錄

一　開會日期　卅八年九月廿日上午九時

二　開會地點　吳家祠堂第五保國民學校

三　出席人數　一百二十五人

四　缺席人　三十五人

五　列席人　余輔導員華　李主任亨祿

六　推舉臨時主席及書記　推　廖源林為臨時主席　范炎光為書記

七　報告事項

八　決議事項

1　討論章程草案
決議　修正通過

巴县含谷乡双巷子农业生产合作社创立会决议录　9-1-93（136）

3 選舉監事

當選者 吳孔昭、劉禮生、喻允中。

4 討論收納第一次應繳社股期限

決議限九日內交齊

5 討論呈請登記日期

決議限於十日內呈報登記交由理事會辦理

6 業務計劃

決議 建立社倉、興辦小型水利、擬選優良品種。

7 其他

九 臨時動議

十 散會

臨時主席 廖源林

臨時書記 范炎光

107

合作社成立登記申請書

社名	保證責任巴縣曾家鄉歐家石壩農業生產合作社
業務	農業生產
責任	保證責任（為股金總額之一百倍）
社址	巴縣曾家鄉第九保歐家石壩
社員人數	三十八人
業務區域	曾家鄉八保八至十甲、九保一至十甲，十保一至四甲
創立會日期	民國三十八年九月十三日
通訊處	巴縣曾家鄉郵轉
社股 每股金額	食米叁市升
社股 繳納方法	一次繳納
社股 共認股數	共三十八股
社股 股金總數	食米壹石壹市斗肆市升
社股 已繳金額	食米壹石壹市斗肆市升

職員	姓名	任期	性別	年齡	籍貫	職業	住所
理事（主席）	歐增根	三年	男	四二	曾家	農	歐家石壩
理事	歐隆全	二年	男	三四	曾家	農	小河溝
理事	向伯華	二年	男	四〇	曾家	農	簡家灣
理事	歐光祿	一年	男	三〇	曾家	農	大屋基
理事	歐永臣	一年	男	四三	曾家	農	四輪碑
監事（主席）	劉德全	一年	男	五〇	曾家	農	簡家灣
監事	歐新之	一年	男	四二	曾家	農	洪陽田
監事	陳玉安	一年	男	三八	曾家	農	小屋基

附：本社創立會決議錄、個人/法人社員名冊、業務計劃書各一份，章程二份

謹呈

合作社理事主席　歐增根

已制卡

巴县曾家乡欧家石坝农业生产合作社成立登记申请书　9-1-93（171）

巴县曾家乡欧家石坝农业生产合作社章程　9-1-93（178）

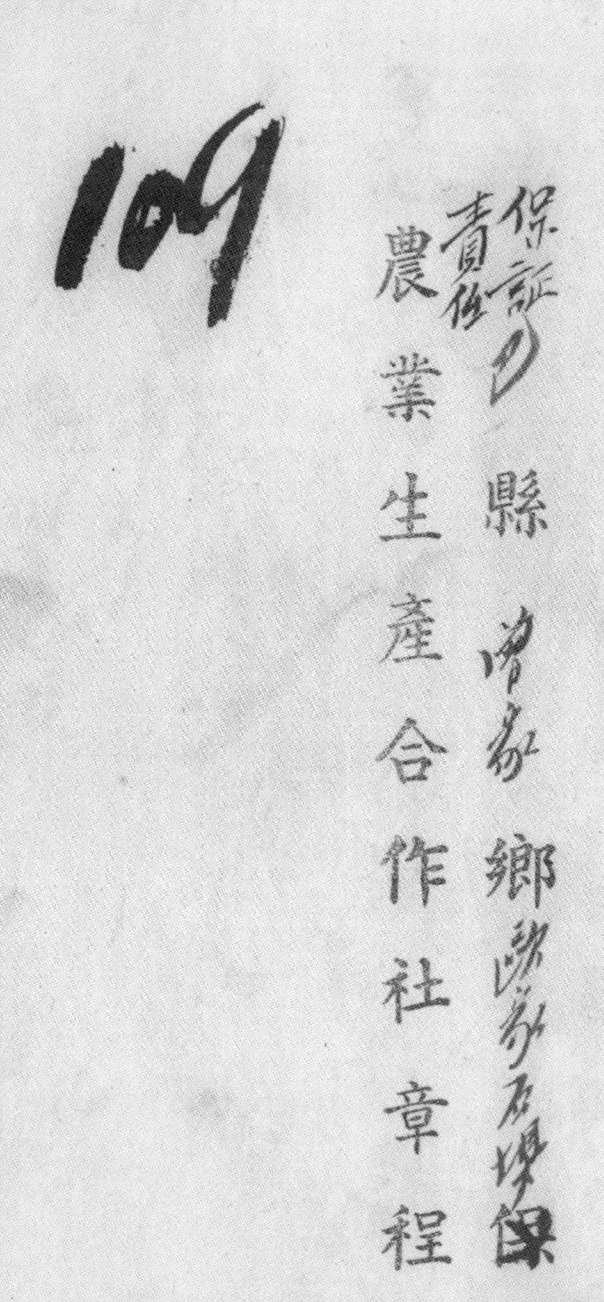
109

保證責任巴縣曾家鄉歐家石壩

農業生產合作社章程

巴县曾家乡欧家石坝农业生产合作社章程 9-1-93（179）

110

巴縣曾家鄉石坝欧家保農業生產合作社章程

第一章 總則

第一條 本社定名爲巴縣曾家鄉石坝欧家保農業生產合作社

第二條 本社宗旨（一）改善農業經營以增加農民收益（二）調整租佃關係以穩定耕地使用權（三）控制土地轉移以達成耕地農有

第三條 本社爲保證責任各社員之保證倍數爲其所認股額之當時米價折合實物之一〇〇倍

第四條 本社以曾家鄉八保至十甲 九保一至十甲 十保一至四甲保所轄範圍爲業務區域（耕地面積以一千畝至二千畝爲準）

第五條 本社社址設於欧培根家内

第二章 社員及社股

第六條 居住於本社業務區域內之自耕農及佃農具有公民資格年滿二十歲以上者均得申請爲本社社員

第七條 本社社員出社原因爲下列各種

一、喪失第六條資格

第三章　組織

第十三條　本社設社員大會理事會監事會及社務會

第十四條　社員大會為本社之最高權力機關由全體社員組織之

第十五條　理事會由理事五人候補理事二人組織之監事會由監事三人候補監事二人組織之理事候補理事監事及候補監事均由社員大會就社員中選舉之理事會監事會並各設主席一人由理監事分別推選之

前項理事之任期為三年監事之任期為一年均得連任

第十六條　社務會由理監事共同組織之

第十七條　社員大會之職權如左：

一、選舉及罷免理監事

二、審核並接受社務業務報告及會計報告

三、通過預算決算及業務計劃

四、制定或修訂各種章程

五、規劃社務進行

六、處理理事監事及社員之提議事項

第十八條　理事會之職權如左：

巴县曾家乡欧家石坝农业生产合作社章程 9-1-93（181）

第四章 會議

第二十三條 社員大會分通常社員大會及臨時社員大會兩種通常社員大會於每一業務年度終了後一個月內召集之臨時社員大會因下列情形召集之

一、理事會及監事會於執行職務上認爲有必要時

二、社員全體四分之一以書面記明提議事項及其理由請求理事會召集時

前項請求提出後十日內理事會不爲召集之通知時社員得呈報主管機關自行召集

第二十四條 社員大會應由社員過半數之出席始得開會出席社員過半數之同意始得決議

第二十五條 社員大會以理事會主席爲主席理事會主席缺席以監事會主席爲主席社員自行召集大會時臨時公推一人爲主席

第二十六條 社務會每二月開會一次由理事主席召集之其開會時之主席由理監事互推之

第二十七條 理事會及監事會每月召集一次由各該會主席召集之

第五章 業務

第二十八條 本社業務如左：

五

二、改進農業生產技術

（1）興辦水利

（2）購置適於共同利用之新式農具灌溉機及力畜等以租賃方式供社員使用

（3）改進農家副業促進其生產組織化與產品標準化

（4）實施家畜保育從事優良品種之培養與推廣

（5）其他有關農業改進業務

第二十九條　本社各部業務細則另訂之

第六章　結算

第三十條　本社以國曆一月一日至十二月三十一日為一業務年度理事會應於年度終了時造成業務報告書資產負債表損益計算書財產目錄及盈餘分配案至遲於社員大會開會前十日送經監事會審核後連同監事會查帳報告書報告社員大會

第三十一條　本社年終結算除社田地租部分另有規定外其他業務部分有盈餘時除彌補累積損失及付股息至少一分外其餘數應平分為一百分後照下列規定辦理

一、以百分之十作公積金由社員大會指定機關存儲生息

巴县曾家乡欧家石坝农业生产合作社章程　9-1-93（183）

114

全體社員簽名蓋章或按箕斗於後：

姓名	蓋章或按斗	姓名	蓋章或按斗	姓名	蓋章或按斗	姓名	蓋章或按斗
歐培根		李克孝		杜炳林		歐瑞卿	
張秉誠		惠榮安		歐子寬		歐憲操	
胡榮廷		劉德全		李成章		歐達成	
陽榮生		黄映輝		刘德厚		何伯華	
陳居昌		謝吉成		李炳清		歐樹熙	
歐文棟		吳明星		李漢州		歐文椿	
吳銀昌		杜銀山		任子良		歐陽奎	
吳治厚		杜海清		歐禹遠		歐文樣	

巴县曾家乡欧家石坝农业生产合作社章程　9-1-93（184）

115-

姓名　盖章或按斗

姓名　盖章或按斗

姓名　盖章或按斗

姓名　盖章或按斗

巴县曾家乡欧家石坝农业生产合作社社会调查表 9-1-93（186）

117

保証責任四川省巴縣曾家鄉歐家石壩農業生產合作社調查表

調查人姓名：譚德海 章

調查日期：三十八年九月二十日

項目	調查事項	評定標準 一〇〇分至八〇分	評定標準 八〇分至六〇分	評定標準 六〇分以下不及格	評定分數
1	設立人中堅份子發起組社之動機	爲適應特殊需要以發展同儕自力改善生活	效法他人並無成見	借名營私希圖把持并有意妨礙當地各級合作社之發展	75
2	設立人中堅份子之品行	均屬品行端正	品行尚佳口碑不惡	少數品行不佳	70
3	創立會開會之後社員有無增減	已增加一倍且在積極進行中	略有增加在積極進行中	並不進行顯有把持企圖	65
4	社員入社是否自動	自動者半數以上	自動者三分之一以上	自動者不足三分之一	80
5	理監事有無壟斷行爲	辦事公開毫無壟斷	辦事專權但非壟斷	壟斷營私	80
6	社員對合作之認識	半數以上社員明瞭合作意義並能精誠合作	半數以上社員對合作意義尚欠明白惟頗有興趣	半數以上社員不明合作意義祗知自私自利	65
7	認繳股金情形	認股平均每人一股以上已繳四分之三以上	認股平均每人一股已繳達四分之一	認股平均每人不足一股已繳不及四分之一	80
8	選舉理監事情形	公開	稍有糾紛但尚合法	有舞弊行爲	85
9	社員信任理監事否	能	尚能	不能	[illegible]

巴县曾家乡欧家石坝农业生产合作社社会调查表　9-1-93（187）

序号	项目	甲	乙	丙	评分
12	社員份子是否純良	熱心公益者多	利己利人者多	自私自利者多	8[illegible]
13	理監事之品行	品行端正	品行平平	品行惡劣	78
14	理監事之能力	辦事得力	能力不大但得信任	能力薄弱不得信任	75
15	業務計劃是否影響同地各級合作社業務之發展	無甚影響	頗有影響	影響甚大	80
16	雇員（如經理副經理技師等）是否忠誠稱職	是	尚可	不宜或不稱	70
17	設備是否完備	事務所佈置整潔設備完備	事務所佈置勉敷實用設備不完全	事務所雜亂無章主要簿籍多未置備	70
18	社址是否適中	是	尚宜	不宜	70

其他要項	說明	填寫
呈請登記手續有他人轉手操縱情事		否
當地有無其他各級合作社或專營業務社	詳列其名稱業務概況及登記日期注意其區域及業務	無
交通情形	離車站碼頭縣城或大鎮什麼方向若干公里普通用何種舟車每次用費多大	在白市驛之西距白市驛三十八里乘滑竿每次二元

總評定	
共查幾項	十八
總分數	一三三八
平均分數（以六十分爲及格）	七四·三三

調查人之意見	
指導員	
輔導員	及格
區主任意見	擬准登記
審核人之意見	
核准日期	年　月　日
證書號數	字第　號

華平民教育促進會華西實驗區印製

巴县龙凤乡石家漕房农业生产合作社一九四九年度业务计划 9-1-93（42）（43）（44）

42

保証責任巴縣龍鳳鄉石家漕房農業生產合作社三十八年度業務計劃

自三十八年九月十一日起
至三十八年十二月三十一日止

（一）業務部門	（二）業務科目	（三）辦法	（四）預定進度	（五）預定需款總額及還款辦法	（六）審核意見
穩定耕地使用權及創立社田	保鄉業佃權益	依據社章二十八條一款一項之辦法辦理	三年內做到業佃權穩定		擬准照辦 九月十三日
	創置社田	依據社章二十八條一款二項之辦法辦理	五年內可置社田九十畝	累計需款三千元，臨時申請借貸，依法歸還	擬准照辦 九月十三日
	資佃耕地整理	依據社章二十八條一款三項之辦法辦理	七年後可達農家為單位之勞動力為標準之面積使用權	累計需款二十元，按當時需款情形申請借貸，依法歸還（與創社田有關）	擬准照辦 九月十三日
建立社倉	建立社倉	依據社章二十八條二款一項之辦法辦理	兩年內可完成三個社倉，能容谷六百市石	需款二百元，是否借款，視臨時情形而定，借款必依法歸還	擬准照辦 九月十三日
	農產加工運銷	依據社章二十八條二款二項之辦法辦理	社員農產如碾米、碾麥、榨油、刨座，如家畜屠宰，由社經營		擬准照辦 九月十三日

巴县龙凤乡石家漕房农业生产合作社一九四九年度业务计划　9-1-93（45）（46）（47）

改進農業生產技術	興辦水利	由合作社[illegible]	完成	依法歸還	劉枝倍 九月十三日
	購置新式農具灌溉機及力畜	依據社章二十八條三款二項之辦法辦理	本年年完成可灌田一千畝	需款八百元 依法歸還	貸款另擬詳細計劃 劉枝倍 九月十三日
	改進農業副產	依據社章二十八條三款三項之辦法辦理	分三年完成		擬准辦理 九月十三日
	推廣良種	依據社章二十八條三款四項之辦法辦理	一年達成		擬准辦理 九月十三日

巴县龙凤乡石家漕房农业生产合作社创立会决议录　9-1-93（54）（55）（56）

24

保証責任巴縣龍鳳鄉石家漕房農業生產合作社創立會決議錄

一 開會日期　三十八年九月四日下午二時

二 開會地點　八保一甲高生基

三 出席人數　九十一名

四 缺席人

五 列席人　輔導員謝家寬

六 推舉臨時主席及書記　推石澤瑛為臨時主席　朱載陽為書記

七 報告事項　本人奉令組社於本月一日依照規定邀七人開始籌備今天是創立會希各位多多發表意見

八 決議事項　合作社為本區經濟建設一致贊成迅速成立

一 討論章程草案
決議　除定名為「保證責任巴縣龍鳳鄉石家漕房第五區農業生產合作社」以七保一二四甲八保全保九保四五甲為轄區地址設八保石家漕房外其餘悉依原章程規定逐條通過

二 選舉理事

巴县龙凤乡石家漕房农业生产合作社创立会决议录　9-1-93（57）（58）（59）

當選者　熊绍文　馮銀洲　陳松林　唐[illegible]　李治清　李錫齋

4　討論收納第一次應繳社股期限
決議限　成立後一月內
十月四日交齊

5　討論呈請登記日期
決議限於九日內呈報登記交由理事會辦理

6　業務計劃
決議　授權理事會根據章程二十八條規定草擬呈報

7　其他
出席聯社代表推石澤瑛社員担任

九　臨時動議

十　散會
九月四日下午六時

臨時主席　石澤瑛
臨時書記　朱載陽

合作社成立登記申請書

社名	保證責任巴縣龍鳳鄉石家漕房農業生產合作社
業務	農業生產
責任	保証責任（按所認股額百五十倍）
社址	八保石家漕房
社員人數	九十壹名
業務區域	七保一二四甲八保全保九保四五甲
創立會日期	三十八年九月四日
通訊處	巴縣龍鳳鄉平教會辦事處轉
社股 每股金額	米壹老斗（三市斗）
社股 繳納方法	一次繳納
社股 共認股數	每名一股 共九十一股
社股 股金總數	米老斗九十壹斗
社股 已繳金額	

職員	姓名	任期	性別	年齡	籍貫	職業	住所
理事主席	李開模	三年	男	三五	本	自農	七保龍穴
理事	朱澤軒	二年	男	四五	本	仝	八保朱家堡
理事	廖趁群	一年	男	三六	本	仝	八保廖家灣
理事	鄧大華	一年	男	三一	本	仝	八保田家漕
理事	王炳榮	二年	男	三六	本	仝	八保惠家嶺坡
理事候補	庫伯軒	一年	男	四六	本	仝	八保高生基
理事候補	朱戴陽	一年	男	三八	本	仝	八保接龍橋
監事主席	熊紹文	一年	男	三七	本	仝	八保秦家灣
監事	馮服洲	一年	男	五三	本	佃農	九保大塘
監事	陳松柏	一年	男	五二	本	自農	八保陳家院子
監事候補	李海濤	一年	男	四六	本	仝	八保敵口斫
監事候補	李錫齋	一年	男	六〇	本	仝	八保松林坡

附：本社創立會決議錄、個人法人社員名册、業務計劃書各一份章程二份

謹呈

巴縣第七輔導區辦事處

保證責任巴縣龍鳳鄉石家漕房農業生產合作社理事主席 李開模

巴县龙凤乡石家漕房农业生产合作社成立登记申请书　9-1-93（60）

巴县龙凤乡石家漕房农业生产合作社社会调查表 9-1-93（61）

26

保密責任

四川省巴縣龍鳳鄉石家漕房農業生產合作社調查表

調查人姓名：謝家寬 章（謝家寬印）

調查日期：三十八年九月十三日

已制卡

項目	調查事項	評定標準 一〇〇分至八〇分	評定標準 八〇分至六〇分	評定標準 六〇分以下不及格	評定分數
1	設立人中堅份子發起組社之動機	爲適應特殊需要以發展同儕自力改善生活	效法他人並無成見	借名營私希圖把持并有意妨礙當地各級合作社之發展	80
2	設立人中堅份子之品行	均屬品行端正	品行尚佳口碑不惡	少數品行不佳	80
3	創立會開會之後社員有無增減	已增加一倍且在積極進行中	略有增加在積極進行中	並不進行顯有把持企圖	70
4	社員入社是否自動	自動者半數以上	自動者三分之一以上	自動者不足三分之一	80
5	理監事有無壟斷行爲	辦事公開毫無壟斷	辦事專權但非壟斷	壟斷營私	
6	社員對合作之認識	半數以上社員明瞭合作意義並能精誠合作	半數以上社員對合作意義尚欠明白惟頗有興趣	半數以上社員不明合作意義祇知自私自利	75
7	認繳股金情形	認股平均每人一股以上已繳四分之三以上	認股平均每人一股已繳達四分之一	認股平均每人不足一股已繳不及四分之一	70
8	選舉理監事情形	公開	稍有糾紛但尚合法	有舞弊行爲	70
9	社員信任理監事否	能	尚能	不能	[illegible]

巴县龙凤乡石家漕房农业生产合作社社会调查表　9-1-93（62）

項次	調查項目	甲	乙	丙	評分
12	社員份子是否純良	熱心公益者多	利己利人者多	自私自利者多	
13	理監事之品行	品行端正	品行平平	品行惡劣	80
14	理監事之能力	辦事得力	能力不大但得信任	能力薄弱不得信任	70
15	業務計劃是否影響同地各級合作社業務之發展	無甚影響	頗有影響	影響甚大	80
16	雇員（如經理副經理技師等）是否忠誠稱職	是	尚可	不宜或不稱	
17	設備是否完備	事務所佈置整潔設備完備	事務所佈置勉敷實用設備不完全	事務所雜亂無章主要簿籍多未置備	
18	社址是否適中	是	尚宜	不宜	70

其他要項	
呈請登記手續有他人轉手操縱情事	
當地有無其他各級合作社或專營業務社	詳列其名稱業務概況及登記日期注意其區域及業務
交通情形	離車站碼頭縣城或大鎮什麼方向若干公里普通用何種舟車每次用費多大

總評	
共查幾項	14
總分數	1055
平均分數（以六十分爲及格）	75.3

定	
調查人之意見（指導員／輔導員）	擬請准予立案
區主任意見	擬准 [illegible]
審核人之意見	
核准日期	年　月　日
證書號數	字第　號

中華平民教育促進會華西實驗區印製

巴县龙凤乡石家漕房农业生产合作社合作社章程　9-1-93（63）

27

保證
責任巴縣龍鳳鄉石家漕房保
農業生產合作社章程

巴县龙凤乡石家漕房农业生产合作社合作社章程　9-1-93（64）

28

保證責任巴縣龍鳳鄉石家漕房保農業生產合作社章程

第一章　總則

第一條　本社定名為保證責任巴縣龍鳳鄉石家漕房保農業生產合作社

第二條　本社宗旨（一）改善農業經營以增加農民收益（二）調整租佃關係以穩定耕地使用權（三）控制土地轉移以達耕地農有

第三條　本社為保證責任各社員之保證倍數為其所認股額之當時米價折合實物之一百五十倍

第四條　本社以龍鳳鄉七保一二四甲、八保全、九保四五甲保所轄範圍為業務區域（耕地面積以一千畝至二千畝為準）

第五條　本社社址設於石家漕房內

第二章　社員及社股

第六條　居住於本社業務區域內之自耕農及佃農具有公民資格年滿二十歲以上者均得申請為本社社員

第七條　本社社員出社原因為下列各種

一、喪失第六條資格

一

巴县龙凤乡石家漕房农业生产合作社合作社章程　9-1-93（65）

29

第三章　組織

第十三條　本社設社員大會理事會監事會及社務會

第十四條　社員大會為本社之最高權刀機關由全體社員組織之

第十五條　理事會由理事五人候補理事二人組織之監事會由監事三人候補監事二人組織之理事候補理事監事及候補監事均由社員大會就社員中選舉之理事會監事會並各設主席一人由理監事分別推選之

前項理事之任期為三年監事之任期為一年均待連任

第十六條　社務會由理監事共同組織之

第十七條　社員大會之職權如左：

一、選舉及罷免理監事

二、審核並接受社務業務報告及會計報告

三、通過預算決算及業務計劃

四、制定或修訂各種章程

五、規劃社務進行

六、處理理事監事及社員之提議事項

第十八條　理事會之職權如左：

三

第四章　會議

第二十三條　社員大會分通常社員大會及臨時社員大會兩種通常社員大會於每一業務年度終了後一個月內召集之臨時社員大會因下列情形召集之

一、理事會及監事會於執行職務上認爲有必要時

二、社員全體四分之一以書面記明提議事項及其理由請求理事會召集時

前項請求提出後十日內理事會不爲召集之通知時社員得呈報主管機關自行召集

第二十四條　社員大會應由社員過半數之出席始得開會出席社員過半　之同意始得決議

第二十五條　社員大會以理事會主席爲主席理事會主席缺席以監事主席爲主席

社員自行召集大會時臨時公推一人爲主席

第二十六條　社務會每三月開會一次由理事主席召集之其開會時之主席由理監事互推之

第二十七條　理事會及監事會每月召集一次由各該會主席召集之

第五章　業務

第二十八條　本社業務如左：

巴县龙凤乡石家漕房农业生产合作社合作社章程 9-1-93（67）

三、改進農業生產技術

（1）興辦水利

（2）購置適於共同利用之新式農具灌溉機及力畜等以租賃方式供社員使用

（3）改進農家副業促進其生產組織化與產品標準化

（4）實施家畜保育從事優良品種之培養與推廣

（5）其他有關農業改進業務

第二十九條 本社各部業務細則另訂之

第六章 結算

第三十條 本社以國曆一月一日至十二月三十一日為一業務年度理事會應於年度終了時造成業務報告書資產負債表損益計算書財產目錄及盈餘分配案至遲於社員大會開會前十日送經監事會審核後連同監事會查帳報告書報告社員大會

第三十一條 本社年終結算除社田地租部分另有規定外其他業務部分有盈餘時除彌補累積損失及付股息至少一分外其餘數應平分為一百分按照下列規定辦理

一、以百分之十作公積金由社員大會指定機關存儲生息

巴县龙凤乡石家漕房农业生产合作社合作社章程　9-1-93（68）

32

全體社員簽名蓋章或按箕斗於後：

姓名	蓋章或按斗	姓名	蓋章或按斗	姓名	蓋章或按斗	姓名	蓋章或按斗
張光有		楊仲清		謝歐氏		石澤瑛	
石伯軒		秦正發		王炳榮		牟祖培	
秦少軒		朱雨歐		蕭海清		朱大富	
彭云良		曹樹清		向朝海		姚國清	
王玄臣		杜岐山		王森林		馮海洲	
馮銀州		任志福		秦炳林		秦維文	
王漢全		石國標		張治光		張大海	
刘長青		李福欽		熊玉良		熊廣倫	

巴县龙凤乡石家漕房农业生产合作社合作社章程 9-1-93（69）

33

姓名	童炳興	鄧楠國	熊紹文	朱義陽	陳炳坤	龔吉發	秦炳林
蓋章或按斗							
姓名	李海山	王吉壽	廖忠云	陳松柏	陳海林	邓文萊	張漢清
蓋章或按斗							
姓名	王大元	王玄成	黎紹云	柯西平	李海濤	李祥貴	田慶國
蓋章或按斗							
姓名	謝崇發	陶華軒	陳道爽	石懷恩	李錫齋	朱澤軒	李伯林
蓋章或按斗							

巴县龙凤乡石家漕房农业生产合作社合作社章程　9-1-93（70）

34

巴县走马乡第一、二保响水岩农业生产合作社创立会决议录　9-1-93（71）（72）（73）

巴縣走馬鄉第一二保響水岩農業生產合作社創立會決議錄

一　開會日期　三十八年九月十六日上午九時

二　開會地點　响水岩廟内

　　出席人數　三十三名

四　缺席人

五　列席人　喻輔導員正謙　文校長國益

六　推舉臨時主席及書記

　　推傅春山爲臨時主席　文國益爲書記

七　報告事項

　　本社社員經過登記者四十五名今天到會的社員僅三十三名缺席十二名本社自九月一日由吳主任天才召集開了一次籌備會選定本鄉鄧何長和清等七人爲發起人籌備本會一切進行事項直到今天才開創立會因時間的关係一切籌備均不完善希望諸位原諒今天主要的是討論章程草案的通過和理監事的選舉現在開始討論章程

八　決議事項

　　1　討論章程草案

　　　　決議　照原章程草案通過

　　選舉理事

巴县走马乡第一、二保响水岩农业生产合作社创立会决议录　9-1-93（74）（75）（76）

當選者　蒲和清　吳服洲　田紫陵

4　討論收納第一次應繳社股期限
決議限九月廿日交齊

5　討論呈請登記日期
決議限於十月廿日內呈報登記交由理事會辦理

6　業務計劃
決議　一、穩定耕地使用權及創置社田。二、建立社倉。三、改進農業生產技術

7　其他

九　臨時動議

十　散會　十二時

臨時主席　傅春山（印）

臨時書記　文國益（印）

巴县走马乡第一、二保响水岩农业生产合作社一九四九年度业务计划 9-1-93（83）（84）（85）

1/37

巴縣走馬鄉第一、二保響水岩農業生產合作社三十八年度業務計劃

（一）業務部門	（二）業務科目	（三）辦法	（四）預定進度 自 年 月 日起 至 年 月 日止	（五）預定需款數額及還款辦法	（六）審核意見
穩定保障耕地業佃使用權益		凡本社業務區域內社員佃耕之土地，應將佃約副本交合作社存記，有必要時得由合作社向業主統一承租，另立新約，其土地仍由原承租人耕種，由合作社負責保障業主之地租，並依法保障佃農。	本年農業租佃時開始，四月即可完成登記換約工作。	社員佃耕土地之租金由各社員自行籌措	可行 [illegible]
	創置社田	凡本社業務區域內有土地出售時，由合作社向農業金融機關貸借資金承買，或由社員自集資金承買，仍分配原社員耕種。	本社業務區域內有土地出售時，隨時均可承買。	需款數額以土地之多寡向農業金融機關貸借，以其地租分年償還借貸資金，償還清後社員即將該地租金向合作社交租，作為合作社公有基金	可行
	耕地整理	社有土地及租佃成數時，合作社對於社員耕地分配應從新加以整理，每一耕作單位應以一個家庭之勞動力量為標準，並依土地肥瘠、人口密度為比例配劃之，以促進社員之平均發展。	俟社有土地及租佃成數時即可從新整理		合理
建立社倉	設置現代化倉庫	由合作社向農業金融機關貸借或由社員集資修建，以供本社社員生產品之存儲及儲押之用。	本年內可完成現代化倉庫一個，可容納生產品伍佰石	需款數額以倉之大小而定，向農業金融機關貸借，以其倉之存儲及儲押費分期償還，貸借償還清後其倉所收之儲押費作為合作社公有基金	可
	加工運銷	凡本社業務區域內社員生產品之加工運銷由倉庫運用組織力量統籌辦理之。	生產品之加工運銷隨時均可辦理之。	由倉庫運用組織力量先行墊付一切費用，然後依法歸還之	行

改進農業生產技術	興辦水利	由合作社向農業經融機関借貸或由社員集資鑿塘築堰以供本社之員農田之用	[illegible]實驗區內派員勘驗設計後即予修建。	[illegible]時斟酌向農業金融機関借貸由合作社依法償還之	可
	購置新式農具	由合作社向農業經融機関貸借或由社員集資購置適於共同利用之新式農具[illegible]及刀齒等以租賃方式供社員使用	凡有適於共同利用之新式農具得隨時貸借或集資購買。	需款總額不足以新式農具及[illegible]臨時向農業金融機関貸借。以其租賃金依法償還之	可
	改進農家副業	凡本社業務區域內社員之副業由合作社聘請專門技師加以指導改良促進其生產組織化與產品標準化	社員之副業必須改良時得隨時聘請專門技師指導改良	需款經額臨時向農業金融機関貸借或由合作社先行墊付然後依法償還之。	行
	實施家畜保育	凡本社業務區域內社員之家畜或合作社業經飼養之家畜由合作社訂期通知獸醫防治隊下鄉注射預防一切瘟症	凡家畜瘟疫流行時隨時通知獸醫防治隊下鄉注射	需款總額臨時由合作社先行墊付由社員依法償還之	行
	推廣優良品種	由合作社向農業生產繁殖場承領各種優良品种轉發本社社員培養與推廣	凡欲有優良品種時按月轉發各社員培養與推廣。	需款總額臨時斟酌向農業金融機関貸借，然後由社員依法歸還之。	可
	其他	凡本社業務區域內有關農業改進業務得隨時斟酌辦理之	凡有関農業改進業務得隨時辦理之。	需款總額臨時由合作社向農業金融機関貸借，由社員依法歸還之	行

巴县走马乡第一、二保响水岩农业生产合作社一九四九年度业务计划　9-1-93（86）（87）（88）

巴县走马乡第一、二保响水岩农业生产合作社成立登记申请书 9-1-93（89）

38

巴縣走馬鄉第一、二保响水岩農業生產合作社成立登記申請書

社名	保証責任巴縣走馬鄉响水岩農業生産合作社
業務	一、穩定耕地使用權及創置[illegible]・二、建立社倉・三、改進農業生産技術
責任	「保証責任」爲股金額之五十倍
社址	巴縣走馬鄉第二保响水岩
社員人數	四十五名
業務區域	走馬鄉第一保第二保一至五甲所轄區域
創立會日期	民國三十八年九月十六日
通訊處	巴縣走馬鄉响水岩
社股 每股金額	食米三市升
社股 繳納方法	一次繳納
股 共認股數	四十五股
股 股金總數	食米市量壹石叁斗伍升
股 已繳金額	

職員	姓名	任期	性別	年齡	籍貫	職業	住所
理事（主席）	傅春山	一年	男	四[illegible]	巴縣	農	鑽子山
理事	文璩之	二年	男	六[illegible]	巴縣	農	鑽子山
理事	黄銀洲	二年	男	六[illegible]	巴縣	農	鑽子山
理事	潘永江	三年	男	五[illegible]	巴縣	農	鑽子山
理事	王緒先	三年	男	四[illegible]	巴縣	農	水碓
監事（主席）	蕭和清	一年	男	四[illegible]	巴縣	農	花廳
監事	吳銀洲	一年	男	五[illegible]	巴縣	農	田家老屋
監事	田紫陽	一年	男	六[illegible]	巴縣	農	田家老屋

附：本社創立會決議錄、個人法人社員名册、業務計劃書各一份，章程二份

謹呈

合作社理事主席 傅春山

巴县走马乡第一、二保响水岩农业生产合作社社会调查表　9-1-93（90）

39

責任四川省巴縣走馬鄉第一二保响水岩農業生產合作社調查表

調查人姓名　魏一清　章

調查日期　38年9月　日

項目	調查事項	評定標準 一〇〇分至八〇分	評定標準 八〇分至六〇分	評定標準 六〇分以下不及格	評定分數
1	設立人中堅份子發起組社之動機	爲適應特殊需要以發展同儕自力改善生活	效法他人並無成見	借名營私希圖把持幷有意妨礙當地各級合作社之發展	80
2	設立人中堅份子之品行	均爲品行端正	品行尚佳口碑不惡	少數品行不佳	86
3	創立會開會之後社員有無增減	已增加一倍且在積極進行中	略有增加在積極進行中	並不進行顯有把持企圖	81
4	社員入社是否自動	自動者半數以上	自動者三分之一以上	自動者不足三分之一	87
5	理監事有無壟斷行爲	辦事公開毫無壟斷	辦事專權但非壟斷	壟斷營私	80
6	社員對合作之認識	半數以上社員明瞭合作意義並能精誠合作	半數以上社員對合作意義尚欠明白惟頗有興趣	半數以上社員不明合作意義祇知自私自利	77
7	認繳股金情形	認股平均每人一股以上已繳四分之三以上	認股平均每人一股已繳達四分之一	認股平均每人不足一股已繳不及四分之一	79
8	選舉理監事情形	公開	稍有糾紛但尚合法	有舞弊行爲	88
9	社員信任理監事否	能	尚能	不能	82

巴县走马乡第一、二保响水岩农业生产合作社社会调查表　9-1-93（91）

項目				分數
12 社員份子是否純良	熱心公益者多	利己利人者多	自私自利者多	8[illegible]
13 理監事之品行	品行端正	品行平平	品行惡劣	88
14 理監事之能力	辦事得力	能力不大但得信任	能力薄弱不得信任	80
15 業務計劃是否影響同地各級合作社業務之發展	無甚影響	頗有影響	影響甚大	90
16 雇員（如經理副經理技師等）是否忠誠稱職	是	尚可	不宜或不稱	90
17 設備是否完備	事務所佈置整潔設備完備	事務所佈置勉強實用設備不完全	事務所雜亂無章主要簿籍多未置備	87
18 社址是否適中	是	尚宜	不宜	98

其他要項		
呈請登記手續有他人轉手操縱情事		無
當地有無其他各級合作社或專營業務社	詳列其名稱業務概況及登記日期注意其區域及業務	無
交通情形	離車站碼頭縣城或大鎮什麼方向若干公里普通用何種舟車每次用費多大	離走馬鄉半里路可利用馱運

總評定	
共查幾項	18
總分數	85
平均分數（以六十分爲及格）	85
調查人之意見	
指導員	應准
輔導員	登記
區主任意見	擬准登記
審核人之意見	
核准日期	年　月　日
證書號數	字第　號

華平民教育促進會華西實驗區印製

巴县走马乡第一、二保响水岩农业生产合作社合作社章程　9-1-93（92）

40

巴縣走馬鄉第一二保
農業生產合作社章程

巴县走马乡第一、二保响水岩农业生产合作社合作社章程 9-1-93（93）

41

巴縣走馬鄉第二保農業生產合作社章程

第一章 總則

第一條 本社定名爲巴縣走馬鄉第二保農業生產合作社

第二條 本社宗旨（一）改善農業經營以增加農民收益（二）調整租佃關係以穩定耕地使用權（三）控制土地轉移以達耕地農有

第三條 本社爲保證責任各社員之保證倍數爲其所認股額之當時米價折合實物之五十倍

第四條 本社以走馬鄉第二保一、二甲保所轄範圍爲業務區域（耕地面積以一千畝至二千畝爲準）

第五條 本社社址設於响水岩廟內

第二章 社員及社股

第六條 居住於本社業務區域內之自耕農及佃農具有公民資格年滿二十歲以上者均得申請爲本社社員

第七條 本社社員出社原因爲下列各種

一、喪失第六條資格

一

巴县走马乡第一、二保响水岩农业生产合作社合作社章程 9-1-93（94）

第三章 組織

第十三條 本社設社員大會理事會監事會及社務會

第十四條 社員大會為本社之最高權力機關由全體社員組織之

第十五條 理事會由理事三人候補理事二人組織之監事會由監事三人候補監事二人組織之理事候補理事監事及候補監事均由社員大會就社員中選舉之理事會監事會並各設主席一人由理監事分別推選之

前項理事之任期為二年監事之任期為一年均得連任

第十六條 社務會由理監事共同組織之

第十七條 社員大會之職權如左：

一、選舉及罷免理監事

二、審核並接受社務業務報告及會計報告

三、通過預算決算及業務計劃

四、制定或修訂各種章程

五、規劃社務進行

六、處理理事監事及社員之提議事項

第十八條 理事會之職權如左：

三

巴县走马乡第一、二保响水岩农业生产合作社合作社章程　9-1-93（95）

43

第四章　會議

第二十三條　社員大會分通常社員大會及臨時社員大會兩種通常社員大會於每一業務年度終了後一個月內召集之臨時社員大會因下列情形召集之
一、理事會及監事會於執行職務上認爲有必要時
二、社員全體四分之一以書面記明提議事項及其理由請求理事會召集時前項請求提出後十日內理事會不爲召集之通知時社員得呈報主管機關自行召集

第二十四條　社員大會應由社員過半數之出席始得開會出席社員過半　之同意始得決議

第二十五條　社員大會以理事會主席爲主席理事會主席缺席以監事主席爲主席社員自行召集大會時臨時公推一人爲主席

第二十六條　社務會每三月開會一次由理事主席召集之其開會時之主席由理監事互推之

第二十七條　理事會及監事會每月召集一次由各該會主席召集之

第五章　業務

第二十八條　本社業務如左：

巴县走马乡第一、二保响水岩农业生产合作社合作社章程　9-1-93（96）

44

三、改進農業生產技術

（1）興辦水利

（2）購置適於共同利用之新式農具灌溉機及力畜等以租賃方式供社員使用

（3）改進農家副業促進其生產組織化與產品標準化

（4）實施家畜保育從事優良品種之培養與推廣

（5）其他有關農業改進業務

第二十九條　本社各部業務細則另訂之

第六章　結算

第三十條　本社以國歷一月一日至十二月三十一日爲一業務年度理事會應於年度終了時造成業務報告書資產負債表損益計算書財產目錄及盈餘分配案至遲於社員大會開會前十日送經監事會審核後連同監事會查帳報告書報告社員大會

第三十一條　本社年終結算除社田地租部分另有規定外其他業務部分有盈餘時除彌補累積損失及付股息至少一分外其餘數應平分爲一百分按照下列規定辦理

一、以百分之十作公積金由社員大會指定機關存儲生息

七

巴县走马乡第一、二保响水岩农业生产合作社合作社章程　9-1-93（97）

45

姓名	蓋章或按斗	姓名	蓋章或按斗	姓名	蓋章或按斗	姓名	蓋章或按斗
吳眼發		蔡海廷		傅春山		田植三	
黄萬一		高崇圃		傅國書		黄春廷	
吳炳云		高利貞		黄眼洲		曾昭眼	
李金山		張德餘		涂永江		蕭和清	
田紫陽		張有成		涂澤炳		沈建高	
吳眼洲		張正桓		羅仲文		蔣清山	
張慶槐		蔡海云		陳春山		楊子建	
馬玉書		傅清河		吳海廷		余德昌	

巴县走马乡第一、二保响水岩农业生产合作社合作社章程 9-1-93（98）

46

姓名	蓋章或按斗	姓名	蓋章或按斗	姓名	蓋章或按斗	姓名	蓋章或按斗

巴县走马乡第一、二保响水岩农业生产合作社合作社章程　9-1-93（99）

巴县走马乡王家塆农业生产合作社一九四九年度业务计划 9-1-93（100）（101）（102）

48

保証責任巴縣走馬鄉王家塆農業生產合作社

社三十八年度業務計劃　自　年　月　日起　至　年　月　日止

（一）業務部門	（二）業務科目	（三）辦法	（四）預定進度	（五）預定經費及籌款辦法	（六）審核意見
穩定耕地使用權及創置社田	保障業佃權益	凡在本社業務區域內社員佃耕之土地應將佃約副本交合作社存記或交鄉公所存記必要時由合作社向業主統一承租仍由原佃人耕種或由合作社負責保障業佃雙方權利	四年內可以完成保障業佃權益	在本社業務區內凡係生產農民均可參加參加後即可享受一切權利勿需款之必要	[illegible]
	創置社田	由合作社控制耕地轉移凡在本社業務區內有土地出售時由合作社向農業金融機關貸借資金承買或社員集資承買仍分配原社員耕種以其地租分年償還地價還清後社員即按所定租額向合作社交租作為公積基金及教育基金等	五年內可以完成此項工作	創置社田之費需要由合作社向金融機關貸款後仍由原社員耕種其地租分年償還借貸資金	[illegible]
	實施耕地整理	社有土地至相當數時合作社對於社員耕地分配應從新加以整理每一耕作單位應以一個家庭之勞動力量為標準並依土地肥瘠人口密度為比例配劃以促社員之平均發展	三年內可以完成耕地整理	調查後依土地肥瘠人口密度為比例配劃無需大量之款	川
建立社倉	穀倉現代化倉庫	供社員生產品之存儲及押借之用	三年可以完成此項工作	按規模大小需要決定所需款不定	川
	社員生產品之加工運銷	由倉庫運用組織力量統籌辦理之	一年內可以籌理完設	只要倉庫設置則運銷易展便利口需大量之款	川

巴县走马乡王家垱农业生产合作社一九四九年度业务计划　9-1-93（103）（104）（105）

改進農業生產技術　興[illegible]水利[illegible]	[illegible]	[illegible]	合作社向平教會貸款利率甚低分年償還	合理
購置適於共同利用之新式農具灌溉及力畜	以租賃方式供社員使用	二年	需款數額不定由合作社向金融機關貸款日後分年償還	可行
改良農家副業	促進其生產組織化與產品標準化	一年	斟酌情形辦理需款不定	可行
實施家畜保育	從事優良品种之培養與推廣	一年	只從事於宣傳及培養之工作無需大量之款	可
其他有關農業改進事項				視需要[illegible]推行[illegible]

巴县走马乡王家堉农业生产合作社创立会决议录 9-1-93（112）（113）（114）

50

巴縣走馬鄉王家塆農業生產合作社創立會決議錄

一 開會日期 三十八年九月十八日上午八時

二 開會地點 走馬鄉第九保王家塆李洪光宅內

三 出席人數 四十人

四 缺席人

五 列席人 喻正謙 李鳴岡 魏世榮

六 推舉臨時主席及書記 推陶炳臣爲臨時主席 李家謨爲書記

七 報告事項

1. 主席報告：今天是本社召開農業生產合作社成立大會的一天，先報告籌備會之經過及合作社成立後之權利義務

2. 喻輔導員朗讀章程并加解釋

3. 魏主任報告合作社之性質及意義

八 決議事項

1 討論章程草案

決議 照章程通過

選舉理事

巴县走马乡王家塆农业生产合作社创立会决议录　9-1-93（115）（116）（117）

當選者　李文星　胡學良　李家謨　候補　劉銀輝

4	討論收納第一次應繳社股期限
	決議限十月一日交齊
5	討論呈請登記日期
	決議限於十五日內呈報登記交由理事會辦理
6	業務計劃　1.穩定耕地使用權及購置社田　2.建立社倉　3.改進農業生產技術
	決議　照業務計劃通過
7	其他
九	臨時動議
十	散會　上午十一鐘

臨時主席　陶炳臣

臨時書記　李家謨

巴县走马乡王家塆农业生产合作社成立登记申请书　9-1-93（118）

51

巴縣走馬鄉某合作
王家塆農業生產

合作社成立登記申請書

社名	巴縣走馬鄉第十三九保王家塆農業生產合作社
業務	農業生產
責任	保證責任（為股金總額之五十倍）
社址	巴縣走馬鄉第九保王家塆
社員人數	四十名
業務區域	走馬鄉第十三九保所轄區
創立會日期	民國三十八年九月十八日
通訊處	走馬鄉鄉公所
社股：每股金額	食米三市升
繳納方法	一次繳納
共認股數	四十一股
股金總數	市量壹石貳斗叁升
已繳金額	市量壹石貳斗叁升

職員	姓名	任期	性別	年齡	籍貫	職業	住所
理事 主席	孫巨清	三	男	四二	巴縣	農	孫家塆
理事	閔炳臣	二	〃	四八	〃	〃	岩塆
理事	李守清	二	〃	二〇	〃	〃	魏家塆
理事	林仁模	一	〃	二四	〃	〃	盤龍山
理事	張興福	一	〃	三〇	〃	〃	柏樹坳
監事 主席	李文星		〃	四六	〃	〃	廟子堡
監事	胡學良		〃	四〇	〃	〃	花滿塆
監事	李家讀		〃	二〇	〃	〃	王家塆

附：本社創立會決議錄　加入社員名冊　業務計劃書各一份章程二份

謹呈

合作社理事主席　孫巨清

巴县走马乡王家塆农业生产合作社社会调查表 9-1-93（119）

56

保证責任四川省巴縣走馬鄉第九保王家塆農業生產合作社調查表

調查人姓名：魏一清 章

調查日期：38年9月 日

項目	調查事項	評定標準 一〇〇分至八〇分	評定標準 八〇分至六〇分	評定標準 六〇分以下不及格	評定分數
1	設立人中堅份子發起組社之動機	爲適應特殊需要以發展同儕自力改善生活	效法他人並無成見	借名營私希圖把持并有意妨礙當地各級合作社之發展	81
2	設立人中堅份子之品行	均屬品行端正	品行尚佳口碑不惡	少數品行不佳	80
3	創立會開會之後社員有無增減	已增加一倍且在積極進行中	略有增加在積極進行中	並不進行顯有把持企圖	79
4	社員入社是否自動	自動者半數以上	自動者三分之一以上	自動者不足三分之一	80
5	理監事有無壟斷行爲	辦事公開毫無壟斷	辦事專權但非壟斷	壟斷營私	90
6	社員對合作之認識	半數以上社員明瞭合作意義並能精誠合作	半數以上社員對合作意義尚欠明白惟頗有興趣	半數以上社員不明合作意義祇知自私自利	88
7	認繳股金情形	認股平均每人一股以上已繳四分之三以上	認股平均每人一股已繳達四分之一	認股平均每人不足一股已繳不及四分之一	80
8	選舉理監事情形	公開	稍有糾紛但尚合法	有舞弊行爲	79
9	社員信任理監事否	能	尚能	不能	90

項目				分數
12 社員份子是否純良	熱心公益者多	利己利人者多	自私自利者多	78
13 理監事之品行	品行端正	品行平平	品行惡劣	86
14 理監事之能力	辦事得力	能力不大但得信任	能力薄弱不得信任	85
15 業務計劃是否影響同地各級合作社業務之發展	無甚影響	頗有影響	影響甚大	90
16 雇員（如經理副經理技師等）是否忠誠稱職	是	尚可	不宜或不稱	81
17 設備是否完備	事務所佈置整潔設備完備	事務所佈置勉敷實用設備不完全	事務所雜亂無章主要簿籍多未置備	80
18 社址是否適中	是	尚宜	不宜	90

其他要項		
呈請登記手續有他人轉手操縱情事		無
當地有無其他各級合作社或專營業務社	詳列其名稱業務概況及登記日期注意其區域及業務	無
交通情形	離車站碼頭縣城或大鎮什麽方向若干公里普通用何種舟車每次用費多大	位於走馬白市驛之間

總評定	
共查幾項	18
總分數	1507
平均分數（以六十分為及格）	84
調查人之意見：指導員	文唯 登記
調查人之意見：輔導員	
區主任意見	標准 登記
審核人之意見	
核准日期	年　月　日
證書號數	字第　號

華西平民教育促進會華西實驗區印製

巴县走马乡王家塆农业生产合作社章程 9-1-93（121）

巴縣走馬鄉九保王家塆

農業生產合作社章程

巴县走马乡王家塆农业生产合作社章程　9-1-93（122）

54

巴縣走馬鄉九王家塆保農業生產合作社章程

第一章　總則

第一條　本社定名為巴縣走馬鄉九王家塆保農業生產合作社

第二條　本社宗旨（一）改善農業經營以增加農民收益（二）調整租佃關係以穩定耕地使用權（三）控制土地轉移以達成耕地農有

第三條　本社為保證責任各社員之保證倍數為其所認股額之當時米價折合實物之五十倍

第四條　本社以走馬鄉九王家塆保所轄範圍為業務區域（耕地面積以一千畝至二千畝為準）

第五條　本社社址設於王家塆內

第二章　社員及社股

第六條　居住於本社業務區域內之自耕農及佃農具有公民資格年滿二十歲以上者均得申請為本社社員

第七條　本社社員出社原因為下列各種

一、喪失第六條資格

一

巴县走马乡王家塆农业生产合作社章程 9-1-93（123）

第三章 組織

第十三條 本社設社員大會理事會監事會及社務會

第十四條 社員大會為本社之最高權力機關由全體社員組織之

第十五條 理事會由理事五人候補理事二人組織之監事會由監事三人候補監事一人組織之理事候補理事監事及候補監事均由社員大會就社員中選舉之理事會監事會並各設主席一人由理監事分別推選之

前項理事之任期為三年監事之任期為一年均得連任

第十六條 社務會由理監事共同組織之

第十七條 社員大會之職權如左：

一、選舉及罷免理監事

二、審核並接受社務業務報告及會計報告

三、通過預算決算及業務計劃

四、制定或修訂各種章程

五、規劃社務進行

六、處理理事監事及社員之提議事項

第十八條 理事會之職權如左：

三

第四章　會議

第二十三條　社員大會分通常社員大會及臨時社員大會兩種通常社員大會於每一業務年度終了後一個月內召集之臨時社員大會因下列情形召集之

一、理事會及監事會於執行職務上認爲有必要時

二、社員全體四分之一以書面記明提議事項及其理由請求理事會召集時前項請求提出後十日內理事會不爲召集之通知時社員得呈報主管機關自行召集

第二十四條　社員大會應由社員過半數之出席始得開會出席社員過半數之同意始得決議

第二十五條　社員大會以理事會主席爲主席理事會主席缺席以監事會主席爲主席社員自行召集大會時臨時公推一人爲主席

第二十六條　社務會每三月開會一次由理事主席召集之其開會時之主席由理監事互推之

第二十七條　理事會及監事會每月召集一次由各該會主席召集之

第五章　業務

第二十八條　本社業務如左：

五

巴县走马乡王家堉农业生产合作社章程　9-1-93（125）

57

三、改進農業生產技術

（1）興辦水利

（2）購置適於共同利用之新式農具灌溉機及力畜等以租賃方式供社員使用

（3）改進農家副業促進其生產組織化與產品標準化

（4）實施家畜保育從事優良品種之培養與推廣

（5）其他有關農業改進業務

第二十九條　本社各部業務細則另訂之

第六章　結算

第三十條　本社以國曆一月一日至十二月三十一日爲一業務年度理事會應於年度終了時造成業務報告書資產負債表損益計算書財產目錄及盈餘分配案至遲於社員大會開會前十日送經監事會審核後連同監事會查帳報告書報告社員大會

第三十一條　本社年終結算除社田地租部分另有規定外其他業務部分有盈餘時除彌補累積損失及付股息至少一分外其餘數應平分爲一百分按照下列規定辦理

一、以百分之十作公積金由社員大會指定機關存儲生息

58

全體社員簽名蓋章或按箕斗於後：

姓名	蓋章或按斗	姓名	蓋章或按斗	姓名	蓋章或按斗	姓名	蓋章或按斗
申光有		孫巨清		胡學良		刘紹洲	
李家謀		孫水山		陳紹清		張樹云	
陶炳臣		孫茂清		李銀輝		刘重财	
王炳云		孫煥章		張銀安		吕明亮	
曾平洲		李文星		李鑫云		胡海全	
王雅儒		陈德安		劉銀輝		馮天壽	
黎代祥		徐海云		林仁模		魏德昌	
黎炎云		楊治祿		余金合		魏慶云	

巴县走马乡王家塆农业生产合作社章程 9-1-93（127）

19

姓名	蓋章或按斗	姓名	蓋章或按斗	姓名	蓋章或按斗	姓名	蓋章或按斗

巴县走马乡王家塆农业生产合作社章程　9-1-93（128）

璧山县大路乡第九保农业生产合作社社员名册　9-1-132（37）

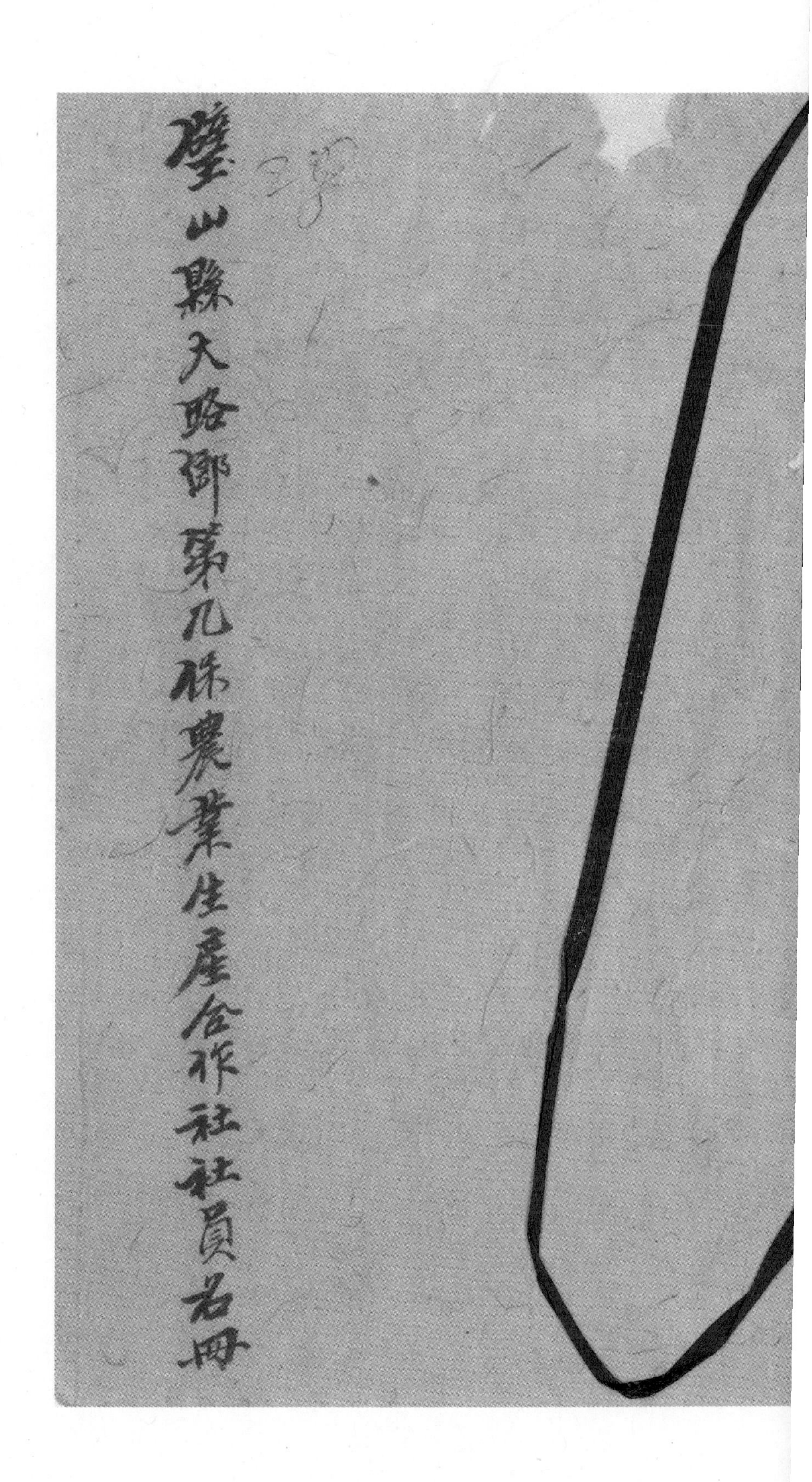
璧山縣大路鄉第九保農業生產合作社社員名冊

璧山县大路乡第九保农业生产合作社社员名册　9-1-132（38）

作社個人社員名冊

編號	姓名	性別	年齡	職業	住址 保	甲	戶	地名	是否戶長	家口人數	入社日期	社股 認購	已繳	蓋章或指模	附註
1	葉海榮	男	三一	農	九	一	一	大森灣	是	六	七月六日	一	已		
2	趙藏五	男	四八	農	九	一	二	新屋基	是	八	七月六日	一	已		
3	傅德全	男	五三	農	九	一	七	騎龍穴	是	八	七月六日	一	已		
4	趙先進	男	一八	學	九	一	二	新屋基	是	一	七月六日	一	已		
5	劉治祥	男	三四	工	九	一	二	新屋基	是	四	七月六日	一	已		
6	袁興全	男	三六	工	九	一	二	新屋基	是	三	七月六日	一	已		
7	楊榮卿	男	二一	工	九	一	二	新屋基	是	三	七月六日	一	已		
8	陳崇榮	男	四六	工	九	一	二	新屋基	是	一	七月六日	一	已		
9	李玉貴	男	六一	農	九	一	三	新房子	是	一〇	七月六日	一	已		
10	傅治良	男	五八	農	九	二	一	魏家堡	是	一〇	七月六日	一	已		
11	趙季常	男	四五	農	九	二	三	班竹河	是	九	七月六日	一	已		
12	張培恩	男	三五	農	九	二	二	魏家堡	是	四	七月六日	一	已		
13	牟澤林	男	五六	農	九	二	五	班竹河	是	七	七月六日	一	已		
14	張海全	男	六〇	農	九	二	六	楊家塆	、、	七	七月六日	一	已		

15	张德明	男	三八	农	九	二	七	魏壁	是	六	七月六日	一	已
17	邹泰华	男	二一	农	九	三	一	学田坎	是	五	七月六日	一	已
18	田宗平	男	二四	农	九	三	七	洪岩	是	六	七月六日	一	已
19	胡廷位	男	三九	农	九	四	五	碑房	是	四	七月六日	一	已
20	傅道五	男	四五	农	九	四	九	象基屋	是	七	七月六日	一	已
21	张海卿	男	四一	农	九	四	一〇	石坎	是	三	七月六日	一	已
22	邓树林	男	四〇	农	九	四	三	大业	是	四	七月六日	一	已
23	罗献新	男	三九	农	九	四	一三	大业	是	六	七月六日	一	已
24	胡贞山	男	四九	农	九	四	一〇	石坡	是	五	七月六日	一	已
25	胡甫全	男	四四	农	九	四	六	六角坵	是	八	七月六日	一	已
26	田海全	男	四六	农	九	四	二	叶家塆	是	六	七月六日	一	已
27	刘树昌	男	四一	农	九	四	六	六角坵	是	五	七月六日	一	已
28	傅贤卿	男	三九	农	九	五	一	檬子房	是	四	七月六日	一	已
29	喻献廷	男	五五	农	九	五	七	长岭岗	是	四	七月六日	一	已
31	周献裳	男	六〇	农	九	五	八	长岭岗	是	五	七月六日	一	已
31	张有山	男	三五	农	九	五	五	石坡	是	四	七月六日	一	已

合作社個人社員名冊

編號	姓名	性別	年齡	職業	住址 保	住址 甲	住址 戶	住址 地名	是否戶長	家口人數	入社日期	社股 認購	社股 已繳	蓋章或指模	附註
32	聶海清	男	五三	農	九	六	一	灘田塆	是	五	七月六日	一	已		
33	趙崇良	男	三〇	農	九	六	四	楊家塆	是	七	七月六日	一	已		
34	秦海全	男	六〇	農	九	六	五	田家院子	是	一	七月六日	一	已		
35	楊世珍	男	五三	農	九	六	八	田家院子	是	三	七月六日	一	已		
36	陶治全	男	四〇	農	九	六	五	陶家院子	是	七	七月六日	一	已		
37	陶洪章	男	四五	農	九	六	七	灘田家院子	是	六	七月六日	一	已		
38	秦洪章	男	五〇	農	九	六	五	陶家院子	是	二	七月六日	一	已		
39	胡金良	男	三〇	農	九	六	七	楊家塆	是	五	七月六日	一	已		
41	龔福安	男	五〇	農	九	七	一	官田	是	九	七月六日	一	已		
41	喻廷高	男	七五	農	九	七	二	茶鋪田	是	四	七月六日	一	已		
42	范金貴	男	六三	農	九	八	一〇	譚家溝	是	七	七月六日	一	已		
43	吳貴清	男	三六	農	九	八	一	楊房	是	四	七月六日	一	已		
44	王貴順	男	五〇	農	九	八	三	譚家溝	是	七	七月六日	一	已		
45	李彬蔚	男	四〇	農	九	九	一	張家溝	是	六	七月六日	一	已		

璧山县大路乡第九保农业生产合作社社员名册　9-1-132（41）

璧山县大路乡第九保农业生产合作社社员名册　9-1-132（42）

46	李紹清	男	五四	農	九	九	二	張家溝	是	七	七月六日	一	已
47	歐金全	男	二二	農	九	九	五	張家溝	是	三	七月六日	一	已
48	曾松柏	男	六〇	農	九	九	七	張家溝	是	四	七月六日	一	已
49	喻海榮	男	四二	農	九	九	四	張家溝	是	六	七月六日	一	已
50	曾有清	男	三六	農	九	九	五	張家溝	是	四	七月六日	一	已
51	江海書	男	三四	農	九	九	三	[illegible]五向	是	六	七月六日	一	已
52	魏樹清	男	三八	農	九	一〇	一	李子林	是	四	七月六日	一	已
53	彭登華	男	二〇	農	九	一〇	五	生基塆	是	七	七月六日	一	已
54	劉紹堃	男	三八	農	九	一〇	一〇	藍竹林	是	四	七月六日	一	已
55	傅友倫	男	六九	農	九	一〇	三	桐子塆	是	七	七月六日	一	已
56	羅華臣	男	三五	農	九	一〇	五	何福土	是	四	七月六日	一	已
57	傅友材	男	四五	農	九	二	一	韓坪坳	是	三	七月六日	一	已
58	彭海榮	男	三三	農	九	二	四	炉罐子	是	六	七月六日	一	已
59	傅國臣	男	四三	農	九	一〇	四	桐子塆	是	六	七月六日	一	已
60	傅丙良	男	三〇	農	九	二	五	韓坪坳	是	五	七月六日	一	已
61	張邦正	男	二五	農	九	二	二	韓坪坳	是	三	七月		

璧山县大路乡第九保农业生产合作社社员名册　9-1-132（43）

31

璧山縣大路鄉九保合作社個人社員名冊

編號	姓名	性別	年齡	職業	住址 保	住址 甲	住址 戶	住址 地名	是否戶長	家口人數	入社日期	社股 認購	社股 已繳	蓋章或指模	附註
62	傅海柏	男	四九	農	九	二	一	韓坪坳	是	八	七月六日	一	已		
63	傅春林	男	二五	農	九	二	五	韓坪坳	仝	三	七月六日	一	已		
64	蔣紹全	男	三六	農	九	二	七	韓坪坳	是	三	七月六日	一	已		
65	羅昭山	男	五四	農	九	二	五	火燒土	是	四	七月六日	一	已		
66	秦泰福	男	三五	農	九	二	三	韓坪坳	是	三	七月六日	一	已		
67	石利伯	男	二八	農	九	二	六	韓坪坳	是	二	七月六日	一	已		
68	張永榮	男	五四	農	九	三	一	亂石崖	仝	七	七月六日	一	已		
69	韓雨榮	男	六二	農	九	三	四	韓坪坳	是	六	七月六日	一	已		
70	鍾光亭	男	三一	農	九	三	一	祝家灣	仝	四	七月六日	一	已		
71	吳東林	男	五三	農	九	三	四	南坳坪	是	三	七月六日	一	已		
72	劉雨軒	男	五五	農	九	二	七	楊家灣	是	四	七月六日	一	已		
73	傅吳仁	男	三六	農	九	二	四	魏家堡	仝	四	七月六日	一	已		
74	傅光德	男	三三	農	九	二	五	仝	仝	四	七月六日	一	已		
75	傅紹臣	男	四五	農	九	一二	六	南坳坪	是	六	七月六日	一	已		

璧山县大路乡第九保农业生产合作社社员名册　9-1-132（44）（45）

76	曾玉昭	男	二五	裴	九	一三	七	衛坳坪	曼	四	七月六日	一	巳
77	張東良	男	二〇	裴	九	一三	五	仝	曼	四	七月六日	一	巳
78	彭炳榮	男	三二	裴	九	一三	四	仝	仝	二	七月六日	一	仝
79	田永清	男	五四	裴	九	四	二	葉家墻	曼	七	七月六日	一	巳
80	傅相才	男	三〇	仝	九	四	三	楊家塝	仝	五	七月六日	一	仝
81	陳榮炳	男	三七	裴	九	四	七	丹雎子	曼	六	七月六日	一	仝
82	劉國榮	男	三四	仝	九	八	十	譚家灣	仝	七	七月六日	一	仝
83	傅夢良	男	五〇	仝	九	四	八	石坡	是	三	七月六日	一	巳
84	龔德興	男	三八	〃	〃	八	七	譚家灣	〃	六	〃	〃	〃
85	魏洪泰	男	五〇	〃	〃	八	六	譚家灣	〃	八	〃	〃	〃
86	江王氏	女	五〇	〃	〃	一三	八	譚家灣	〃	五	〃	〃	〃
87	劉樹云	男	四〇	〃	〃	一三	六	譚家灣	〃	五	〃	〃	〃
88	趙奎全	男	四五	〃	〃	一一	五	火炎土	〃	四	〃	〃	〃
89	[illegible]鳴昌	男	三八	〃	〃	一一	四	火炎土	〃	五	〃	〃	〃
90	周清云	男	四五	〃	〃	一三	八	廟樹坪	〃	五	〃	〃	〃
91	鄧炳卿	男	四六	〃	〃	一三	九	礼石庄	〃	八	〃	〃	〃
92	周海榮	男	四五	〃	〃	一三	八	廟樹坪	〃	七	〃	〃	〃

璧山县大路乡第九保合作社一九四九年度业务计划 9-1-132（35）（36）

27

大路鄉九保合作社 三十八年度業務計劃

自三十八年七月六日起
至三十八年十二月三十一日止

（一）業務部門	（二）業務科目	（三）辦法	（四）預定進度	（五）預定需款總額及還款辦法	（六）審核意見
生產部	農業改良	本地稻麥品種不良兼又施肥不相当，悉用舊法舊灌以致收益太少，特請貸種貸肥使種肥料得以改良增加生產	在成立後易應照規定辦案呈報辦理 理		
	農業推廣	本保山地種桐宜，但品種不佳，產量不大，擬請改良推廣品種以作農業之補助，俟普遍後擬購榨油機可減人力增加產量	仝前	先請發給油桐苗再請貸款購榨油機預計三年完成再三年返還貸款	
貸款部	耕牛貸款	先調查本學區耕牛數及社員家境情形確係無力購買耕牛者可即貸牛一隻或數户共貸一隻共同耕用	仝前	本鄉牛價每隻約黃谷拾伍老石，以貸牛之户在每年租牛谷相存三年後即可還清貸款	
	養猪	社員中查明確係無力購買猪	仝前	小猪每斤約值米山升二合以十五斤計賣物黃谷叁斗	
	[illegible]	[illegible]隻者予以貸者款			

璧山县福禄乡三品桥农业生产合作社创立会决议录 9-1-176（109）

福祿乡三品橋農業生產合作社創立會決議錄

開會日期 三十八年五月二十七日上午十時

開會地點 福祿乡第五保三品橋、

出席人數 二百一十[illegible]名

缺席人 葉蕭氏 林楊氏 王復元 羅煥然 羅胡氏 藍明高 任明河

列席人 王慶國 張紹良 羅明金 周肇初 藍仲賢 張發堂、

推舉臨時主席及書記

推張發堂為臨時主席 胡雲清為書記

報告事項 今天是我們五六兩保[illegible]農業生產合作社創立會的一天[illegible]

議事項

討論章程草案

決議 [illegible]

選舉理事 [illegible]

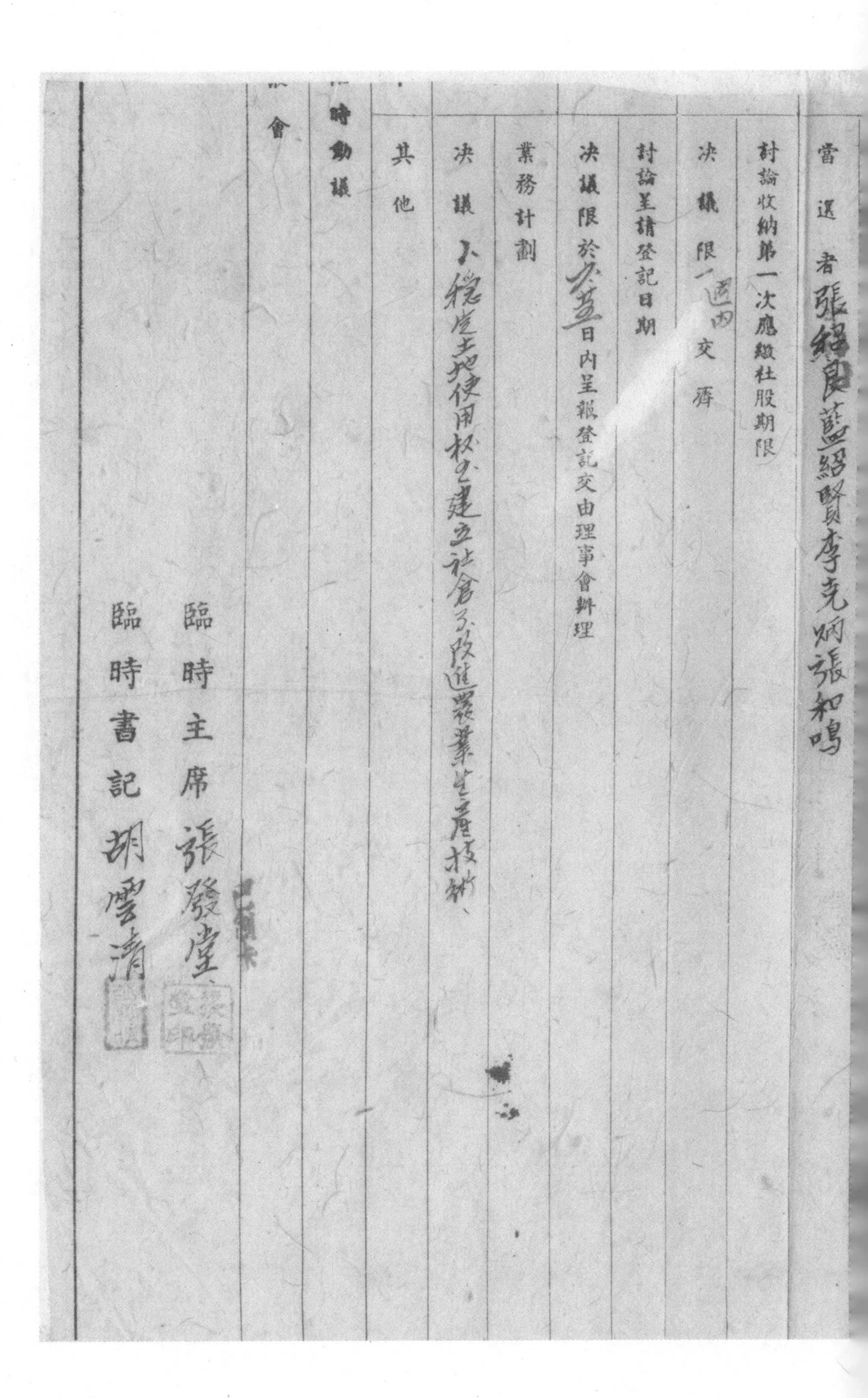

當選者 張紹良 藍紹賢 李克炳 張和鳴

討論收納第一次應繳社股期限

決議 限一週內交齊

討論呈請登記日期

決議 限於十五日內呈報登記交由理事會辦理

業務計劃

決議 1.穩定土地使用权、2.建立社會、3.改進農業生產技術、

其他

臨時動議

散會

臨時主席 張發堂

臨時書記 胡雲清

璧山县福禄乡三品桥农业生产合作社创立会决议录 9-1-176（110）

壁山县福禄乡三品桥农业生产合作社一九四九年度业务计划　9-1-176（111）

……農業生產合作社三十八年度業務計劃　至四十一年五月三十一日

（二）業務科目	（三）辦法	（四）預定進度	（五）預定需款總額及還款辦法	（六）審核意見
保障業權益	凡本社業務區域內社員佃耕之土地，應將佃約副本交本社存記，有必要時得由本社向業主續承租，另立新約，其土地仍由原承租人耕種，每年社員負責保障業主應定地租，並依法保障佃農不再有被撤佃換佃情事、	自三十八年六月起至三十九年六月止[illegible]登記期間，自三十九年起實施、		
1.建立合作倉庫 2.生產品之加工運銷	1.由本社設置倉庫，供社員之儲蓄及儲押之用 2.由本社辦理社員生產品之加工運銷事宜	自三十八年六月至年底為籌備期間，自三十九起實施之、		
1.興辦水利 2.購買耕牛 3.培植優良品種 4.施用化學肥料 5.推廣植桐 6.廣植[illegible] 7.[illegible]苗、 8.[illegible]	1.由本社勘定適宜地方修築塘堰水利、 2.由本社貸款培植優良品種家畜、 3.由本社貸款購買優良耕牛、 4.由本社發貸款培植優良種子、 5.由本社貸款購買化學肥料、 6.本社購買小果桐、 7.本社購桑苗、 8.由本社貸款購買優秧	本社六月申請貸款，本年七月起依次實施	貸款[illegible]息，照農民願付手續辦理、	

璧山县福禄乡三品桥农业生产合作社成立登记申请书　9-1-176（112）

社名	璧山縣福祿鄉三品橋農業生產合作社
業務	1.穩定生產 2.使用科學建立社會 3.改進農業生產技術
責任	保證責任（一百倍）
社址	三品橋
社員人數	二百一十人
業務區域	以璧山六兩保所轄區域為業務區域
創立會日期	三十八年五月廿七日
通訊處	福祿鄉郵局轉交
社股 每股金額	壹佰圓（金元券）
社股 繳納方法	一次繳清
社股 共認股數	二百一十股
社股 股金總數	[illegible]
社股 已繳金額	[illegible]

職員	姓名	任期	性別	年齡	籍貫	職業	住所
理事	主席 胡雲清	三年	男	36	璧山	農	水鴨凼
理事	石成忠	二年	男	38	仝	仝	郭家灣
理事	羅明金	二年	男	25	仝	仝	羅家灣
理事	周聲初	一年	男	34	仝	仝	水鴨凼
理事	張發堂	一年	男		仝	仝	李子房
理事	周優才						
理事	楊信生						
理事	張占全						
監事	主席 張紹良	一年	男	38	璧山	農	李子房
監事	藍紹賢	一年	仝	28	仝	仝	伍家灣
監事	李克綱	一年	仝	35	仝	仝	三品橋
監事	張和鳴		仝		仝	仝	三元橋

附：本社創立會決議錄　個人/法人社員名冊　業務計劃書各四份　章程四份

謹呈

璧山縣政府

合作社理事主席胡雲清

已制卡

未抄列入社員名冊

璧山县福禄乡三品桥农业生产合作社章程　9-1-176（113）

公物！

璧山縣福祿鄉三品橋保

農業生產合作社章程

No 4

16

璧山县福禄乡三品桥农业生产合作社章程　9-1-176（114）

璧山县福禄乡三品桥农业生产合作社章程　9-1-176（114）

保证书存

璧山縣福禄鄉三品橋保農業生產合作社章程

第一章　總則

第一條　本社定名爲璧山縣福禄鄉三品橋保農業生產合作社

第二條　本社宗旨（一）改善農業經營以增加農民收益（二）調整租佃關係以穩定耕地使用權（三）控制土地轉移以達成耕地農有

第三條　本社爲保證責任各社員之保證倍數爲其所認股額之當時米價折合實物之壹百倍

第四條　本社以福禄鄉三品保所轄範圍爲業務區域（耕地面積以一千畝至二千畝爲準）

第五條　本社社址設於三品橋內

第二章　社員及社股

第六條　居住於本社業務區域內之自耕農及佃農具有公民資格年滿二十歲以上者均得申請爲本社社員

第七條　本社社員出社原因爲下列各種

一、喪失第六條資格

一

璧山县福禄乡三品桥农业生产合作社章程　9-1-176（115）

二

二、死亡

三、除名

四、因遷離業務區域

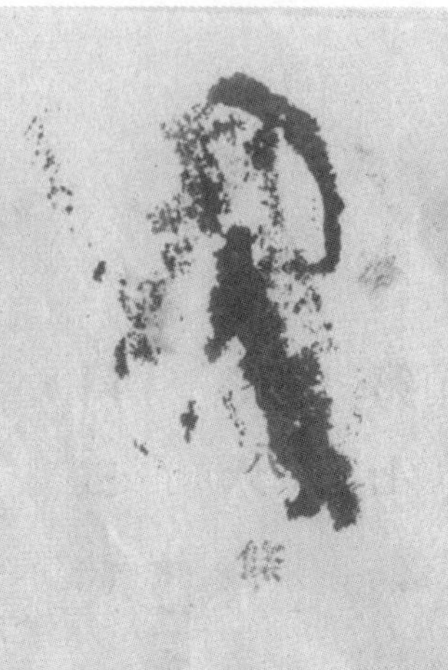

第八條　本社社員有左列情事之一者得經社務會出席理監事四分之三以上之決議予以除名以書面通知被除名之社員並報告社員大會

一、不遵照本社章程及社員大會決議履行其義務者

二、有防害本社社務業務之行爲者

三、有犯罪或不名譽之行爲者

第九條　出社社員得於年度終了結算後申請退還其已繳股款前項股款之退還於年度終了結算後決定之

第十條　出社社員對於出社前本社所負之債務自出社決定之日起經過二年始得解除由本社於該社員出社後六個月內解散時該社員視爲未出社

第十一條　本社社股金額每股[illegible]元（或以實物計算）社員每人至少認購一股入社後得隨時增購但不得超過股金總額百分之二十

第十二條　社員認購社股分一期繳納但第一次所繳股款不得少於所認股金總額之四分之一餘額繳納日期由社員大會決定之

第三章　組織

第十三條　本社設社員大會理事會監事會及社務會

第十四條　社員大會為本社之最高權力機關由全體社員組織之

第十五條　理事會由理事五人候補理事三人組織之監事會由監事三人候補監事二人組織之理事候補理事監事及候補監事均由社員大會就社員中選舉之理事會監事會並各設主席一人由理監事分別推選之

前項理事之任期為三年監事之任期為一年均得連任

第十六條　社務會由理監事共同組織之

第十七條　社員大會之職權如左：

一、選舉及罷免理監事

二、審核並接受社務業務報告及會計報告

三、通過預算決算及業務計劃

四、制定或修訂各種章程

五、規定社務進行

六、處理理事監事及社員之提議事項

第十八條　理事會之職權如左：

壁山县福禄乡三品桥农业生产合作社章程 9-1-176（116）

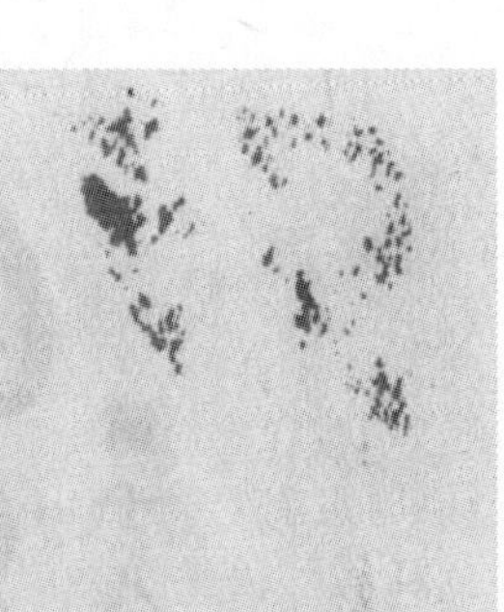

一、擬定業務計劃
二、聘任職員
三、處理社員提出之問題
四、調解社員間糾紛
五、處理社員大會決議交辦事件
六、處理其他理事監事提出之事務

第十九條 監事會之職權如左：
一、監查本社財產狀況
二、監查本社業務執行狀況
三、當本社與理事訂立契約或爲訴訟上之行爲時代表本社
監事爲執行前項職務認爲有必要時召集臨時社員大會

第二十條 本社因業務之需要得分部經營各部得設經理主其事並得酌用助理員經理及助理員由理事主席提請理事會任用之

第二十一條 理事監事皆屬義務職但有必需公務費用時由理事會認可支付之

第二十二條 本社出席聯合社之代表由理事會提出於社員大會推選之其任期爲一年但出席聯社代表當選爲聯社理監事時以聯社規定之任期爲任期

89

第四章　會議

第二十三條　社員大會分通常社員大會及臨時社員大會兩種通常社員大會於每一業務年度終了後一個月內召集之臨時社員大會因下列情形召集之

一、理事會及監事會於執行職務上認爲有必要時

二、社員全體四分之一以書面記明提議事項及其理由請求理事會召集時前項請求提出後十日內理事會不爲召集之通知時社員得呈報主管機關自行召集

第二十四條　社員大會應由社員過半數之出席始得開會出席社員過半數之同意始得決議

第二十五條　社員大會以理事會主席爲主席理事會主席缺席以監事會主席爲主席社員自行召集大會時臨時公推一人爲主席

第二十六條　社務會每三月開會一次由理事主席召集之其開會時之主席由理監事互推之

第二十七條　理事會及監事會每月召集一次由各該會主席召集之

第五章　業務

第二十八條　本社業務如左：

璧山县福禄乡三品桥农业生产合作社章程　9-1-176（117）

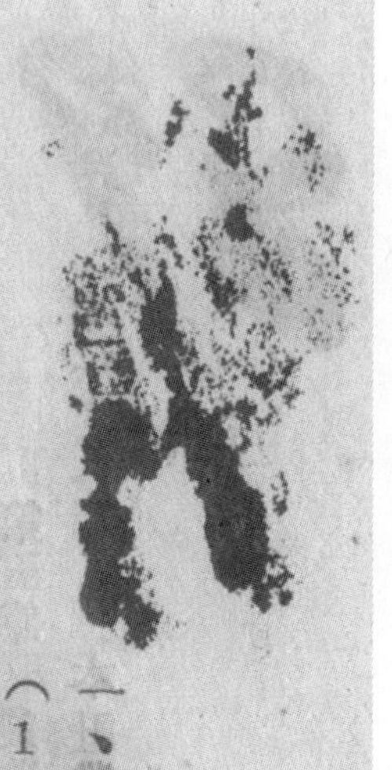

六

一、穩定耕地使用權及創置社田

（1）保障業佃權益：凡本社業務區域內社員佃耕之土地應將佃約副本交合作社存記有必要時得由合作社向業主統一承租另立新約其土地仍由原承租人耕種由合作社負責保障業主法定地租並依法保障佃農不再有被撤佃換佃情事

（2）創置社田：由合作社控制耕地轉移凡本社業務區域內有土地出售時由合作社向農業金融機關貸借資金承買或由社員自集資金承買仍分配原社員耕種以其地租分年償還貸借資金地價還清後社員即按法定租額向合作社交租作為合作社公有基金辦理社區內教育衛生育幼養老及其他公共事業

（3）實施耕地整理：社有土地至相當成數時合作社對於社員耕地分配應從新加以整理每一耕作單位應以一個家庭之勞動力量為標準並依土地肥瘠人口密度為比例配劃之以促進社員之平均發展

二、建立社倉

（1）由合作社設置現代化倉庫供社員生產品之存儲及儲押之用

（2）社員生產品之加工運銷事宜由倉庫運用組織力量統籌辦理之

二、改進農業生產技術

（1）興辦水利

（2）購置適於共同利用之新式農具灌溉機及力畜等以租賃方式供社員使用

（3）改進農家副業促進其生產組織化與產品標準化

（4）實施家畜保育從事優良品種之培養與推廣

（5）其他有關農業改進業務

第二十九條　本社各部業務細則另訂之

第六章　結算

第三十條　本社以國歷一月一日至十二月三十一日為一業務年度理事會應於年度終了時造成業務報告書資產負債表損益計算書財產目錄及盈餘分配案呈遞於社員大會開會前十日送經監事會審核後連同監事會查帳報告書報告社員大會

第三十一條　本社年終結算除社田地租部分另有規定外其他業務部分有盈餘時除彌補累積損失及付股息至少一分外其餘數應平分為一百分按照下列規定辦理

一、以百分之十作公積金由社員大會指定機關存儲生息

璧山县福禄乡三品桥农业生产合作社章程　9-1-176（118）

二、以百分之十作公益金由社務會決議作為發展本社區內公益事業之用

三、以百分之五作理事及助理員之酬勞金其分配辦法由理事會決定之

四、以百分之七十五作社員分配金按社員對合作社之交易額比例分配之

第七章　解散及清算

第三十二條　本社解散時清算人由社員大會就社員中選充之

前項清算人應按合作社法之規定清理本社債權及債務

第三十三條　本社清算後有虧損時以公積金股金順次抵補之如再不足由各社員按照第[illegible]條之規定負其責任由清算人擬定分配案提交社員大會決定之

第八章　附則

第三十四條　本章程未盡事宜悉依合作社法合作社法施行細則及有關法令之規定

第三十五條　本章程經社員大會通過呈准主管機關登記後施行

璧山县福禄乡三品桥农业生产合作社章程　9-1-176（118）

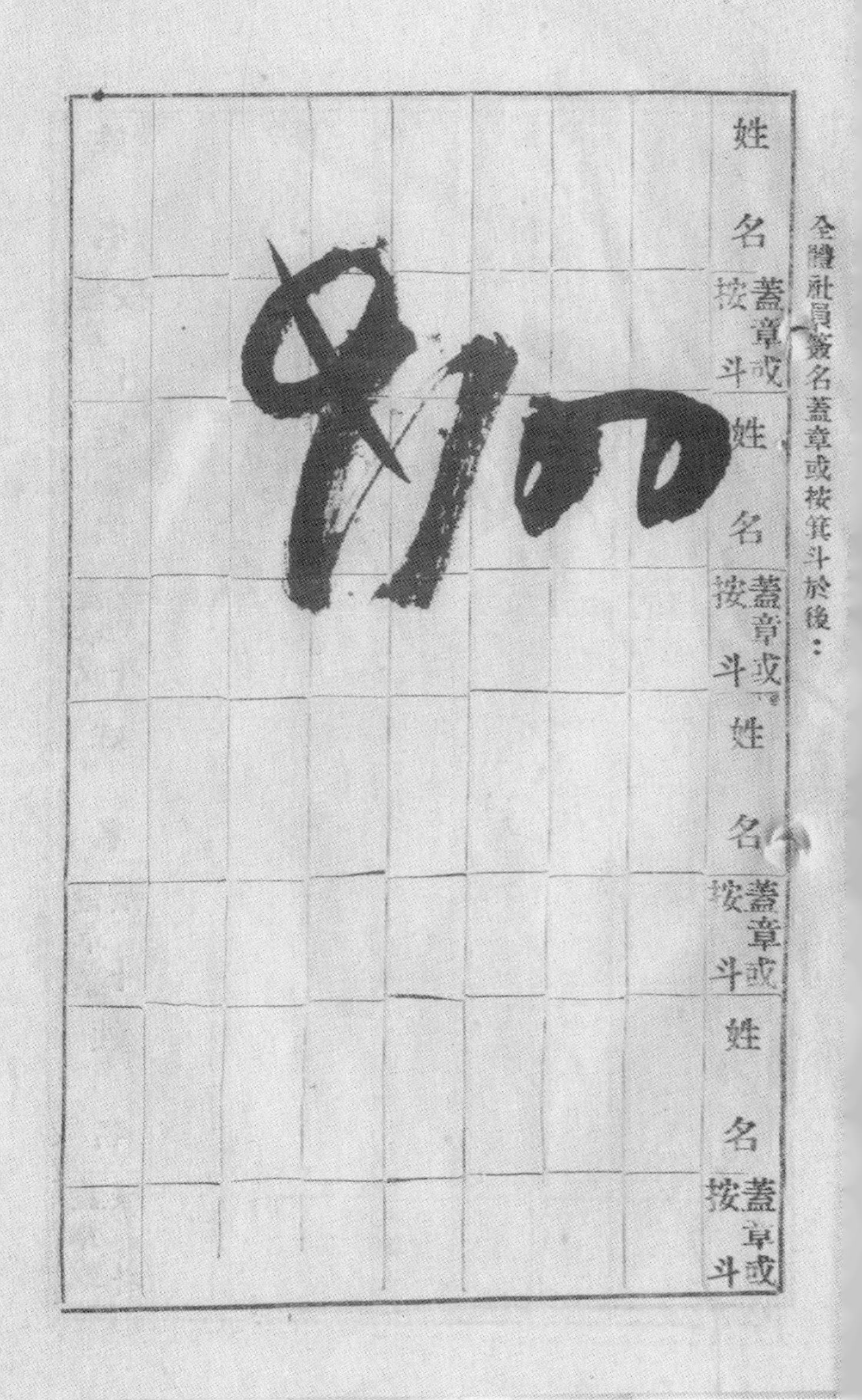

全體社員簽名蓋章或按箕斗於後：

姓名	蓋章或按斗	姓名	蓋章或按斗	姓名	蓋章或按斗	姓名	蓋章或按斗

璧山县福禄乡三品桥农业生产合作社章程　9-1-176（121）

中華平民教育促進會華西實驗區印製

壁山县丁家乡千家丘农业生产合作社章程　9-1-192（2）

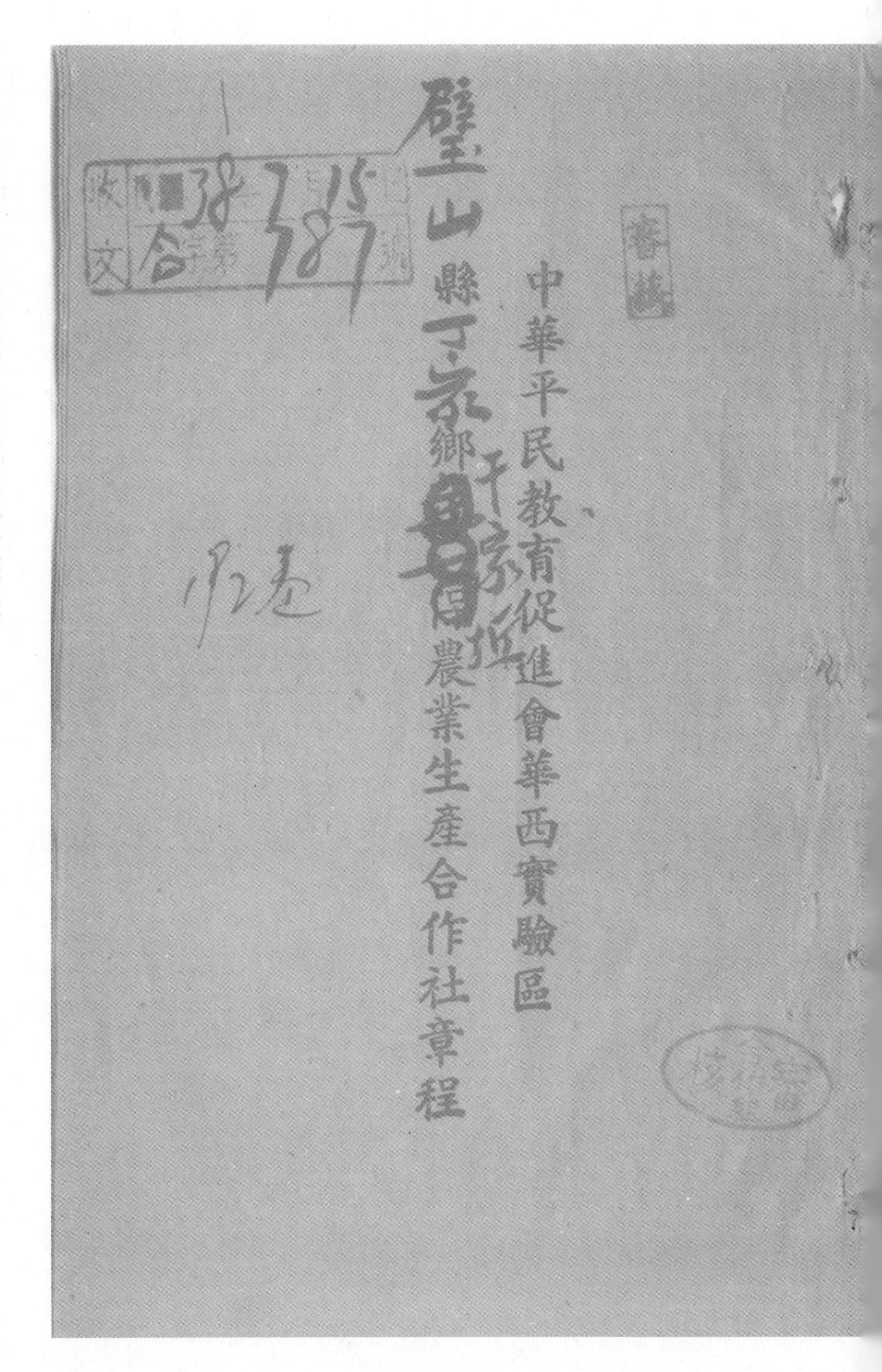

璧山县丁家乡千家丘农业生产合作社章程　9-1-192（4）

2

中華平民教育促進會華西實驗區保農業

生產合作社章程

璧山縣丁家鄉第七保（千家丘）農業生產合作社章程

第一章　總則

第一條　本社定名為璧山縣丁家鄉第七保（千家丘）農業生產合作社

第二條　本社宗旨（一）改善農業經營以增加農民收益（二）調整租佃關係穩定耕地使用權（三）控制土地轉移以達成耕地農有

第三條　本社為保證責任各社員之保證金額視其業務之發展於每年度開始時公佈之並呈報主管機關備案

第四條　本社以丁家鄉第七保所轄範圍為業務區域但各保得依照田園形勢水源交通重新劃分每保耕地面積以一千畝至二千畝為準

第五條　本社社址設於千家丘本保校

第二章　社員及社股

一

壁山县丁家乡千家丘农业生产合作社章程　9-1-192（7）

二

第六條　居住於本社業務區域內之自耕農及佃農具有公民資格年滿二十歲以上者均得申請爲本社社員

第七條　本社社員出社原因爲下列各種
一、喪失第六條資格
二、死亡
三、除名
四、因遷離業務區域

第八條　本社社員有左列情事之一者得經社務會出席理監事四分之三以上之決議予以除名以書面通知被除名之社員並報告社員大會
一、不遵照本社章程及社員大會決議履行其義務者
二、有防害本社社務業務之行爲者
三、有犯罪或不名譽之行爲者

第九條　出社社員得於年度終了結算後申請退還其已繳股款前項股款之退還於年度終了結算後決定之

第十條　出社社員對於出社前本社所負之債務自出社決定之日起經過二年始得解除但本社於該社員出社後六個月內解散時該社員視為未出社

璧山县丁家乡千家丘农业生产合作社章程　9-1-192（5）

第十一條　本社社股金額每股國幣五[illegible]（以實物計算）社員每人至少認購一股入社後得隨時增購但不得超過股金總額百分之二十

第十二條　社員認購社股分兩期繳納但第一次所繳股款不得少於所認股金總額之四分之一餘額繳納日期由社員大會決定之

第三章　組織

第十三條　本社設社員大會理事會監事會及社務會

第十四條　社員大會為本社之最高權力機關由全體社員組織之

第十五條　理事會由理事五人候補理事二人組織之監事會由監事三人候補監事一人組織之理事候補理事監事及候補監事均由社員大會就社員中選舉之理事會監事會各設主席一人由理監事分別推選之

前項理事之任期為二年監事之任期為一年均得連任

第十六條　社務會由理事監事共同組織之

第十七條　社員大會之職權如左：

一、選舉及罷免理監事

二、審核社長受社務報告及會計報告

三、通過預算決算及業務計劃

璧山县丁家乡千家丘农业生产合作社章程　9-1-192（6）

四、制定或修訂各種章則

五、規劃社務進行

六、處理理事監事及社員之提議事項

第十八條　理事會之職權如左：

一、擬定業務計劃

二、聘任職員

三、處理社員提出之問題

四、調解社員間糾紛

五、處理社員大會決議交辦事件

六、處理其他理事監事提出之事務

第十九條　監事會之職權如左：

一、監查本社財產狀況

二、監查本社業務執行狀況

三、當本社與理事訂立契約或為訴訟上本社[illegible]時代表本社

監事為執行前項職務認為有必要時召集臨時社員大會

第二十條　本社因業務之需要得分部辦理各部得設經理主持其事並得酌用助理員[illegible]理及助

四

璧山县丁家乡千家丘农业生产合作社章程　9-1-192（6）

二、理員由理事主席提請理事會任用之

第二十一條　理事監事皆屬義務職，但有必需公務費用時，由理事會之議可支付之

第二十二條　本社出席聯合社之代表由理事會提出於社員大會推選之，其任期為一年，但出席聯社代表當選為理監事時，以聯社規定之任期為任期[illegible]

第四章　會議

第二十三條　社員大會分通常社員大會及臨時社員大會兩種，通常社員大會於每年業務年度終了後一個月內召集之，臨時社員大會因下列情形召集之[illegible]

一、理事會或監事會於執行職務上認為有必要時[illegible]

二、社員全體四分之一以上書面說明提議事項及其理由請求理事會召集時，由前項請求提出後十日內理事會不為召集之通知時，社員得呈報主管機關自行召集

[illegible]由合作社[illegible]

第二十四條　社員大會應由社員過半數之出席始得開會，出席社員過半數之同意始得決議

第二十五條　社員大會以理事會主席為主席，[illegible]

社員自行召集大會時，臨時公推一人為主席

第二十六條　社務會議每三個月開會一次，由理事主席召集之，其開會時之主席由理監事互推之

第二十七條　理事會暨監事會每月召集一次，由各該會主席召集之

五

璧山县丁家乡千家丘农业生产合作社章程　9-1-192（5）

第五章　業務

第二十八條　本社業務如左：

一、穩定耕地使用權及創置社田

（1）保障業佃權益：凡本社業務區域內社員佃耕之土地應將佃約副本交合作社存記有必要時得由合作社向業主統一承租另立新約其土地仍由原承租人耕種由合作社負責保障業主法定地租並依法保障佃農不再有被撤佃換佃情事

（2）創置社田：由合作社控制耕地轉移凡本社業務區域內有土地出售時由合作社向農業金融機關貸借資金承買或由社員自集資金承買仍分配原社員耕種以其地租分年償還貸借資金地價還清後社員即按法定租額向合作社交租作為合作社公有基金辦理社區內教育衛生育幼養老及其他公共事業

（3）實施耕地整理：社有土地至相當成數時合作社對於社員耕地分配應從新加以整理每一耕作單位應以一個家庭之勞動力量為標準並依土地肥瘠人口密度為比例配劃之以促進社員之平均發展

二、建立社倉

璧山县丁家乡千家丘农业生产合作社章程 9-1-192（7）

（1）由合作社設置現代化倉庫供社員生產品之存儲及儲押之用

（2）社員生產品之加工運銷事宜由倉庫運用組織力量統籌辦理之

三、改進農業生產技術

（1）興辦水利

（2）購置適於共同利用之新式農具灌溉機及力畜等以租賃方式供社員使用

（3）改進農家副業促進其生產組織化與產品標準化

（4）實施家畜保育移事鑒良品種之培養與推廣

（5）其他有關農業改進業務

第二十九條　本社各部業務細則另訂之

第六章　結算

第三十條　本社以國歷一月一日至十二月三十一日為一業務年度理事會應於年度終了時造成業務報告書資產負債表損益計算書財產目錄及盈餘分配案至少於社員大會開會前十日送經監事會審核後連同監事會查帳報告書報告社員大會

第三十一條　本社年終結算除社田地租部份另有規定外其他業務部份有盈餘時除彌補累積損失及付股息至少一分外其餘數應平分為一百分按照下列規定辦理之

一、以百分之十作公積金由社員大會指定機關存備生息

二、以百分之十作公益金由社務會決議作為發展本社區內公益事業之用

三、以百分之五作理事及助理員之酬勞金其分配辦法由理事會決定之

四、以百分之七十五作社員分配金按社員對合作社之交易額比例分配之

第七章　解散及清算

第三十二條　本社解散時清算人由社員大會就社員中選充之

第三十三條　前項清算人應按合作社法之規定清理本社債權及債務

本社清算後有虧損時以公積金股金順次抵補之如再不足由各社員按照第二條之規定負其責任由清算人擬定分配案提交社員大會決定之

第八章　附則

第三十四條　本章程未盡事宜悉依合作社法合作社法施行細則及有關法令之規定

第三十五條　本章程經社員大會通過呈准主管機關登記後施行

璧山县丁家乡千家丘农业生产合作社一九四九年度业务计划　9-1-220（102）

璧山县丁家乡千家丘农业生产合作社三十八年度业务计划

自卅八年四月一日起
至卅八年十二月卅一日止

（一）业务部门	（二）业务科目	（三）办法	（四）预定进度	（五）预定需款总额及运款办法	（六）审核意见
一、稳定耕地使用权及创置社田	一、保障业佃权益 二、创置社田 三、实施耕地整理	一、由合作社负责保障业主应定地租并依法保障佃农不再有被撤佃换佃情事。 二、由合作社控制耕地转移，凡本社业务区域内有土地出售时由合作社向农业金融机关贷借资金承买作为合作社公有基金办理社员区内公益事业。 三、依地土肥瘠人口密度为比例配画之以促进社员之平均开展	本年度暂以完成调查与设计为工作中心，待业务展开环境之开展另案专办	另为专案呈报。	
二、建立社仓		一、由合作社设置现代化仓库供社员生产品之存储及抵押之用。 二、社员生产品之加工运销可宜由仓库运用组织力量统筹办理之。	同右	同右	
三、改进农业生产技术	一、兴办水利	一、整塘于杨家老院子、千家丘、河堆坝等三处 二、购买抽水机、举办高地灌溉	同右	同右	
	二、引用并推广新式农具		同右	同右	
	三、改进农家副业	一、饲养约克纯种公猪及隆昌母猪由社饲养并大量繁殖 二、以第一代杂交猪普遍推广[illegible]	繁殖饲养种猪大量繁殖推广	同右	

璧山县丁家乡千家丘农业生产合作社一九四九年度业务计划　9-1-220（102）

	畜保育	二、家畜疾病之合理医治 三、一般家畜之合理飼養	[illegible]	同右	
四、倡導農產品加工製造	一、小型澱粉加工製造工業	一、舉辦粉房及麵房以提高產品價值并利用其副產品以配合猪隻飼養所需飼料之供應與發展 二、利用新式方法作生產技術上之改進	預定本年度完全	同右	
	二、釀造加工工業	一、改良釀酒製造方法增加生產并利用其副產品作飼料以配合猪隻之推廣 二、利用新式方法試辦其他釀造加工工業	同右	同右	
五、飼養淡水魚		一、稻田養鯉魚暫作示範辦理由表証農家試辦俟有成效果及足夠之魚種时再予普遍推廣 二、池塘養草魚以其收益作社區公益事業之用	同右	同右	
六、充實畜力		由社飼養耕牛若干头低價貸給缺乏畜力之社員以佐其合理生產	同右	同右	
七、農業病虫害之防治		一、病虫害防治藥物之籌措及推廣 二、施用藥物器械之推廣	同右	同右	

璧山县中兴乡大字号农业生产合作社一九四九年度业务计划 9-1-198（172）

153

保証責任璧山中興鄉大字號農業生產合作社

卅八年度業務計劃

自卅八年十月十五日起
至卅八年十二月卅一日止

（一）業務部門	（二）業務科目	（三）辦法	（四）預定進度	（五）預定需款額及還款辦法	（六）審核意見
改進農業生產技術	購置耕牛	申請貸款購買耕牛，由本社以租賃方式供社員使用	在兩月內購進耕牛兩頭	約需黄谷七十石，由全體社員分期歸還	
	飼養仔豬	申請貸款購買仔豬及本地仔豬提供社員使用	在兩月內按社員之需要分批購入	約需銀元[illegible]元，由全體社員分期歸還	
	文化有關農業改進業務	臨時設定之	臨時決定	臨時決定	

璧山县中兴乡大字号农业生产合作社一九四九年度业务计划　9-1-198（173）

154

社 卅八年度業務計劃

自卅八年十月十五日起
至卅八年十二月卅一日止

(一)業務部門	(二)業務科目	(三)辦法	(四)預定進度	(五)預定需款總額及還款辦法	(六)審核意見
改進農業生產技術	購置	由社申請貸款購置耕牛，以租佃方式供社員使用	在兩月內購置耕牛拾頭	約需黃谷七十石，由受益社員分期歸還	
	飼養	由社申請貸款購買榮昌種猪，以本地猪繁殖種猪，供社員使用	在兩月內按社員之需要分批領入	約需銀元壹百五十元，由受益社員定期歸還	
	改進農業合作中國化業務	臨時設定之	臨時決定	臨時決定	

璧山县城北乡杨家祠农业生产合作社一九四九年度业务计划　9-1-209（10）

8

保證責任璧山縣城北鄉楊家祠農業生產合作社　三十八年度業務計劃

自三十八年[illegible]月[illegible]日
至三十九年五月底日止

（一）業務部門	（二）業務科目	（三）辦法	（四）預定進度	（五）預定需款總額及還款辦法	（六）審核意見
農業生產	1.建立社倉	1.由合作社設置現代化倉庫供社員生產品之儲存及儲佃之用 2.社員生產品之加工運銷事宜由倉庫運用組織力量統籌辦理之	(1)本社社員共三百二十五人擬貸款購猪三百二十一隻供各社員分养	需總數金額依農行法令由理事主席負責人還清	
	2.改進農業生產技術	1.興辦水利 2.購置適於共同利用之新式農具灌溉及力量畜等以租賃方式共社員使用	(2)本社社區耕牛甚少擬貸款購牛四十隻以供社員促進耕種	本社社員三百二十五人擬請購猪三百二十五隻每隻五十	
		3.改進農家副業促進其生產組織化與農業標準化 4.實施家畜保育從事優良品種之培養與推廣		斤計算每斤一千二百元共需一千九百二十六萬元正	
		5.其他農業改進業務		又擬購牛四十隻每牛三十六萬元共需一千四百四十	
	3.穩定耕地使用權及[illegible]	1.保障佃權益凡本業務區域內社員佃耕之土地應將佃約副本交合作社存記有恐[illegible]		萬元正本年擬建社倉一	

璧山县城北乡杨家祠农业生产合作社一九四九年度业务计划　9-1-209（10）

依法保障佃農不再有撤佃換佃情

2 創置社田由合作社控制耕地轉移凡本社業務區域内有土地出售時由合作社佃農業金融機關貸借資金承買或由社員自集資金承買仍分配原社員耕種以其地租分年償还代貸借資金地價還清後社員及按法定租額佃合作社交租作為合作社公有基金辦理社區内教育衛生幼育養老等及其他公共事宜

定由理事主席限期負責收集歸還本社區内純係黃泥瘦地每年擬請肥料貸欵以資救濟農業生産

3、實施耕地整理社有土地自有相當成數時合作社對於社員耕地分配應從新加以整理每一耕地單位應以一個家庭之勞動力量為標準並依土地肥瘦人口多寡為比例配化之以促進社員之平均發展

4 抵押

本社各社員如遇特殊需欵時擬以黃谷山梁交合作社向農民銀行抵押貸欵百分之六十其期間不得超過四個月由理事主席限期負責收集归还本息

璧山县七塘乡中兴街农业生产合作社一九四九年度业务计划 9-1-209（45）

保証責任璧山縣七塘鄉中興街農業生產合作社三十八年度業務計劃

自卅八年五月廿日起至卅八年十二月卅一日止

(一)業務部門	(二)業務科目	(三)辦法	(四)預定進度	(五)預算數額及來源	(六)簽註意見
穩定耕地使用權及創置社田權益	(1)保障業佃權益 安定農村	社员佃約副本交合作社存記，必要时由合作社向業主[illegible]統一承租另換新約，土地及由原承租人耕種，合作社负责查登記事項，保障業主法定地租并保障佃農，禁止撤佃換佃	以二月作開始保障工作		該項業務從事先詳細調查租佃双方情形着工作，[illegible]已開始办理
	(2)創置社田	由合作社控制耕地，凡本社業务区域内有土地出售时由合作社[illegible]	秋後辦理		
	(3)實施耕地整理	社有土地至相当成数时合作社对于社员耕地予配底從新加以整理，每一耕作单位底以一个家庭之劳动力量为標準並依土地肥瘠人口密度为比例配劃之，以促進社员之平均發展	緩办		
建立社倉	(1)設置倉庫	設置現代化倉庫供社员生產品存儲及儲押之用	秋後辦理		
	(2)生產品	社员生產品如有相当數量即由倉庫運用組織[illegible]			

璧山县七塘乡中兴街农业生产合作社一九四九年度业务计划 9-1-209（46）

業生產技術	兴辦水利	[illegible]細計劃由理事会擬定之	於[illegible]一部六月開始三个月完成	需谷五百石[illegible]由受益人分期攤还	至詳细还款辦法俟貸款計劃中擬定
	(2)購置農具	購置適合共同利用之新式農具灌溉抗[illegible]叉犁等以租貸方式供社員使用	先就耕牛及灌溉抗[illegible]两項尽先貸購	貸耕牛十头[illegible]	已会該社理監事開過[illegible]全區耕地面積及耕牛數以為貸款根據
	(3)改進農業副業	農家副業如織布養蠶等由合作社負責加以指導生產組織化產品標準化	緩办		
	(4)实施家畜保育	实驗区有約克[illegible]一代雜交仔豬每社員請貸一头	於六月份開始貸購	自籌部份由社員個人[illegible]貸款部份依照規定分期繳還	一般社員对養豬一項頗為重視尤其对約克[illegible]雜交仔豬極具好感所請每社員貸購一头確属实情

26

保証責任璧山七塘鄉中興街農業生產合作社調查表

調查人姓名：董芳
調查日期：三十八年六月

項目	調查事項	評定標準：一〇〇分至八〇分	八〇分至六〇分	六〇分以下不及格	
1	設立人中堅份子發起組社之動机	為適应特殊需要以發展同儕自力改善生活	[illegible]他人[illegible]成見	借名營私或希圖包持有意妨碍之份子參加合作之發展	78
2	發起人中堅份子之品行	均為品行端正	品行尚佳確不惡	大數品行不佳	78
3	創立前後之比較社員人數有無增減	已增加一倍且在積極進行中	略有增加在積極進行中	並不進行且有把持企圖	70
4	社員入社是否自動	自動者半數以上	自動者三分之二以上	自動者不足三分之一	75
5	理監事有無壟斷把持	辦事公開毫無壟斷	辦事較為壟斷	壟斷營私	
6	社員對合作之認識	半數以上社員明瞭合作意義並切實推誠合作	半數以上社員對合作尚欠明白惟感覺需要	大半不明合作意義祇知自私自利	65
7	認繳股金情形	平均每人一股以上已繳四分之三以上	平均每人一股已繳四分之一	每人平均不足一股已繳不及四分之一	80
8	選舉理監事情形	公開	[illegible]	有舞弊行為	85
9	社員信任理監事否	能	尚能	不能	80
10	社員對所負責任是否明瞭	徹底明瞭	不能徹底明瞭	不明瞭	75
11	組社是否合法	依法組織區域社名業務均甚適合	依法組織區域社名業務不甚適合	有不遵法令營私舞弊情事	80

璧山县七塘乡中兴街农业生产合作社一九四九年度社会调查表　9-1-209（47）

璧山县七塘乡中兴街农业生产合作社一九四九年度社会调查表　9-1-209（47）

15	鄉者同地各項合作社發展	無甚發展	尤有發展	甚發展	
16	作業如何理事是否忠誠足以稱職	是	尚可	不宜或不稱	
17	設備是否完善	事務所佈置整齊設備完善	佈置尚可設備不完全	事務所辦公簡單佈置不佳	
18	社址是否適中	是	尚宜	不宜	70
其他要項	呈准登記手續有無他人從中操縱情事	他人從中操縱情事			
	當地有無其他合作社並說明設立理由	詳列合作社名稱業務區域及登記日期			
	交通情形	距車站碼頭若干里距縣城或大鎮某方向距離能用何種車用費若干			60

總評定		
共查幾項	十四項	
總分數	一〇二八	
平均分數四六以下者為及格	七三·四三	
調查人意見	經調查該社一般情形尚屬良好擬請准予登記	
輔導機關意見	請准予登記	
主管機關意見		
核准日期	年　月　日	
證書號數	字第　號	

璧山县广普乡第十保合作社章程　9-1-210（43）

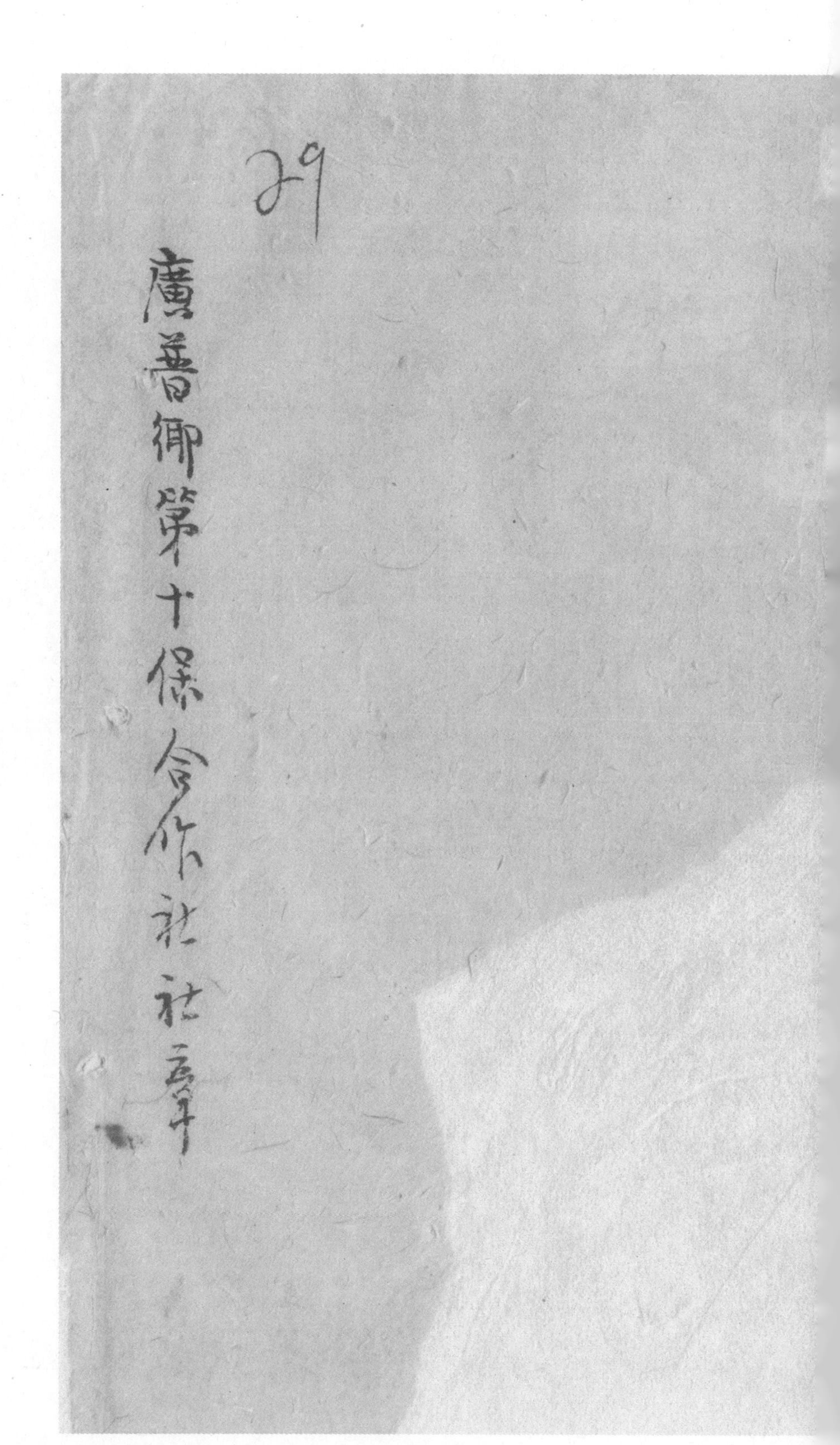

璧山县广普乡第十保合作社章程　9-1-210（48）

30

璧山縣廣普鄉第十保保合作社章程

民國三十八二月二十八日社員大会通过

第一章　總則

第一條　本社定名為璧山縣廣普鄉第拾保保合作社

第二條　本社以扶助社員增加生產便利運銷流通金融調節消費及經營其他適當業務為宗旨。

第三條　本社為保證責任組織各社員之保證金額為其所認股額之四十倍（[illegible]）并以其所認股額及保證金額為限負其責任。

第四條　本社以本鄉第拾保保所轄範圍為業務區域。

第五條　本社社址設于第拾保保内。

合于下列條件之一者得請求入社經理事會同意并报告社員大會。

一居住本保具有公民資格之各户長年滿二十歲而有行為能力者。二户長不合前款規定時得以該户具有公民資格者一人申請入社。（保合作社用）

一般失第七條資格（一）二、死亡（三）除名（四）因遷離業務區自請退社者

第七條　本社社員有左列情事之一者得經社務會出席理監事四分之三以上之決議予以除名以書面通知被除名之社員並报告社員大會。

一不遵照本社章則及社員大會決議屢引其義

璧山县广普乡第十保合作社章程　9-1-210（49）

31

務者。二有妨害本社社業務之行為者。三有犯罪或不名譽之行為者。

第八條　出社社員得于年度終了結算後申請退還其已繳股款前項股款之退還於年度終了結算後決定之。

第九條　出社社員對於出社前本社所負之債務自出社決定之日起經過二年始得解除但本社於該社員出社後六個月內解散時該社員視為未出社。

第十條　本社社股金額每股國幣（金元）　元。（[illegible]）

璧山县广普乡第十保合作社章程　9-1-210（49）

第十一條　社員認購社股分兩期繳納但第一次所繳股款不得少於所認股金總額四分之一餘額繳納日期由社員大會決定之社員以勞力繳納股金者社得以該社員勞力折合現金繳納並得以實物抵充之。

前項社員欠繳之社股金額者社得將其應得之股息及盈餘撥充之。

第三章　組織

（保[illegible]用）

本社最高權力機關為社員大會每年至少開會一次。

璧山县广普乡第十保合作社章程　9-1-210（50）

第十二條　本社設理事会執行本社一切社務，由社员代表/社员大会（保社用）選舉理事七人（至少三人）候補理事二人（至多不得超過理事人數二分之一）組織之，并由理事互推一人為主席，按月举行会議。

前项理事之任期為三年（一年至三年），得連選連任。

第十三條　本社設監事会監督理事会執行社務，由社員代表/社員大会（保社用）選举監事三人（至少三人）候補監事一人（至多不得超過監事人數二分之一）組織之，并由監事互推一人為主席，按月举行会議。

前项監事之任期為一年，得連選連任。

璧山县广普乡第十保合作社章程　9-1-210（50）

第十四條本社設評議會暨理監事及其他職員[illegible]

引職務由社員代表大会（保社員）選舉評議員五人

（由社自定但已選為理監事者不得兼為評議員）組織之任期一年。

第十五條本社設社務会由理監事共同組織之每三個月

開会一次。

第十六條理監事及評議員如有失職違法情事得由

全體社員過半數之同意解除其職权。

第十七條本社設经理（或加副理）文書、司庫、会計各一人

由理事会任用之（司庫会計得規定应受经理之

指揮監督）

璧山县广普乡第十保合作社章程 9-1-210（51）

第十八條 本社因業務之需要得分部經營各部設主任一人助理員見習生若干人由經理提請理事會任用之受經理之督導進行專司之業務（本條規定合作社應視情形自爲斟酌）

第十九條 本社於必要時得設置分社，分社設社長一人由經理提請理事會任用之。

前項分社得設助理員見習生若干人由經理提請理事會任用之。

第二十條 本社於必要時得設各種委員會，委員會委員

第二十一條　理事監事評議員各種委員會委員皆屬義務職，但有必需公務費用時，由理事會之認可支付之，惟理事兼任經理及經理以下其他職員時，得酌支薪給。

第二十二條　（保證代表用）

本社出席鄉（鎮）合作社之代表由理事會提出於社員大會推選之，其任期為一年，但出席鄉（鎮）合作社之代表被選為職員時，以鄉（鎮）合作社規定之任期為任期。

第四章　業務

璧山县广普乡第十保合作社章程　9-1-210（52）

34

第二十三條　本社得設置左列各部，各別办理各項業務。一信用部——办理存款、放款、匯兑、儲押、及代理收付等業務。二供銷部——供給米、煤、雜糧、油、鹽、醬、醋、糖、菜、雜貨、花紗、藥品、布疋、文具、种籽、肥料、農具、家畜、家禽、樹苗、机器等用品，并办理各項產品之倉儲及運銷等業務。三生產部——办理墾殖、造林、畜牧、養魚及各种小工業，如榨油、製醬、釀酒、釀醋、編織、冶鐵、机械、磨麵及一切日常用品之製造等業務。四公用部——办理增進社員福利、改善社員生活之公有設備，以公有人

壁山县广普乡第十保合作社章程　9-1-210（53）

[illegible]等業務。

五、利用部——办理生產上需要之設備以供社員生產上之使用，如電力水力機器設備等。六、其他。

以上各部之設置及其業務得由理事會之議決分別緩急先後办理之。

第二十四條　本社各業務部份為充實其業務資金得設置特种基金由參加特種業務之社員認繳之。

第二十五條　本社各部業務計劃及各項章則由理事會另定之。

璧山县广普乡第十保合作社章程　9-1-210（54）

35

第五章　结算

第二十六條　本社以国曆一月一日至十二月三十一日為一業務年度，年度終了时由理事会造成財產目錄、資產負債表、業務报告、財產損益計算表及盈餘分配案，于社員大会開会前十日送經監事会審核後，連同監事会查賬报告書，报告社員大会。

第二十七條　本社年終結算後，各部有淨盈餘时，应即提充本社總盈餘，除弥補虧損部份損失及付股息、公積金，酬勞金外，其餘數应平均分為一百分，按照下項規定办理。

璧山县广普乡第十保合作社章程　9-1-210（55）

縣合作社联合社亦得由社員大会指定殷实銀行存儲或以妥善方法運用生息，分積金除弥補損失外，不得動用。二、以百分之十作公益金，由社務会決議作為發展本社業務區域内合作教育及其他公益事業之用。三、以百分之十作经副理各部主任及事務員等之酬劳金，其分配办法由理事会定之。四、以百分之六十作社員分配金。

前項第四款之社員分配，先依有贏餘各部淨

璧山县广普乡第十保合作社章程　9-1-210（56）

36

贏餘多寡比例攤還後再依由各該部各社員對該部之交易額比例分配之。

第六章　解散

第二十八條　本社解散時清算人由社員大會就社員中選充之。

前項清算人应按照合作社法規定清理本社債權及債務。

第二十九條　本社清算後有虧損時以公積金股金順次抵補之，如再不足由各社社員按照第三條之規定負責任，[illegible]

璧山县广普乡第十保合作社章程　9-1-210（57）

案，交社员大会决定之。

第七章　附则

第三十条　本章程未尽事项，悉依合作社法施行细则及有关法令之规定。

第三十一条　本章程经社员大会通过呈准主管机关登记后施行。

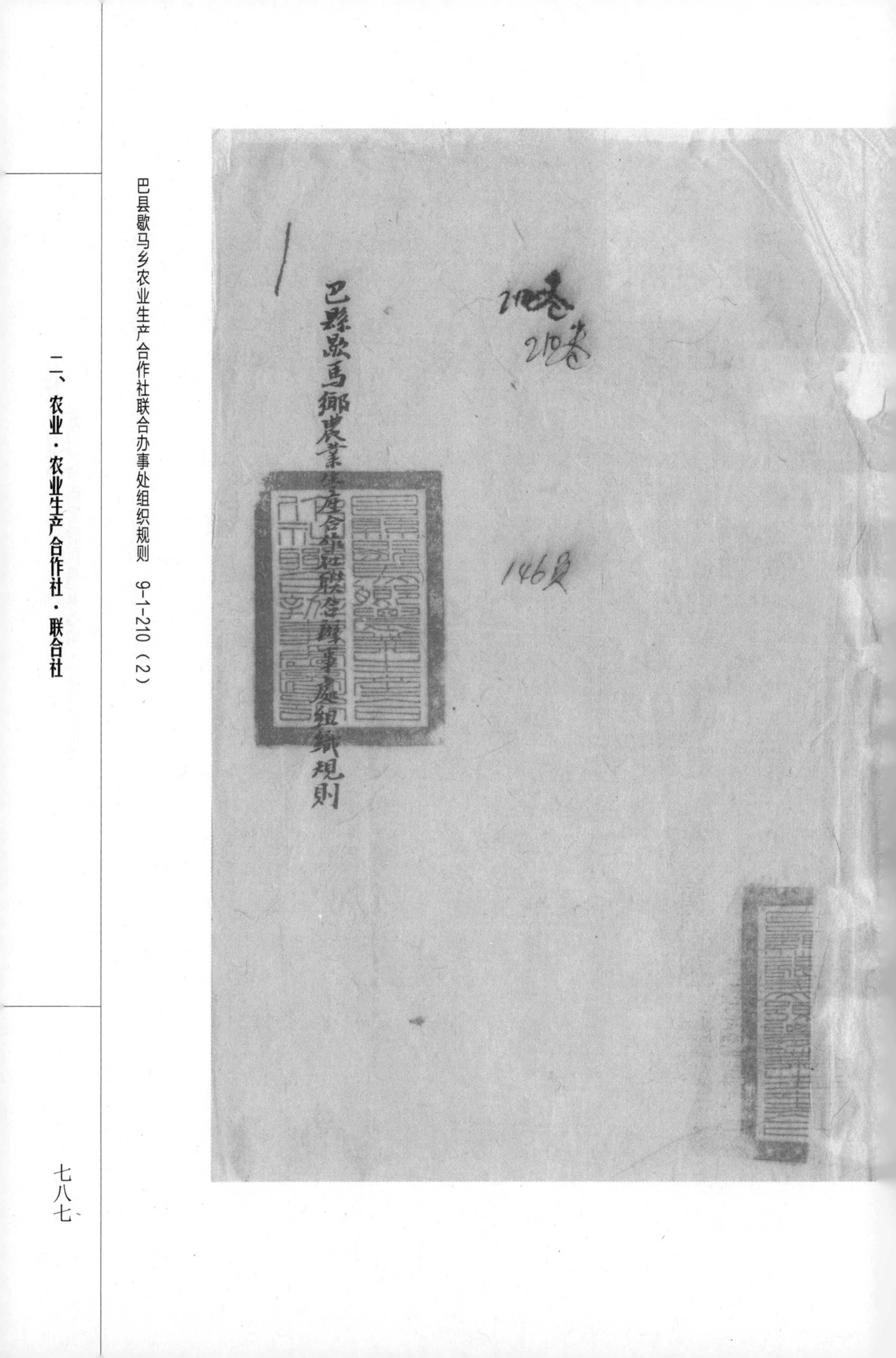

巴县歇马乡农业生产合作社联合办事处组织规则　9-1-210（2）

巴縣歇馬鄉農業生產合作社聯合辦事處組織規則

210卷

210卷

146页

巴县歇马乡农业生产合作社联合办事处组织规则　9-1-210（3）

2

巴縣農業生產合作社歇馬鄉（鎮）聯合辦事處組織規則

一、本處定名為巴縣歇馬鄉（鎮）農業生產合作社聯合辦事處（以下簡稱本處）

二、本處以促成所在鄉（鎮）區域內農業生產合作社之聯合組織發展共同業務為宗旨

三、本處以歇馬鄉（鎮）所轄之全部之社員社之業務區域為區域

四、本處設歇馬鄉（鎮）中街門牌86號

五、本處設社員社代表大會理事會監事會及理監席聯席會議

六、本處由社員社各選代表一人組織代表大會

七、理事會由理事五人組織之監事會由監事三人組織之均由社員社代表大會就代表中推選之理事會監事會並各設主席一人由理監事分別推選之

巴县歇马乡农业生产合作社联合办事处组织规则 9-1-210（4）

八、社員社代表大會之職權如左：

(一)選舉及罷免理監事

(二)審核並接受社業務及會計報告

(三)通過預算決算及業務計劃

(四)處理社員社及理監事之提議事項

九、理事會之職權如左：

(一)擬訂業務計劃

(二)促進各社社務業務之發展

(三)執行代表大會之決議事項

(四)聘任職員

(五)處理社員社所提出之問題

十、監事會之職權如左：

(一)監查財產狀況

(二)監查業務執行狀況

十一、本處因業務之需要得分部營業設經理一人採責任經理制負責經營業務處理事務會計一人事務員一

巴县歇马乡农业生产合作社联合办事处组织规则　9-1-210（5）

至三人均由理事會主席提請理事會任用之

十二、社員社代表大會分常會及臨時會兩種常會於每一業務年度終了後三個月召集之臨時會由理事主席隨時召集之

十三、理事會及監事會每月召集一次由各該會主席召集之

十四、理監事聯席會議每三個月召集一次由理事主席召集之其開會時之主席由理監事互推之

十五、本處所需資金由所屬各社籌集之每股定為銀元五元一次繳足

十六、本處向外借款時各社員社負連帶償還責任

十七、本處業務如左：

(一)農產加工　收集各社之農產品辦理加工業務（如釀造麵粉榨油碾米屠宰等項

(二)供給消費業務　供給各社優良籽種肥料農具機器種畜家畜食鹽及其他日用必需品等項

巴县歇马乡农业生产合作社联合办事处组织规则 9-1-210（6）

(四)公[illegible]
室理髮及醫藥衛生與教育文化等項
(五)保險業務 辦理各社社員產物及耕牛豬隻保險
及再保險與防疫等項
以上各項設備及業務由理監事聯席會斟酌緩急分
別先後辦理之
十八、本處以國曆一月一日至十二月三十一日為業務年
度應於年度終了時造成業務報告書資產負債表損
益計算書財產目錄及盈餘分配案經監事會審查後
連同審查報告書一併報告社員社代表大會
十九、本處結算後如有盈餘除彌補虧損及結付各社股金
利息至多年利一分外其餘分為一百分按左列標準
分配之
(一)以百分之廿為公積金
(二)以百分之十為公益金

巴县歇马乡农业生产合作社联合办事处组织规则 9-1-210（7）

4

（三）以百分之十為職員酬勞金
（四）以百分之十為社員社增加股款獎勵金
（五）以百分之五十為社員分配金依交易額多寡比例分配之
廿、本處存立期間暫定三年期滿或縣聯社成立時應依縣聯社之規定改組為縣聯社辦事處或依代表大會之決定解散之
廿一、本規則未盡事宜悉依合作社法及同法施行細則及有關法令之規定
廿二、本規則經代表大會通過後施行

中華平民教育促進會華西實驗區總辦事處（通知）（正）本

事由：為檢發組織聯合辦事處注意要點及組織規則希查照辦理由

受文者：璧山縣第三輔導區辦事處

附件：如文

三十八年七月十一日

案合字第七一三號

查本處各輔導區自輔導合作事業以來各鄉（鎮）農業合作社組織業務已普遍展開茲為適應事實需要及實驗構成經濟體系並促成各鄉（鎮）區域內農業合作社之聯合組織起見前於本處之作檢討會時曾決議各鄉（鎮）農業合作社成立聯合辦事處記錄在卷規組織聯合辦事處注意要點及聯合辦事處組織規則業經擬就茲隨文附發組織要點二份組織規則六份希查照指導各社進行組織為盼

主任 孫則讓

（三）第二個小（）內係寫「正」本或「副」本

（二）第一個大（）內係寫文別如「通知」「報告」「代電」等

华西实验区总办事处为检发组织联合办事处注意要点及组织规则致璧山第三辅导区的通知（附：组织农业生产合作社联合办事处注意要点、县农业生产合作社乡［镇］联合办事处组织规则） 9-1-191（36）

华西实验区总办事处为检发组织联合办事处注意要点及组织规则致璧山第三辅导区的通知（附：组织农业生产合作社联合办事处注意要点、县农业生产合作社乡［镇］联合办事处组织规则） 9-1-191（37）

33

縣農業生產合作社 鄉(鎮)聯合辦事處組織規則

一、本處定名為 縣 鄉(鎮)農業生產合作社聯合辦事處(以下簡稱本處)

二、本處以促成所在鄉(鎮)區域內農業生產合作社之聯合組織發展共同業務為宗旨

三、本處以 鄉(鎮)所轄之全部之社員社之業務區域為區域

四、本處設 鄉(鎮) 街門牌 號

五、本處設社員社代表大會理事會監事會及理監席聯席會議

六、本處由社員社各選代表一人組織代表大會

七、理事會由理事五人組織之監事會由監事三人組織之均由社員社代表大會就代表中推選之理事會監事會並各設主席一人由理監會互選之

华西实验区总办事处为检发组织联合办事处注意要点及组织规则致璧山第三辅导区的通知（附：组织农业生产合作社联合办事处注意要点、县农业生产合作社乡［镇］联合办事处组织规则） 9-1-191（38）

八、社員[illegible]

（一）選舉及罷免理監事

（二）審核並接受社業務及會計報告

（三）通過預算決算及業務計劃

（四）處理社員社及理監事之提議事項

九、理事會之職權如左：

（一）擬訂業務計劃

（二）促進各社社務業務之發展

（三）執行代表大會之決議事項

（四）聘任職員

（五）處理社員社所提出之問題

十、監事會之職權如左：

（一）監查財產狀況

（二）監查業務執行狀況

十一、本處因業務之需要得分部營業設經理一人採責任經理制負責經營業務處理事務，會計一人事務員一

华西实验区总办事处为检发组织联合办事处注意要点及组织规则致璧山第三辅导区的通知（附：组织农业生产合作社联合办事处注意要点、县农业生产合作社乡［镇］联合办事处组织规则） 9-1-191（39）

34

至三人均由理事會主席提請理事會任用之

十二、社員社代表大會分常會及臨時會兩種常會於每一業務年度終了後三個月召集之臨時會由理事主席隨時召集之

十三、理事會及監事會每月召集一次由各該會主席召集之（評議會每半月召集一次均）

十四、理監事聯席會議每三個月召集一次由理事主席召集之其開會時之主席由理監事互推之

十五、本處所需資金由所屬各社籌集之每股定為銀元五元一次繳足

十六、本處向外借款時各社員社負連帶償還責任

十七、本處業務如左：

（一）農產加工　收集各社之農產品辦理加工業務如釀造麪粉榨油碾米屠宰等項

（二）供給消費業務　供給各社優良籽種肥料農具機器種畜家畜食鹽及其他日用必需品等項

（三）會諸運銷業務　[illegible]

室理髮及醫藥衛生與教育文化等項

(五)保險業務　辦理各社社員產物及耕牛豬隻保險及再保險與防疫等項

以上各項設備及業務由理監事聯席會斟酌緩急分別先後辦理之

十八.本處以國曆一月一日至十二月三十一日為業務年度應於年度終了時造成業務報告書資產負債表損益計算書財產目錄及盈餘分配案經監事會審查後連同審查報告書一併報告社員社代表大會

十九.本處結算後如有盈餘除彌補虧損及結付各社股金利息至多年利一分外其餘分為一百分按左列標準分配之

(一)以百分之卅為公積金

(二)以百分之十為公益金

华西实验区总办事处为检发组织联合办事处注意要点及组织规则致璧山第三辅导区的通知（附：组织农业生产合作社联合办事处注意要点、县农业生产合作社乡［镇］联合办事处组织规则）　9-1-191（40）

华西实验区总办事处为检发组织联合办事处注意要点及组织规则致璧山第三辅导区的通知（附：组织农业生产合作社联合办事处注意要点、县农业生产合作社乡［镇］联合办事处组织规则） 9-1-191（41）

35

（三）以百分之十为职员酬劳金
（四）以百分之十为社员社增加股款奖励金
（五）以百分之五十为社员分配金依交易额多寡比例分配之
卅、本处存立期间暂定三年期满或县联社成立时应依县联社之规定改组为县联社办事处或依代表大会之决定解散之
卅一、本规则未尽事宜悉依合作社法及同法施行细则及有关法令之规定
卅二、本规则经代表大会通过后施行

华西实验区总办事处为检发组织联合办事处注意要点及组织规则致璧山第三辅导区的通知（附：组织农业生产合作社联合办事处注意要点、县农业生产合作社乡〔镇〕联合办事处组织规则） 9-1-191（42）

組織農業生產合作社聯合辦事處注意要點

一、為適應事實需要及實驗構成經濟體系，先於巴縣一二兩區及璧山各區各選一適當鄉(鎮)試辦農業生產合作社聯合辦事處(以下簡稱本處)，待有成效再行逐漸推廣。

二、本處之組織依合作社之組織程序辦理。

三、本處在試辦期間為節省開支，聘請人員以酌給津貼之義務職為原則。

四、本處舉辦業務詳組織規則，但在試辦期間，以各農業合作社最需要者先行辦理，逐漸增加。

導區辦事處除抽存一份外以三份轉送總辦事處分別存轉備案。

六、本處組織成立後應刊刻圖記條戳各一顆，圖記長六公分八厘，寬四公分八厘，邊闊三厘，四刻陽文篆書体。條戳長一〇〇公厘，寬二〇公厘，刻扁体宋字。

七、本處如經營業務需要向外借款時應依照合作社借款手續填具借款申請書、業務計劃各四份呈送輔導區辦事處審核簽註具體意見抽存一份外以三份轉送總辦事處核貸，必要時派員複查再行貸放

华西实验区总办事处为检发组织联合办事处注意要点及组织规则致璧山第三辅导区的通知（附：组织农业生产合作社联合办事处注意要点、县农业生产合作社乡［镇］联合办事处组织规则） 9-1-191（43）

华西实验区办事处、璧山县政府为函送组织农业生产合作社联合办事处注意要点及组织规则事宜的公文（附：农业生产合作社联合办事处注意要点及规则） 9-1-91【1】（19）

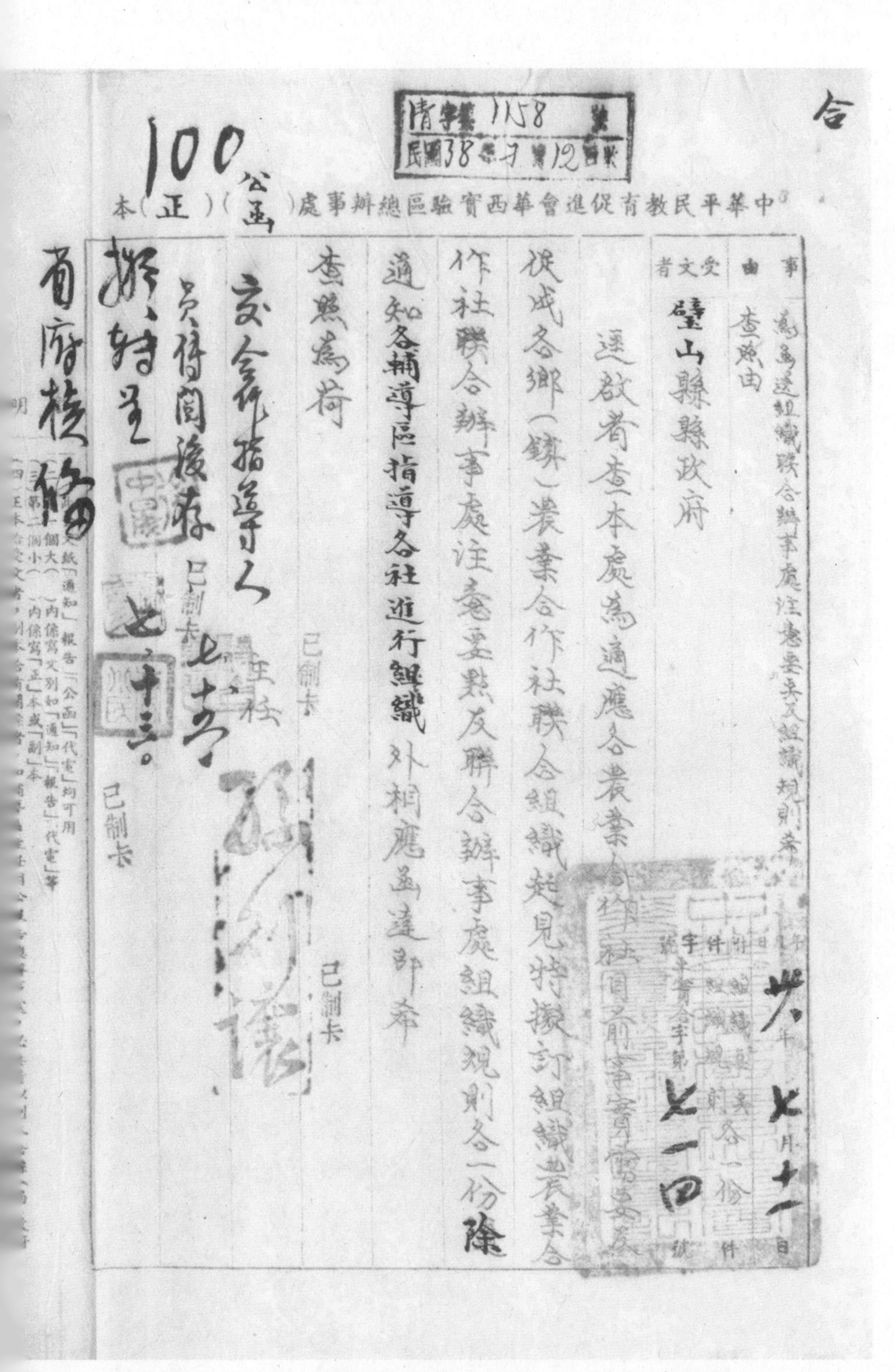

合

中華平民教育促進會華西實驗區總辦事處（ ）（公函）（正）本

事由：為函送組織聯合辦事處注意要點及組織規則希查照由

受文者：璧山縣政府

逕啟者：查本處為適應各農業合作社聯合組織起見，特擬訂組織農業合作社聯合辦事處注意要點及聯合辦事處組織規則各一份，除通知各輔導區指導各社進行組織外，相應函達即希查照為荷。

卅八年七月十一日

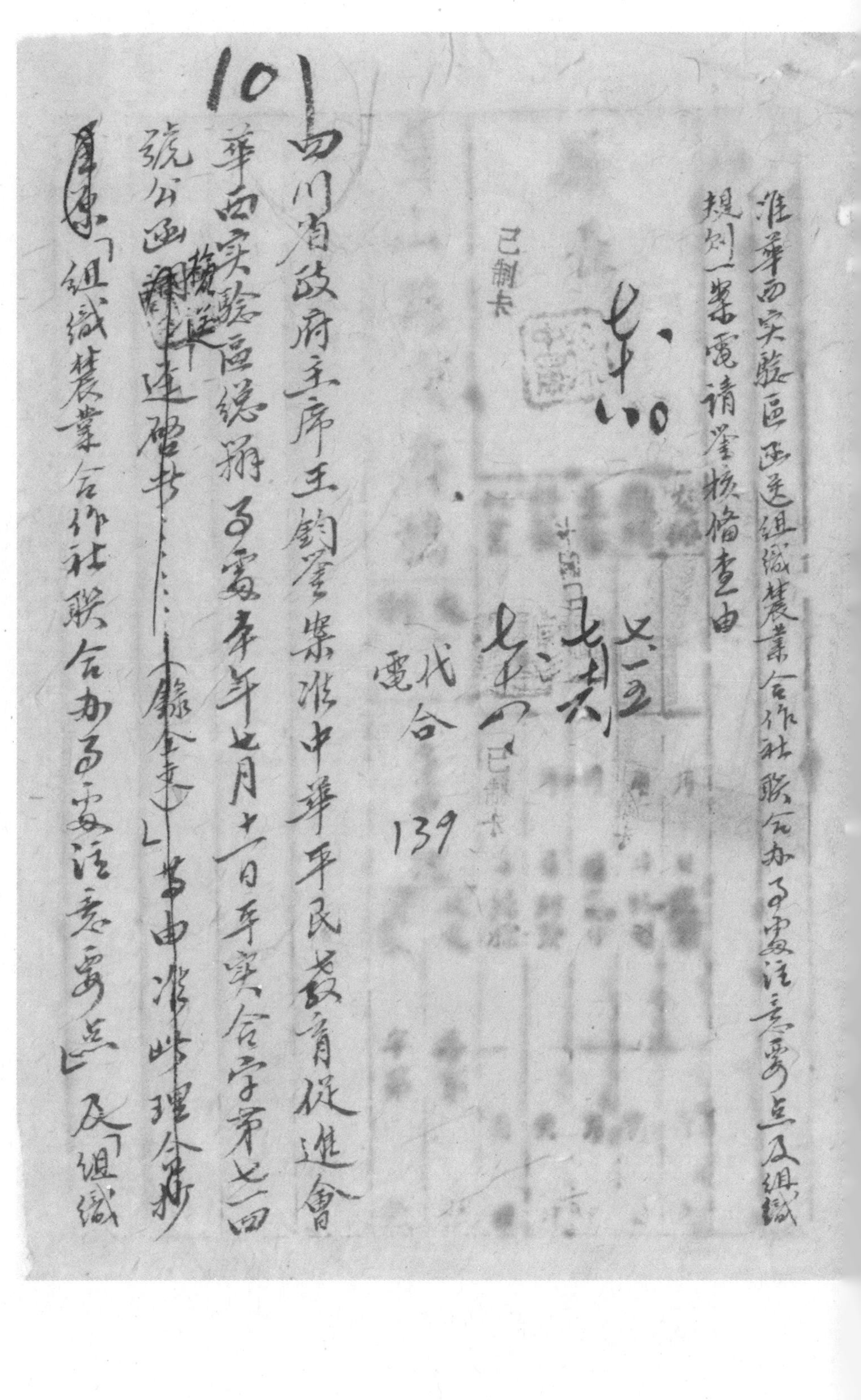

准華西实驗區函送組織農業合作社聯合办事处注意要点及組織規則一案電請鑒核備查由

已制卡

四川省政府主席王鈞鑒：案准中華平民教育促進會華西实驗區總辦事处本年七月十一日華实合字第七一四號公函（錄全文）等由，准此，理合抄原「組織農業合作社聯合办事处注意要点」及「組織

代電

合

139

华西实验区办事处、璧山县政府为函送组织农业生产合作社联合办事处注意要点及组织规则事宜的公文（附：农业生产合作社联合办事处注意要点及规则） 9-1-91【1】（20）

华西实验区办事处、璧山县政府为函送组织农业生产合作社联合办事处注意要点及组织规则事宜的公文（附：农业生产合作社联合办事处注意要点及规则） 9-1-91【1】（21）

102

嘱予查照通饬遵照，核尚属需要，理合抄录原件规则各一份，电请鉴核备查。璧山县长徐中齐叩

午铣印

附组织农业合作社联合办事处注意要点及组织规则各一份

已制卡

华西实验区办事处、璧山县政府为函送组织农业生产合作社联合办事处注意要点及组织规则事宜的公文（附：农业生产合作社联合办事处注意要点及规则） 9-1-91【1】（16）

组織農業生產合作社聯合辦事處注意要點

一、為適應事實需要及實驗構成經濟體系先於巴縣一二兩區及璧山各區各選一適當鄉(鎮)試辦農業生產合作社聯合辦事處(以下簡稱本處)待有成效再行逐漸推廣

二、本處之組織依合作社之組織程序辦理

三、本處在試辦期間為節省開支聘請人員以酌給津貼之義務職為原則

四、本處舉辦業務詳組織規則但在試辦期間以各農業

华西实验区办事处、璧山县政府为函送组织农业生产合作社联合办事处注意要点及组织规则事宜的公文（附：农业生产合作社联合办事处注意要点及规则） 9-1-91【1】（16）

紀錄職員名册業務計畫職員印鑑紙各四份呈送輔
導區辦事處除抽存一份外以三份轉送總辦事處分
別存轉備案

六、本處組織成立後應刊刻圖記條戳各一顆圖記長六
公分八厘寬四公分八厘邊闊三厘四刻陽文篆書体
條戳長一〇〇公厘寬二〇公厘刻扁体宋字

七、本處如經營業務需要向外借款時應依照合作社借
款手續填具借款申請書業務計劃各四份呈送輔導
區辦事處審核簽註具體意見抽存一份外以三份轉
送總辦事處核貸必要時派員複查再行貸放

华西实验区办事处、璧山县政府为函送组织农业生产合作社联合办事处注意要点及组织规则事宜的公文（附：农业生产合作社联合办事处注意要点及规则）　9-1-91【1】（17）

98

縣農業生產合作社　　鄉(鎮)聯合辦事處組織規則

一、本處定名為　　縣　　鄉(鎮)農業生產合作社聯合辦事處(以下簡稱本處)

二、本處以促成所在鄉(鎮)區域內農業生產合作社之聯合組織發展共同業務為宗旨

三、本處以　　鄉(鎮)所轄之全部之社員社之業務區域為區域

四、本處設　　鄉(鎮)　　街門牌　　號

五、本處設社員社代表大會理事會監事會及理監席聯席會議

六、本處由社員社各選代表一人組織代表大會

七、理事會由理事五人組織之監事會由監事三人組織之均由社員社代表大會就代表中推選之理事會監事會並各設主席一人由理監事分別推選之

八、社員社代表大會之職權如左：

（一）選舉及罷免理監事

（二）審核並接受社業務及會計報告

（三）通過預算決算及業務計劃

（四）處理社員社及理監事之提議事項

九、理事會之職權如左：

（一）擬訂業務計劃

（二）促進各社社務業務之發展

（三）執行代表大會之決議事項

（四）聘任職員

（五）處理社員社所提出之問題

十、監事會之職權如左：

（一）監查財產狀況

（二）監查業務執行狀況

十一、本處因業務之需要得分部營業設經理一人採責任

經理制負責經營業務處理事務會計一人事務員一

华西实验区办事处、璧山县政府为函送组织农业生产合作社联合办事处注意要点及组织规则事宜的公文（附：农业生产合作社联合办事处注意要点及规则）　9-1-91【1】（18）

99

至三人均由理事會出席推請理事會任用之

十二、社員社代表大會分常會及臨時會兩種常會於每一業務年度終了後三個月召集之臨時會由理事主席隨時召集之

十三、理事會及監事會每月召集一次由各該會主席召集之

十四、理監事聯席會議每三個月召集一次由理事主席召集之其開會時之主席由理監事互推之

十五、本處所需資金由所屬各社籌集之每股定為銀元五元一次繳足

十六、本處向外借款時各社員社負連帶償還責任

十七、本處業務如左：

(1)農產加工　收集各社之農產品辦理加工業務如釀造、製粉、榨油、碾米、屠宰等項

(2)供給消費業務　供給各社優良籽種、肥料、農具、機

及運銷等項

(四)公用業務 為增進各社社員福利得附設茶舘浴室理髮及醫藥衛生與教育文化等項

(五)保險業務 辦理各社社員產物及耕牛豬隻保險及再保險與防疫等項

以上各項設備及業務由理監事聯席會斟酌緩急分別先後辦理之

十八、本處以國曆一月一日至十二月三十一日為業務年度應於年度終了時造成業務報告書資產負債表損益計算書財產目錄及盈餘分配案經監事會審查後連同審查報告書一併報告社員社代表大會

十九、本處結算後如有盈餘除彌補虧損及給付各社股金利息至多年利一分外，其餘分為一百分按左列標準分配之

(一)以百分之廿為公積金

(二)以百分之十為公益金

华西实验区办事处、璧山县政府为函送组织农业生产合作社联合办事处注意要点及组织规则事宜的公文（附：农业生产合作社联合办事处注意要点及规则） 9-1-91【1】（15）

96

（三）以百分之十為職員酬勞金

（四）以百分之十為社員社增加股款獎勵金

（五）以百分之五十為社員分配金依交易額多寡比例分配之

卅、本處存立期間暫定三年期滿或縣聯社成立時應依縣聯社之規定改組為縣聯社辦事處或依代表大會之決定解散之

卅一、本規則未盡事宜悉依合作社法及同法施行細則及有關法令之規定

卅二、本規則經代表大會通過後施行

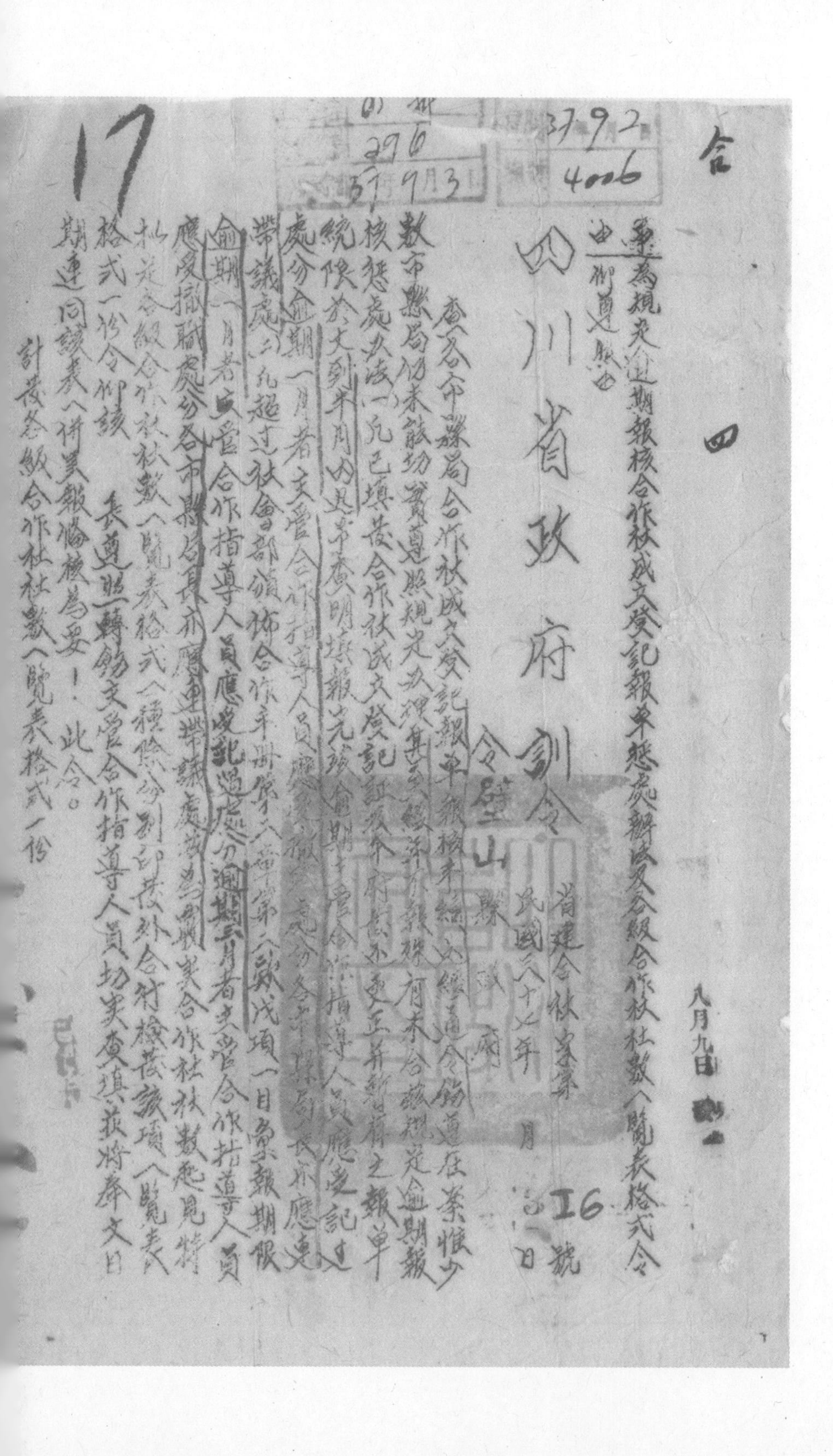

合

四

事由：為規定逾期報核合作社成立登記報單懲處辦法及各級合作社社數一覽表格式令仰遵照由

四川省政府訓令

省建合秋字第16號

民國三十七年 八月 三日

令璧山縣

查各市縣局合作社成立登記報單報核[illegible]
數市縣局仍未能切實遵照規定辦理[illegible]有未合規定逾期報
核懲處辦法：一、凡已填發合作社成立登記証[illegible]之報單
統限於文到半月內[illegible]
處分，逾期一月者，主管合作指導人員[illegible]市縣局長亦應連
帶議處。二、凡超過社會部頒佈合作[illegible]一日呈報期限
逾期一月者主管合作指導人員應受記過處分，逾期[illegible]
應受撤職處分，各市縣局長亦應連帶議處[illegible]
擬定各級合作社社數一覽表格式，[illegible]一覽表
格式一份，令仰該 縣長遵照轉飭主管合作指導人員切實查填，按
期連同該表[illegible]為要！此令。

計發各級合作社社數一覽表格式一份

四川省政府为惩处逾期呈报合作社成立登记表相关事宜、知照各县市局组织及登记注意事项致璧山县政府的训令 9-1-104（28）

呈驗手續奉文日期

及合作社數一覽表一件

呈報

縣(市)(局)新制各級合作社社數一覽表

填報日期37年9月 日

社別	縣合作社聯合社	鄉鎮社	保社	專營社	專營社聯合社
現有社數	1	13	57	18	1
已填報成立登記報單社數	1	13	57	18	0
未填報成立登記報單社數	0	0	0	0	1

縣長　科長主任　填表員

四川省政府为惩处逾期呈报合作社成立登记表相关事宜、知照各县市局组织及登记注意事项致璧山县政府的训令　9-1-104（28）

四川省政府为检发各县市局组织及登记注意事项致璧山县政府训令　9-1-104（63）

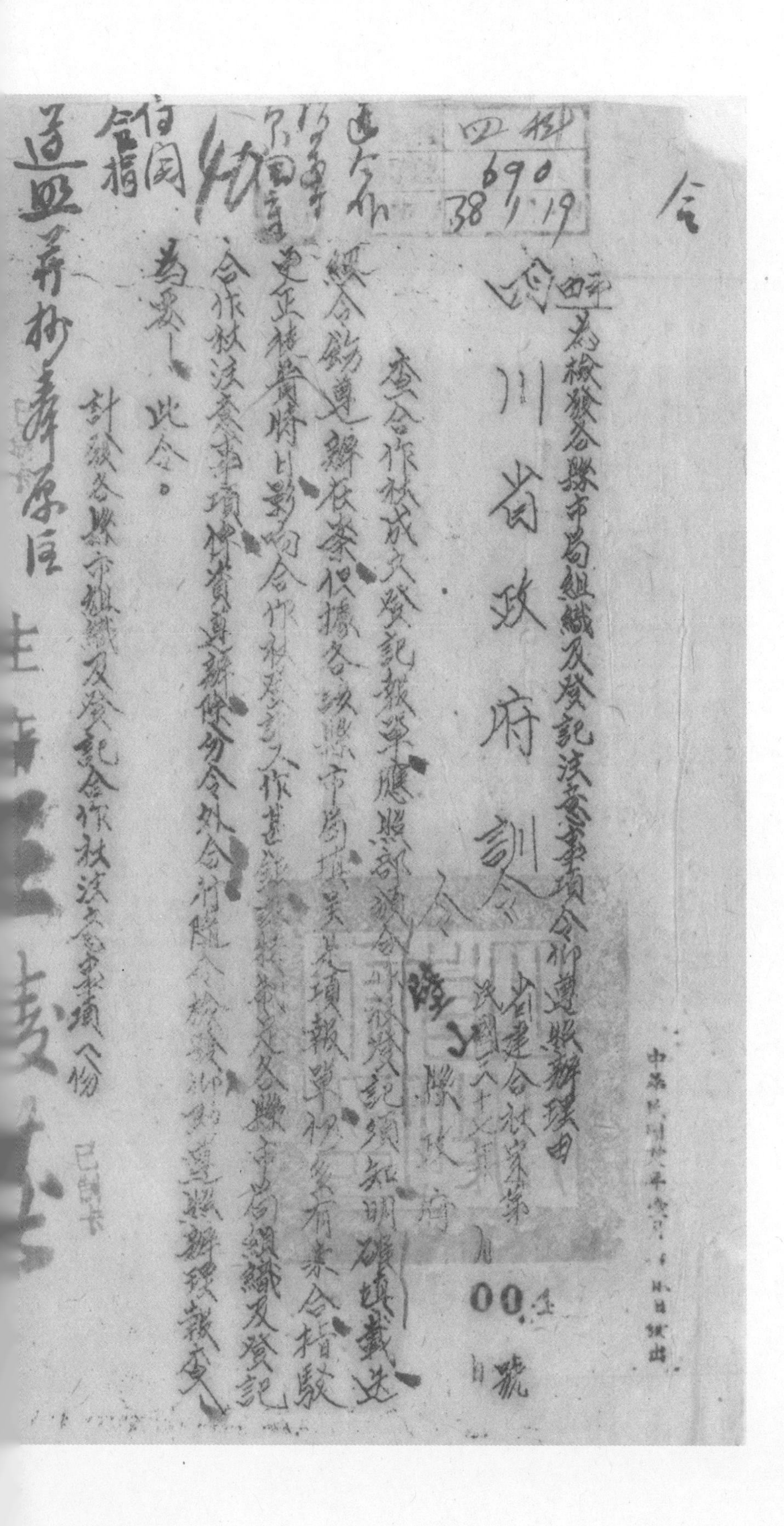
令

四川省政府訓令

事由　為檢發各縣市局組織及登記注意事項令仰遵照辦理由

查合作社成立登記報單應照部頒合作社登記須知明確填載送
經合飭遵辦在案，據各該縣市局填具各項報單仍多有未合，核駁
更正，時有影響合作社業務之進展，茲將各縣市局組織及登記
合作社注意事項，除分令外，合行檢發，令仰遵照辦理
為要。此令。

計發各縣市組織及登記合作社注意事項一份

中華民國卅八年　月　日發出

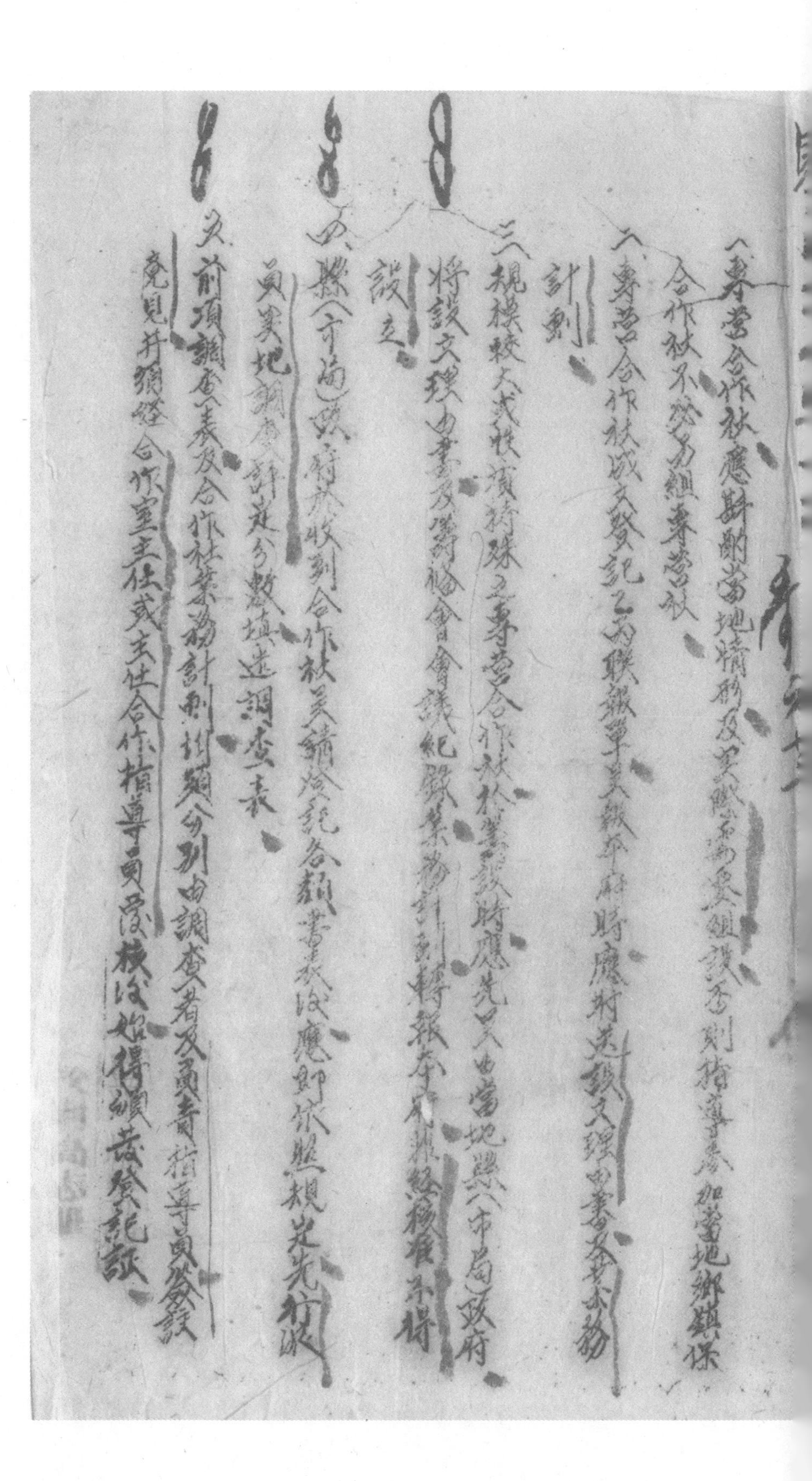
一、專營合作社應斟酌當地情形及實際需要組設否則指導參加當地鄉鎮保
合作社不必另組專營社
二、專營合作社成立登記之前縣級單位呈報本府時應附送設立理由書及業務
計劃
三、規模較大或性質特殊之專營合作社於籌設時應先由當地縣（市局）政府
將設立理由書及籌備會會議紀錄業務計劃轉報本府核准未經核准不得
設立
四、縣（市局）政府於收到合作社各類登記書表後應即依照規定先行派
員實地調查詳述分數填造調查表
五、前項調查表及合作社業務計劃書類分別由調查者及負責指導員簽註
意見並須經合作室主任或主任合作指導員覆核後始得核發登記證

四川省政府为检发各县市局组织及登记注意事项致璧山县政府训令　9-1-104（63）

璧山县城南乡第十二保乡民代表为申请成立合作社事宜呈华西实验区办事处函　9-1-149（89）

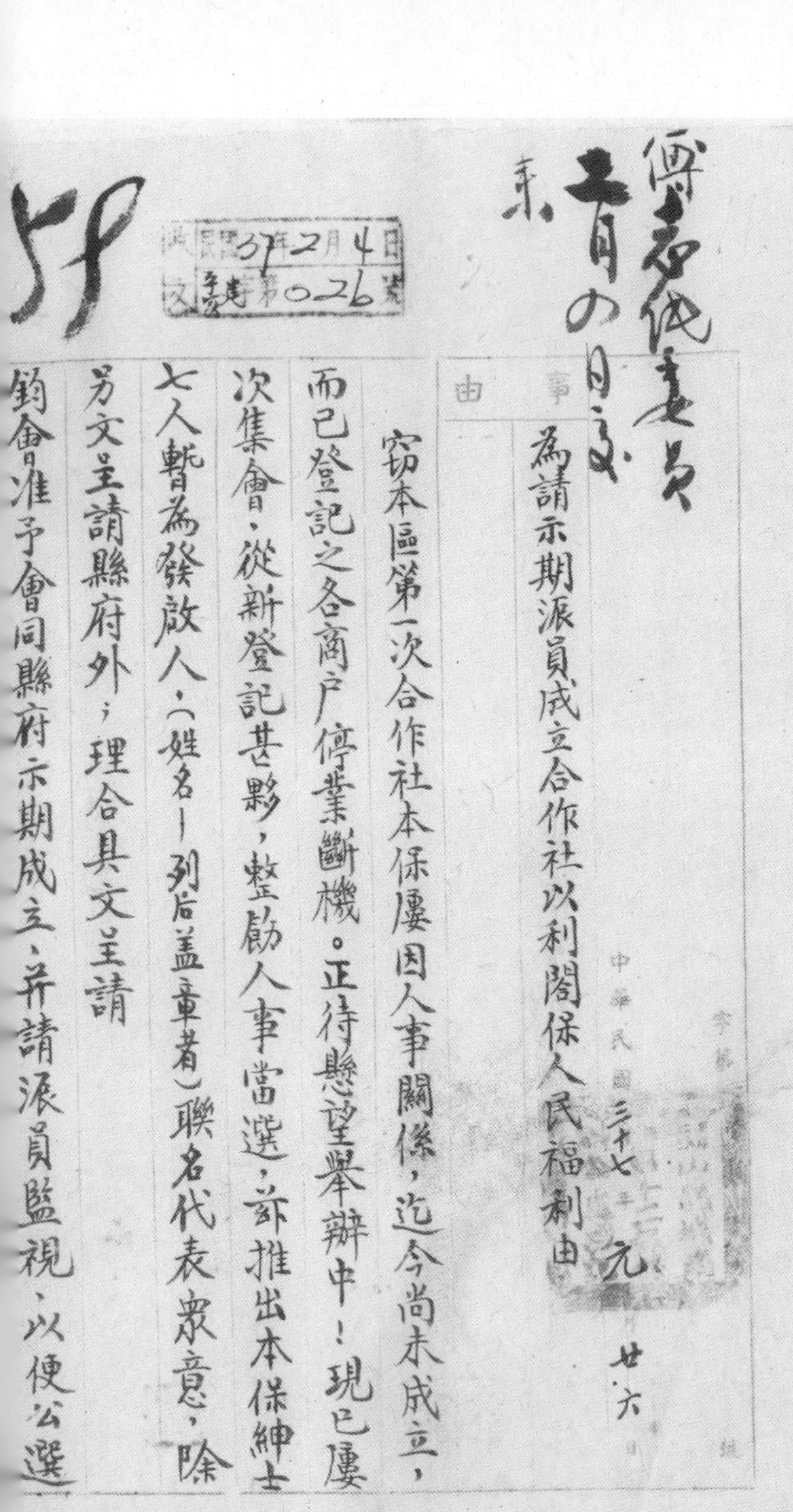

58

收文 民國37年2月4日 字第026號

事由：為請示期派員成立合作社以利閤保人民福利由

中華民國三十七年元月廿六日

竊本區第一次合作社本保屢因人事關係，迄今尚未成立，而已登記之各商户停業斷機。正待懸望舉辦中！現已屢次集會，從新登記甚夥，整飭人事當選，并推出本保紳士七人暫為發啟人，（姓名一列后蓋章者）聯名代表眾意，除另文呈請縣府外，理合具文呈請

鈞會准予會同縣府示期成立，并請派員監視，以便公選

璧山县城南乡第十二保乡民代表为申请成立合作社事宜呈华西实验区办事处函　9-1-149（90）

平民教育促進會華西實驗區

璧山城南鄉十二保保長　鄭邦彥

民教部主任　封　麟

發啟人　張攀良

鄭樹蘋

李錫林

鄭恒江

鄭居孟

周明惠

通知稿　卅八年实建字第〇一七号

奉月廿六日呈悉。查机織生產合作社之成立，應由本區派人考查，民教部依照法調查，但設立與否，請派員詳述一節，容從緩議。此致

城南鄉第十二保保長鄭邦彥等

中華平民教育促進會華西實驗區辦事處　啟　二、五

璧山县太和乡第一保学区农业生产合作社为申请派员指导召开创立大会事宜呈璧山县政府函（附：璧山县太和乡第一保学区农业生产合作社筹备会议录） 9-1-188（21）

签字第110號
民國38年4月4日

璧山縣太和鄉第一保學區農業生產合作社籌備會呈

太社字第一〇一號
中華民國三十八年三月廿五日

事由：為定期於四月四日召開創立大會懇請派員出席指導由

查本鄉地處山麓人民貧苦多以佃種土主之地為業故常有租佃糾紛發生無法解決茲值各鄉普遍成立農業生產合作社之際為使本學區內佃農及自耕農之經濟寬裕生活充實改善農業經營以增加農民收益調整租佃關係穩定耕地使用權可控制土地轉移以達成耕者有其田之主旨業於本年二月逐户調查完善復於三月十五日在中心校會議室召開發起人會議并請張輔導員昌琳出席指導推定謝漢江鄧

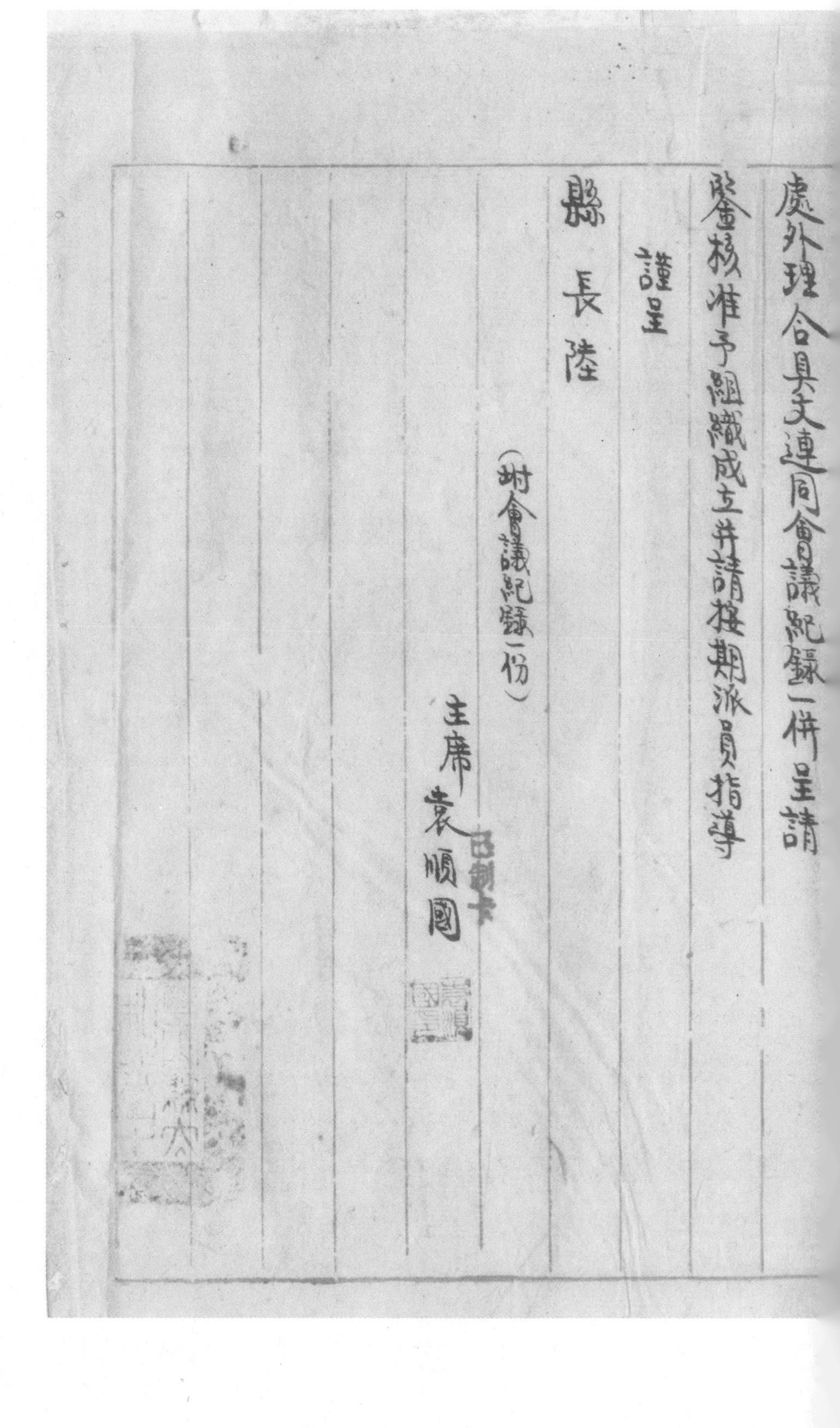
處外理合具文連同會議紀錄一併呈請
鑒核准予組織成立并請按期派員指導
謹呈
縣長陸
（附會議紀錄一份）
主席 袁順國

璧山县太和乡第一保学区农业生产合作社为申请派员指导召开创立大会事宜呈璧山县政府函（附：璧山县太和乡第一保学区农业生产合作社筹备会议录） 9-1-188（22）

璧山县太和乡第一保学区农业生产合作社为申请派员指导召开创立大会事宜呈璧山县政府函（附：璧山县太和乡第一保学区农业生产合作社筹备会议录） 9-1-188（23）

14

璧山縣太和鄉第一保學區農業生產合作社籌備會紀錄

時間：三十八年三月十五日

地點：中心校會議室

出席人：袁順國 到　謝漢江 到　鄧德歆 到

王剛全 到　曾國林 到　王義貴 到

列席人：張昌琳　張地禧 到（出席人）

主席：袁順國

紀錄：王義貴

行禮如儀

主席報告：（略）

决議事項

1.本社業務範圍如何確定案

決議：以第一保全保及第十保二三四五甲為本社業務範圍。

2.本社創立大會確定何時召開案

決議：本社創立會定四月四日召開。

3.本社社章推定何人草擬案

決議：推定袁順國謝漢江張地禧王義貴四人草擬社章。

散會

璧山县太和乡第一保学区农业生产合作社为申请派员指导召开创立大会事宜呈璧山县政府函（附：璧山县太和乡第一保学区农业生产合作社筹备会议录） 9-1-188（24）

璧山县大兴乡第十、十一保为申请成立农业生产合作社呈璧山县政府函 9-1-188（19）

12

請 字第5414號
民國38年5月17

合

璧山縣大興鄉第十十一保農業生產合作社呈。 創 呈

民國卅八年五月十四

事由：為本區地土瘠薄貧民厄於饑饉亟待扶持懇詞呈請派員蒞席指導組社而免農村經濟破產由。

竊民等世居窮里而以耕稼為業全家人口全賴天時為生高亢瘦瘠荒蕪之地縱能風調雨順披星勤耕生產何濟於用今債欠至來年乎字若似於是良好農民強者迫為匪患弱者轉死溝壑飄泊四方無業是從與念及此爰呈詞懇請鈞座施恩組織農業生產合作社用以扶持貧農經濟生活予以改善良好貧民有家可歸有業適從茲民等深恫悉苦楚

璧山县大兴乡第十、十一保为申请成立农业生产合作社呈璧山县政府函　9-1-188（20）

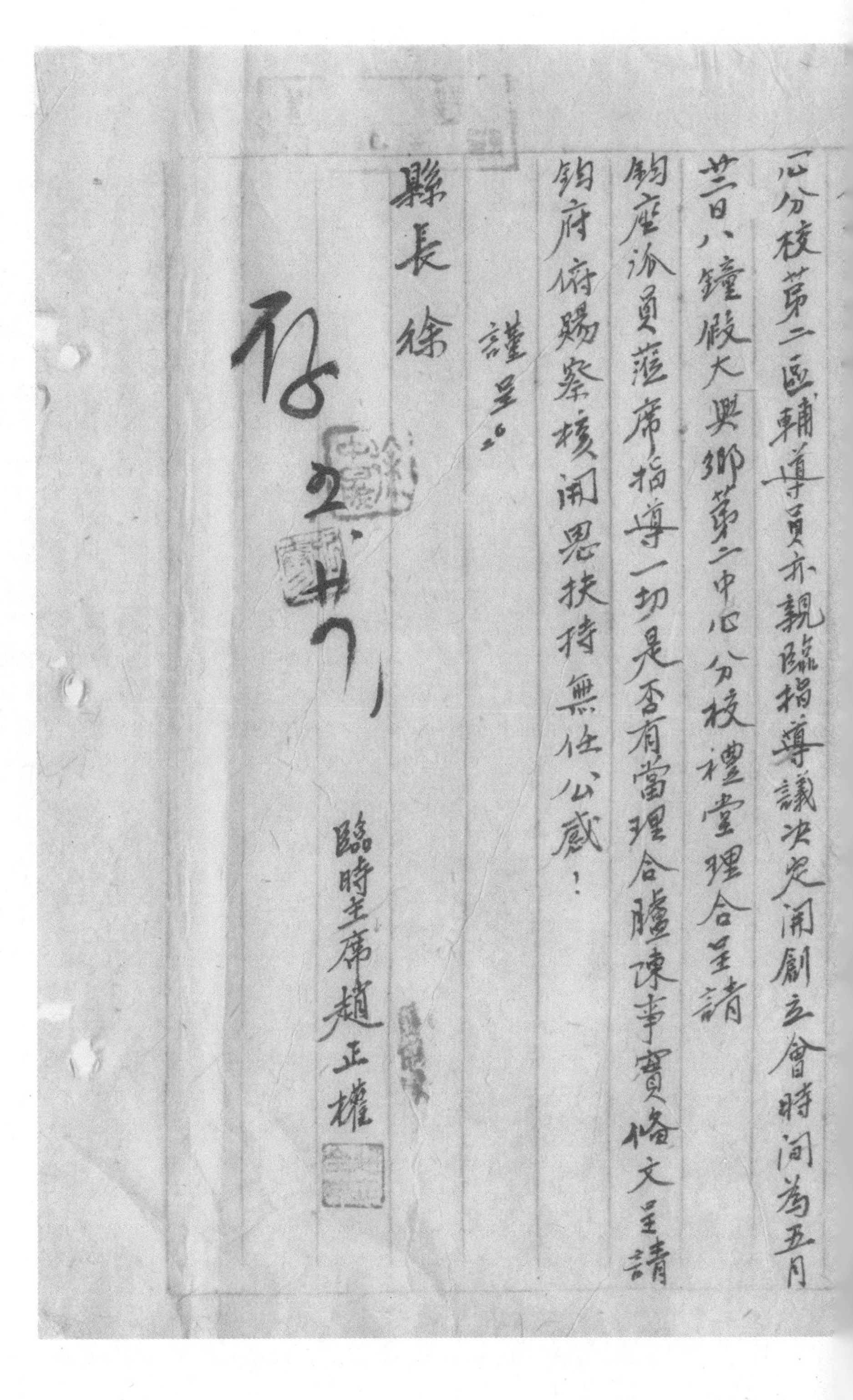
心分校第二區輔導員亦親臨指導議決定開創立會時間為五月
廿日八鐘假大興鄉第二中心分校禮堂理合呈請
鈞座派員蒞席指導一切是否有當理合臚陳事實備文呈請
鈞府俯賜察核開恩扶持無任公感！
謹呈。
縣長徐

臨時主席趙正權

璧山县三教乡邓家冲农业生产合作社为申请派员指导召开创立大会事宜呈璧山县政府函（附：璧山县三教乡邓家冲农业生产合作社筹备会议记录） 9-1-188（27）

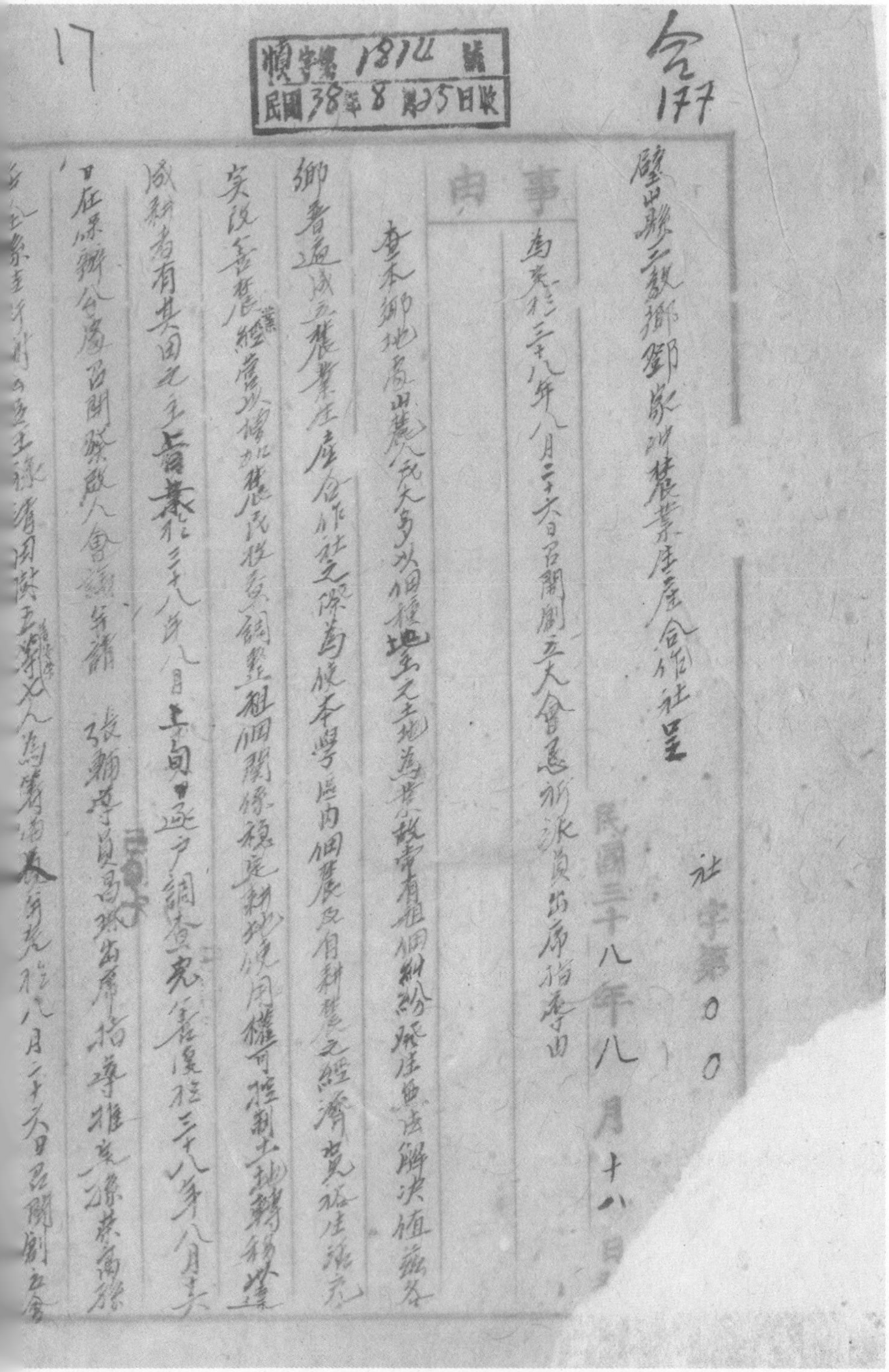

璧山县三教乡邓家冲农业生产合作社为申请派员指导召开创立大会事宜呈璧山县政府函（附：璧山县三教乡邓家冲农业生产合作社筹备会议记录） 9-1-188（28）

紀錄在卷除呈縣處存案外理合具文連同會議紀錄一份送請

鑒核准予組織成立并祈屆期派員指導用利進行

謹呈

璧山縣縣長徐

璧山縣三教鄉鄧家冲農業生產合作社籌備會主席 孫榮高

璧山县三教乡邓家冲农业生产合作社为申请派员指导召开创立大会事宜呈璧山县政府函（附：璧山县三教乡邓家冲农业生产合作社筹备会议记录） 9-1-188（29）

18

璧山縣三教鄉鄧家冲農業生產合作社籌備會議紀錄

地点——夏家壆基保辦公處

時間——三十八年八月十六日

出席人——籌備會七人（孫榮高孫海銓孫桂軒謝榮臣姜安崇王祿清田樹五）

列席人——駐鄉輔導員張昌琳

推定臨時主席——（孫榮高）

臨時書記——（姜安崇）

主席報告——（畧）

議決事項

1.名稱——本社定名三教鄉鄧家冲農業生產合作社

2. 業務區域——五保三甲四甲六保全保

3. 創立會日期——八月二十六日

4. 社址——鄧家冲六保校

5. 社員人數及股金數額——（社員共二十三人 五股銀元貳角伍仙）折合壹老升米

6. 散會

璧山縣三教鄉鄧家冲農業生產合作社籌備會主席 孫榮高

孫榮高印

卷存 廿九

璧山县三教乡邓家冲农业生产合作社为申请派员指导召开创立大会事宜呈璧山县政府函（附：璧山县三教乡邓家冲农业生产合作社筹备会议记录） 9-1-188（30）

设置农业推广繁殖站计划 9-1-54（71）

40

設置農業推廣繁殖站計劃

(一)目標

一、推廣農作物優良品種增加農產——本區所轄各縣有農業推廣所，但迄無顯著成績，其失敗之主要原因在於推廣所之下並無機構，農民散漫無組織，故工作難於普及有效，再則農業推廣所所有原種繁殖場範圍甚小，其產品亦不足推廣之需，縣且各鄉到縣城運種運價往往高於原種所值，本區有見於此，每一鄉鎮應有一推廣繁殖站，由農業生產合作社購置並管理之。繁殖站負責繁殖優良農作品種及農産亦必可日漸增加。

二、保存純種作物——各鄉推廣繁殖站設置之後，農業生産合作社可嚴格控制農作物優良純種之保持，並逐漸使區內劣種全受淘汰。

三、農作技術改良與示範——推廣繁殖站之耕作種植由該區民教主任指導，改進其技術而為全鄉之示範。

（二）繁殖站設置辦法

一、依照實驗民教工作計劃，每鄉平均劃分為八個社學區，現擬在每鄉中選擇一個社學區為農業示範，此區之農業生産

设置农业推广繁殖站计划　9-1-54（73）

41

合作社應設置一推廣繁殖站，其範圍以田地五十畝為標準。

二、推廣繁殖站本年內只在璧山、巴縣、北碚三地設置，三縣局共一一四鄉（璧山三十五鄉、巴縣七十一鄉、北碚八鄉），每鄉置一推廣繁殖站，共一一四站。

三、推廣繁殖站之管理由合作社負責，其耕種技術及推廣工作則由示範區民教主任指導進行（示範區民教主任以專科以上學校畢業學生之學農者為合格）

四、每一推廣殖站購地五十畝，每畝地價照值米一八·七五市石（合美金二十五元），五十畝共值九三七·五市石（合美金一、二五〇元）。地價由合作社自籌百分之四十，請農村復興委員會貸款百分之六十，一一四站，共須貸給米六四、一二五市石（合美金八、五五〇〇元）。

五、合作社購置之繁殖站土地，仍由原佃農佃種，佃農照法定數額向合作社繳納地租，惟所種品種及耕種技術，皆須遵照合作社及民教主任之指示辦理。

（三）還款辦法

以實物（米）償還為原則，貸款平均分十年還清，每年還貸款十分之一，第十一年還息，息按六釐計算，一次還清，仍折算實物償還。依此原則計算，一一四站共貸米六四、一二五市石，每年應還米六、四一二·五市石，至第十一年，還息六釐，一一四站應共還息米[illegible]（三八四七·五）市石。

农业推广繁殖站设置办法　9-1-145（124）

農業推廣繁殖站設置辦法

推廣繁殖站以繁殖良種引用良法作本區域之農業示範為目的

一、推廣繁殖站之土地得利用合作社社田或由八至十戶表證農家所耕種之土地設置之

三、推廣繁殖站之場所應符合下列各項標準

1、交通便利

2、土地適中

3、土質中上等

4、水源無慮

5、田坵大而集中

6、宜作多角經營

7、示範保校附近

8、面積約二百畝

四、每一輔導區暫設一站以後得視需要請求增加

六、推廣繁殖站之表證農家以具下列條件者為合格
1、在農業生產合作社為忠實社員
2、在傳習處為優秀學生
3、在田間操作為勤謹之農民
4、有改良農業之興趣
5、無論佃農或自耕農有耕地面積十五畝至卅畝者
七、表證農家應絕對服從繁殖站之指導按照工作計劃從事下列各項業務
1、優良種子樹苗種畜魚苗等之繁殖示範及推廣
2、栽培或飼育方法之改良
3、植物病虫害與獸疫之防治
4、水土保持旱災防治及其他農業改良方法之採用
5、副業之興辦或改進
八、為進行上述業務繁殖站將予表證農家以下列各種獎酬
1、各種生產貸款（如耕牛肥料種畜水利等）對表

农业推广繁殖站设置办法 9-1-145（126）

64

發農家優先貸給

2. 表證農家之生產收入悉歸其所有如因繁殖站工作之決定（如品種選定作業選擇等）而致受益減少時（與一般農民收益比較）繁殖站可公允補償其損失

而保證收益但人力不可抗拒之損失不在此例

3. 成績優良者由繁殖站發給獎助金酌給實物

九、推廣繁殖站業務應根據本區總辦事處農業組之計劃及指示由各輔導區主任督促農業輔導員負責推進

十、各推廣繁殖站業務實施計劃及實施進度應由農業輔導員及時呈報查核

调查巴县第四、五、六三辅导区繁殖站工作报告 9-1-105（69）

存查

33　5

九去

調查巴縣四五六三輔導區繁殖站工作報告

一、巴四輔導區（南泉）

九月八日由璧乘鋼架車至渝，下午四鐘渡江由海棠溪乘公共車至南泉，夜宿別墅旅館，次日晨至六區辦事處與該區主任蔣馳見面，當時他对我提出兩個問題

（一）該區輔導員名額不足，如成立繁殖站，必須另由總處遣派專人負責，不能由住鄉輔導員兼代，以免有碍其他工作之推進。

（二）南泉所有各社學區內，田土均少，而石灰石山多，且有作風景區用，故各學區土，以有大多已集中，集力不大，……

分石鄉最好，但迄今該鄉無輔導員，如果繁殖站即竟設在此處，不免許多困难。關於我对蔣主任的第一問題的答覆，請上面盡量設法選派專人負責，即時也不能派出，暫請南泉住鄉輔導員趙正恭兼代。關於蔣主任提出的第二問題，我的答覆是：分石鄉現不能成立繁殖站，暫設在南泉，一面便於趙輔導員管理其事，一面以此選定其他區域，再將繁殖站移走。因為這樣，故決定在南泉二三社農學區內，午后即同住鄉輔導員趙正恭，去二三社農學區看繁殖站地址，其記要如次：

1. 離該區辦事處約三華里，在南泉第二社農學區內，有

调查巴县第四、五、六三辅导区繁殖站工作报告　9-1-105（71）

34

塝地：1、長塊，約二十八畝，土質砂帶黄泥，地勢南北高，皆在底石

山脉生草草好，别無他用，東西為塘口，惟中央地勢平坦，土

層又深，最宜種小麥，次者濡樹，馬鈴薯、玉米，故我決定

在此繁殖小麥，趙輔導員亦表同意。

B、近第二社農學區和三社農學區，有滿田約三十餘畝，皆柳

田，水源全在非山溪濡水，土色為黄泥土，繁殖稻種似有不適。

C、是日夜與趙正恭（已到下）商討得有兩件事情：

（一）此處表証（農）家志願書有效期間不可填得很長，可自

小麦下种时起至收种日止，可以選擇表証農家之好坏，

以免不盡責務的表証農家 [illegible]

待時间長。

（2）陈志願亦甚好，也有大量品種之繁殖，得照當地情形

繁殖站與表證農家應訂合約，但内容不得有违總處原則。

此次繁殖小麥與繁殖站與表證農家合約容另附一紙。

六、巴六輔導區（長生鄉）

九月十日由南泉經鹿角鄉至長生橋，全距卅五華里。

長生共廿八個保，面積很大，田多土少，皆塝田最多，每年黄

穀收入，全鄉約兩萬餘老石，為其他各鄉之所不及。每年大量供給

重慶米市，故此處的米在重慶佔有重要位置，當地地方人及

區辦事處負責人，對於工作推進，非常熱心，惟因輔導員名額不

调查巴县第四、五、六三辅导区繁殖站工作报告　9-1-105（73）

35

遂（古欠两名）对工作推進，不免碍难，次日因晨同巴六区幹事鄧作新巴縣之府指導員王克修住鄉輔導員曾鼎有等到蓮蓮池寺看繁殖站地址，此地離區辦事處約四華里，地土為砂壤土，地勢中央低平，且極為肥美之稻田，全面積約百五十畝，有小河橫過於側，水源不生問題，周圍皆梯田，排水良好，冬季除作小麥外，油菜胡豆亦為重要作物，中有廟產四十畝，如繁殖站在此，亦难將耕种使用权交与繁殖站，又蓮池寺廟在其間，房屋寬大，且空，房很多，除作示範校用外，還有空餘房屋物，廟宅后門有園牆，園牆內有約半畝空地，亦屬廟產，此作蔬豬舍，豬舍外面有空地一大坑，邊用圍牆圍著為一大些的豬遊戲場。此處農作主要為水稻，次為小麥大麥油菜胡豆，果樹未見有多少。据當地人講柑橘去幾年亦多，因無法管理，故大部死了。蔬菜以大蒜為主，大部供應重慶。此處有輔導員曾眾有雖是学農化的，但做農作農場經驗丰富，对人誠懇，做事認真，為一般輔導員所推重，有領袖農民之稱，且对繁殖站他願盡全力來做，如果請他做繁殖站負責人那是再好無極了。関於表証農家目已選了十戶，因時間太短，且志願書亦不敷用，雖已會過，但未及把手續辦理完善。但对如何填志願書如何為表証農家訂各种品种繁殖之合約，均與南泉區同。

调查巴县第四、五、六三辅导区繁殖站工作报告　9-1-105（75）

36

三、巴四、輔導區（滄白）

九月十一日午后二鐘，坐滑杆由長生至廣元，全距卅五華里，次日由廣元乘木洞輪至滄白，至區辦事處，區主任李燦東與區幹事均不在處，當與滄白任鄉輔導員張明鏡談明成立繁殖站及繁殖小麥等情，復又至后壩巴縣公地看繁殖站地址，此處皆大塥田，就在滄白街背后，全面積約四十畝（公地），餘有良田百餘畝，水源全靠山水，田最肥，是滄白最好的田。因水源來自高山，故挪水較好，可种小麥，此處以榨菜秉子著名，其他果樹中，以油桐最佳（畝適宜），但栽植者甚少。

调查巴县第四、五、六三辅导区繁殖站工作报告　9-1-105（76）

導員是學農的，最好請李克啟負責繁殖站最好。

巴县第七、八、十二辅导区繁殖站工作报告　9-1-105（77）

卅九.十七.

工作报告　王承灌

白市驛（巴七区）

一、繁殖站

該区繁殖站已成立竟选有表証農家八户，表証農家志願書已填好，繁殖站位于白市驛街之背面耕地約有一百八十畝（内旱田約一十八畝）地勢平坦，水源尚可，繁殖站所在地有水溝一条經常流水，土質為砂質粘土，中等肥地，農家經營方式粗放。

巴县第七、八、十二辅导区繁殖站工作报告　9-1-105（78）

二、往年推廣作物

A、谷种：中農卅四号，勝利秈，產量良好，一般反应甚佳，農民多已自願換种，惟農民对卅四号之米質不滿。

B、南瑞苕：現在生长情形農民之反应尚好

三、其他作物：多栽高粱

四、小麦推廣数量及日期均已通知準備。

陶家鄉　巴八区

一、繁殖站

該区尚未成立，但有農業輔導員張燮翔

巴县第七、八、十二辅导区繁殖站工作报告 9-1-105（79）

君且为該鄉々民代表主席，組織表证農家可望順利進行，因張君適隨水利工程隊赴外勘察，兼候一日赴未遇面，当面商該区々主任朱晋清及輔導幹事聶君，会同該鄉駐鄉輔導員商討成立推小麦推廣推事宜。

該区山多地高水源不良，土质的壞，且不甚肥沃，曾至該鄉四週勘察，地址俟張君返回决定。

二、往年尚未推廣任何作物

三、其他　紅橘、廣柑來源甚多，大小紅橘甚

旨果、菜子亦多經營，該區為釀酒、榨油

之地區。

希望將來能有柑橘類之果樹前往推

廣。

四、小麥推廣及日期均已通知準備。

四節　巴十二區

一、繁殖站亦未成立，但業已着手進行，但該

區各鄉位于巴縣東南山地，多地高，水源問

題甚大，其欲我集中一處有二百畝左右之

巴县第七、八、十二辅导区繁殖站工作报告　9-1-105（81）

38

耕地，恐难实现，将来可能采取提卓来做。

当由该区之主任陈先生及辅导干事伍德

数，[illegible]乡辅导员何烈勋（督饬者，陈主任已定

何君为繁殖站负责人）会同乡长去勘察

结果，现倍力找集中一起之耕地，且先课找

旱地多者，以利小麦推广，

该乡土多贫瘠，水源不良，

二、往年尚未推广任何作物

三、无其他特殊经济作物

四、小麦推广数量及目标（已通知准备

屏都　巴三区

一、繁殖站已成立，各項均已填好，計有表证農家八户，耕地面積計水地一二七畝、旱地一五畝、菜地四畝，地势稍为平坦（有小坡甚多），水源好，土質以壤、中等肥地，繁殖站于賓江地区，适宜栽培蔬菜且蔬菜为该地主要經营之作物，繁殖站無专人负責，因無習農同志，故該区甚盼即派習農同志前往。

二、經年推廣作物

A、谷种：中農卅四号，一般農民反应良

巴县第七、八、十二辅导区繁殖站工作报告 9-1-105（83）

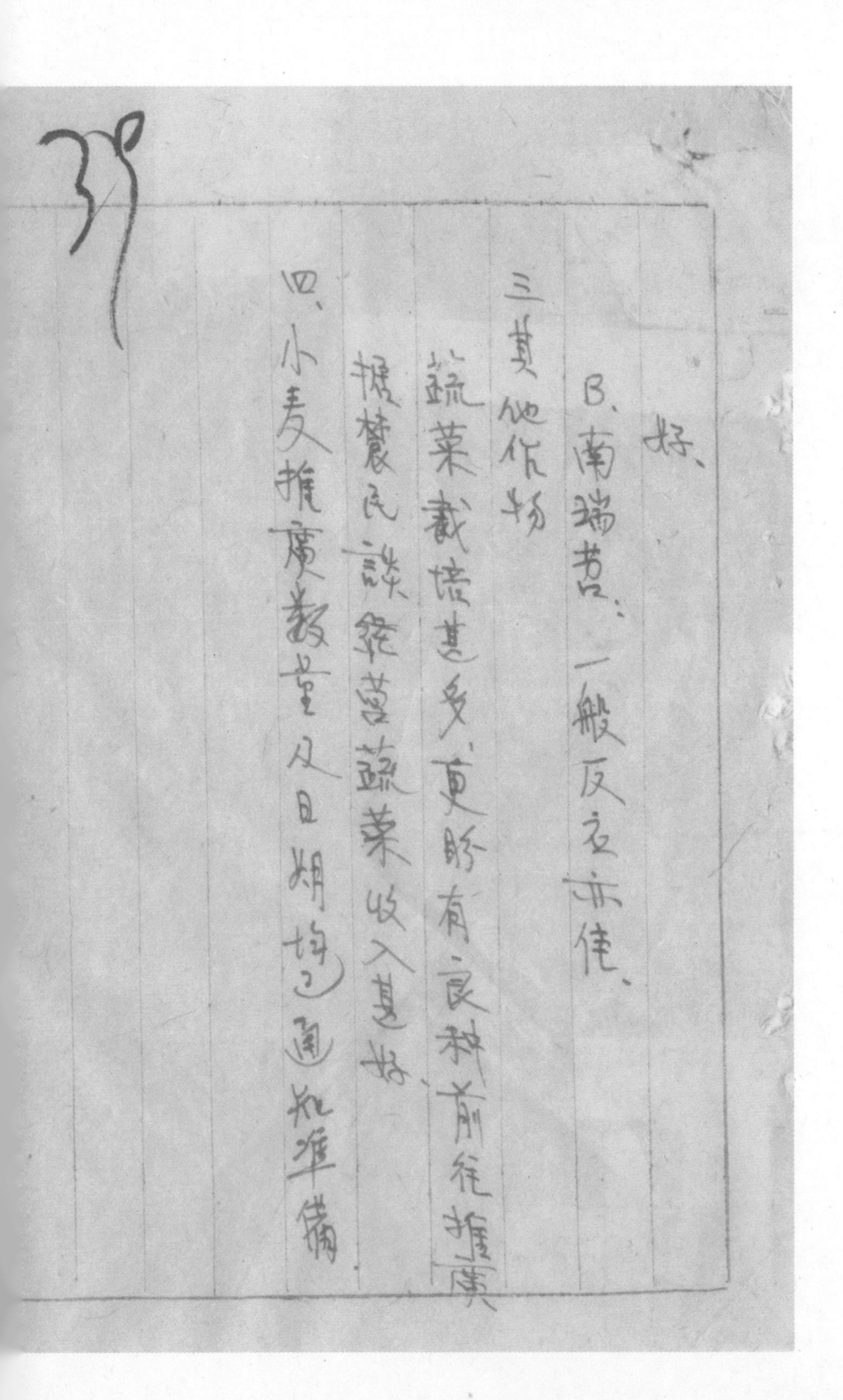
39

好、

B、南瑞苕：一般反应亦佳、

三其他作物

蔬菜栽培甚多，更盼有良种前往推广

据农民谈经营蔬菜收入甚好、

四、小麦推广数量及日期均已通知准备

巴县第七、八、十二辅导区繁殖站工作报告　9-1-105（83）

协助巴县十一区，綦江一、二区成立繁殖站及洽商小麦推广经过报告　9-1-105（84）

40

存查

协助巴十一区綦江一、二区成立繁殖站及洽商小麦推广经过报告　王廷杰

本农业组为明瞭各辅导区开设农业繁殖站之地势土壤及作物栽培方法生长情形等概况，故分别派人赴各区观察并进行小麦优良品种之推广事宜。本人被派赴巴十一区綦一区綦二区等三区，兹将在各该区与区主任及农业辅导员商量结果及所见报告如下：

一、巴十一区

本区辖跳石、石岗、南彭、仁流、南龙、陈家（巴县）等大乡。区办事处设跳石乡，区主任苏孝翊，地域比较大，与綦江南川江津、巴十二区四区接壤，因地近四川盆地边缘之

协助巴县十一区，綦江一、二区成立繁殖站及洽商小麦推广经过报告　9-1-105（85）

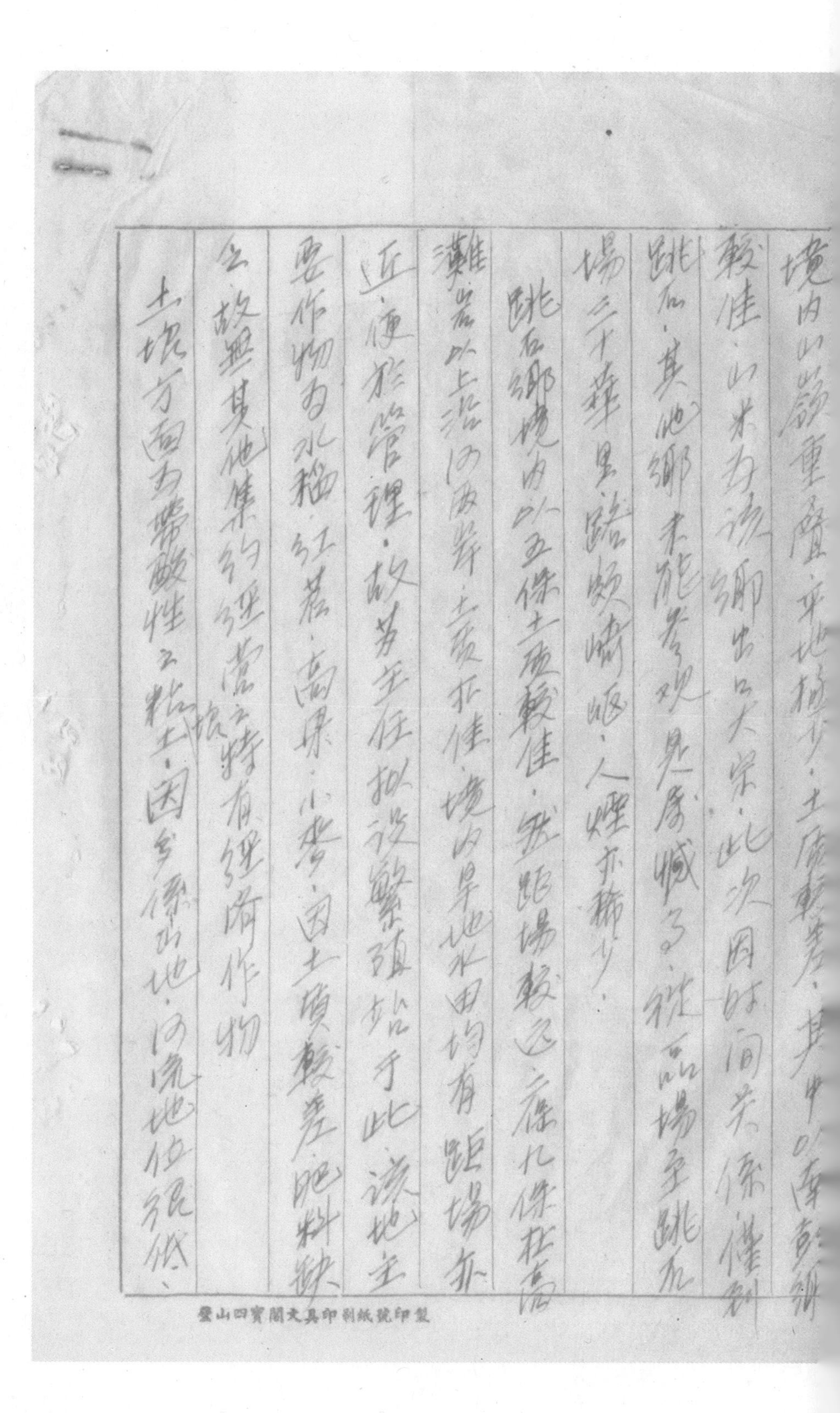

境内山岭重叠，平地稀少，土质較差，其中以南彭鄉較佳，以米為該鄉出口大宗，此次因時間关係，僅到跳石，其他鄉未能参观，殊屬憾事，從石跳場至跳石場二十華里，路頗崎嶇，人煙亦稀少，

跳石鄉境内以五保土质較佳，然距場較遠，徐九保杜家灘岩以上沿河两岸土质亦佳，境内旱地水田均有，距場亦近，便於管理，故芳主任拟設繁殖站于此，該地主要作物為水稻、紅苕、高梁、小麦，因土質較差，肥料缺乏，故無其他集约經營之特有經濟作物

土壤方面為带酸性之粘土，因多係山地，河流地位很低、

协助巴县十一区，綦江一、二区成立繁殖站及洽商小麦推广经过报告 9-1-105（86）

-40 P.2

灌溉不易，水源缺乏，故易发生旱灾，本年旱情颇严重，故此后对旱作物之繁殖推广宜多注意之，尤[illegible]继续有佳种优良品种之推广，故农家对推广一事颇为陌生，山坡倾斜之地亦可植桐，

森林方面，该乡松林颇多，松材为该乡出口货，柏木次之，北距场镇约八华里有一高五六丈之石之高滩(?)，[illegible]瀑布，若筑坝[illegible]渠利用发电，则可供高地灌溉，

本区督导员陈宗楷君，据云新调有之乡，当未会见，与其负责人未总(?)恳决定之，

二、农业·农业推广繁殖站

协助巴县十一区，綦江一、二区成立繁殖站及洽商小麦推广经过报告 9-1-105（87）

二、綦江二区：

本区辖蒲河、扶欢、三江、永平、青年、石角等六大乡，区办事处设石角乡，区主任卢荣光，到职方久，一切尚属陌生。辖区内亦山岭重叠，平地极少，此次因路线关系，经三江达石角，三江为工业区，工厂林立，但均停工矣，由工业而想到林业，林材亦破坏也。

石角乡位于綦河两岸，地势因山多丘陵，故高低不平，水田极少，旱田居多，作物夏季以水稻为主，高粱、红苕极为重要，冬季以小麦为主，豌豆

协助巴县十一区，綦江一、二区成立繁殖站及洽商小麦推广经过报告 9-1-105（88）

41

P.3

鉴、新生路鄉，雖近乾壩子一帶，土質為沙性
土，有柑桔之栽培（場），但因為復旦[illegible]藝系畢業，
今年且荒蕪之栽培，石角鄉駐鄉輔導員
陳志遠同志為川大園藝系畢業，曾在該場
工作，故商為兩鄉合作，故繁殖站決設該
地，今年之小麥繁殖，即可開始。
石角之土壤大部亦為棕壤性之粘壤土，田土雖
多山地，然梯田較多，田土之比例大約為七比三，而水田
之分布旱田之比例為二比五，以故旱災嚴重，故旱
作物之繁殖推廣亦應注意，境內因此半年駐在八

地主出租，此为陈同志所言西方之事项也，

三　綦一区，

綦一区辖古南、篆兴、升平、登瀛、北渡、桥河等六乡镇，区主任穆廷，区公所设古南镇，地势布也，十一区，綦一区并不太贫瘠，然本区如桥河、古南、北渡、升平均在綦江流域两岸，故土地较肥，北渡、升平为柑桔产区，然距区公所较远，古南因系城区，找特约农家困难，故繁殖站决定设在桥河

璧山四宝阁文具印刷纸号印制

协助巴县十一区，綦江一、二区成立繁殖站及洽商小麦推广经过报告 9-1-105（90）

42

橋河鄉距離約三公里，交通極便，在綦河之兩岸，境內有酬勤仁事種殖廠，佔地約三百畝左右，除廠房所佔地土外，餘均仍作耕地，由該廠租與楊君家耕種，現任橋河鄉長楊負之兄天錫君（已辭去），曾與該廠廠長談商合作辦法，（因該廠經辦木工業，場地無法繁殖技術人才也）曾擬有計劃書，交楊君組織實今後擬依照計劃經營，

橋廠區內有小河，流經其繁殖之地，地勢較平坦，田土均有，各種作物，亦繁殖場所，現吳君已租地達

协助巴县十一区，綦江一、二区成立繁殖站及洽商小麦推广经过报告　9-1-105（91）

川大農經系畢業，技術方面另有吳升平輔
導員穆光導君輔助之。
該區除作物之繁殖推廣外，因地近城市，蔬
菜亦應注意及之。

完

璧山四寶閣文具印刷紙號印製

各繁殖站工作近况介绍　9-1-105（96）

一、各繁殖站工作近况：

藷子工作推行顺利，内外配合，五月九日本组同仁四人下乡了，先到五区丁家坳繁殖站，黎学毅同学负责。本区特约农家共廿一户，丁家十一户，马坊十户，都在公路两旁，推广的作物水稻以农四号农[illegible]纯，桐籽苗圃地已种妥，但未下种，十日去马坊特约作物美藷有四00000株，行株距1又[illegible]尺，[illegible]土壤[illegible]下雨，故生长不佳，病害[illegible]，不严重[illegible]地蚕，看出近无现，需防治，但特约农家仅三户种藷，都是小规模的种植，种植最多者为[illegible]乡民代表[illegible]中心校

各繁殖站工作近况介绍　9-1-105（97）

如知之
處

丰风

[illegible]

使真正的農民得不到好处，而便宜了这些士绅惡霸。

此区主正上層洪而說，一般農民区皆[illegible]

11/5，去鄉子鄉，繁殖站設在乾保校內，特約農家大都

在馬路旁，推廣水稻中農四號，糯粘米下种，土已租苦，菌锈

甚未發芽，本鄉提特別產物，芋种、稻麥、稻秋蛀害多多

出黑穗病

11/5，来鳥鄉，魏主任招集全区學農同伦在区公事處與我們

交換農業上的意見，給談有三个缺点

繁殖站离场的前，里多一个保校附近，特約農家23户

各繁殖站工作近况介绍 9-1-105（98）

46 大实 2.

本區由總會令只推廣至中農34號一石八斗，給每戶特約
農家栽種，南瑞苕230斤，平均每戶分配10斤左右，桐籽
未下種，黄園地已種些。
本鄉土壤西北又不多，故栽高粱者很少。
19/5 大興鄉繁殖站特約農家比白花區辦事處附近，桐籽苗
因地勢比較排水良好，桐籽已長至一二寸長，推廣的中農四號
無論在秋田與本地田內比田比一般的品種好，南瑞苕已長出藤上
有金黄色小硬殼蟲吃金色子小渣害粟不嚴重，桐樹很多
但被害最嚴重，幼蟲很多此，但較小，體上有白黄色斑點，成蟲
一種蛾子，蛹黄白色，藏在粘樹皮縫隙進獸，不用砒酸鉛防治

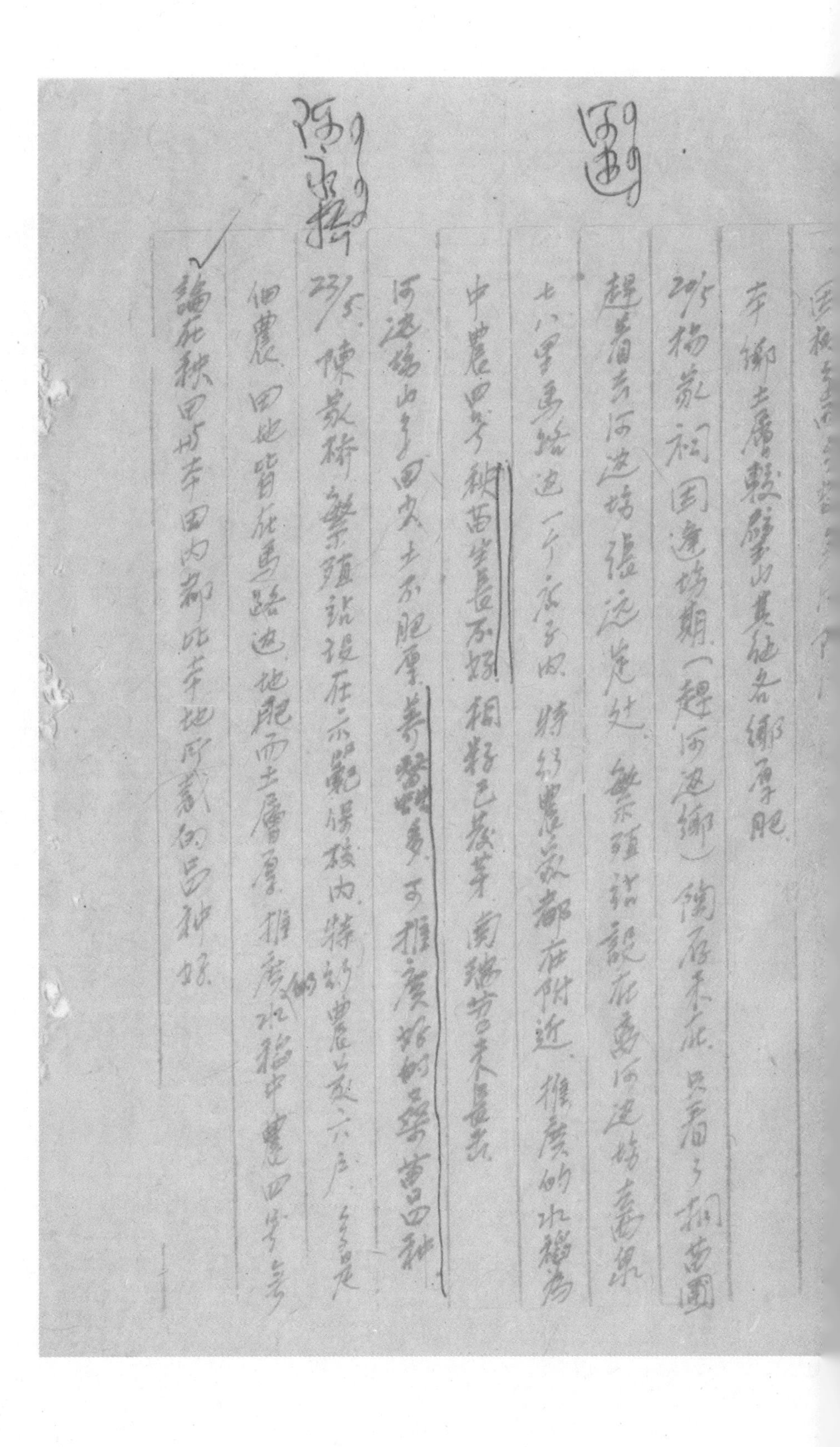

[illegible]
本乡土層較厚山其他各乡厚肥、
20/5 楊家祠（田邊坊期（趙河邊鄉）　開存未成，只有了种苗圃
趙看看河邊坊張道覺处　繁殖站設在鄉河邊坊[illegible]
七八里馬路边一个庄子內　特約農家都在附近，推廣的水稻為
中農四号秧苗生長不好，棉籽已發芽，南瓜苗未長出
河邊坊山乡田少土不肥厚，[illegible]多，可推廣好的[illegible]苗品种
23/5 陳家橋　繁殖站設在六[illegible]內，特約農山[illegible]六户，各是
佃農，田地皆在馬路邊，地肥而土層厚，推廣的水稻中農四号為
論在秋田所本田內都比本地所栽的品种好

47 3

桐籽苗圃地已租妥，一两天内即行下种。

25/5 驟馬場，特約農家十户，皆在去晏陽公路兩旁，水稻推廣品种為勝利秈，僅有一塊田為中農34号，桐籽苗圃四塊地已發芽，南瑞苕平均每家約得10斤，生長很好。

本鄉特產柚子、甘蔗，柚子品种全為[illegible]繁殖，困簡取法，經營者多為地主，虫病多，蛀虫大半，紅腊介殼蟲病害，柚葉色濃淡不一，可能是營養不良的生理病。

五、各繁殖站的困難與意見建議

困難：

各繁殖站工作近况介绍　9-1-105（100）

各繁殖站工作近况介绍　9-1-105（101）

系不明　如何？　不知道？

在管理与耕作能上不听支配，作物生长上因此受到影响，失掉了示范作用。

②现所推广给特约农家栽种之优良品种，秋收后作下年度推广的原种，在品种纯化上是否有问题？

③繁殖站与特约农家发生一个更密切联系着。

④繁殖站与区办事处、示范学校及社会区之关系如何？

⑤繁殖站与农业生产合作社之关系？

⑥繁殖站工作同仁，在对生活不安，影响工作情绪。

建议

各繁殖站工作近况介绍　9-1-105（102）

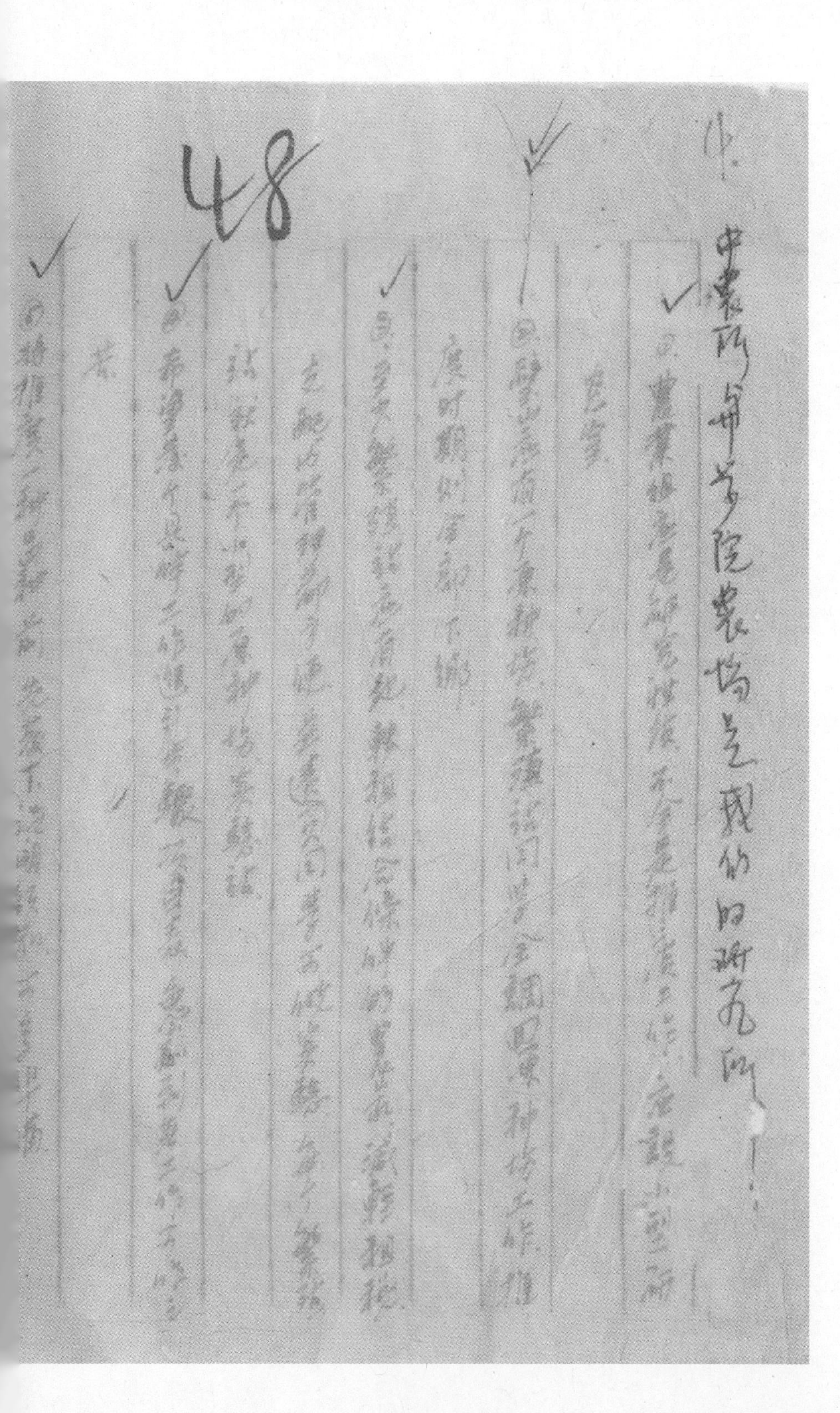

48

中農所、[illegible]學院農場是我們的研究所

（一）農業推廣是研究[illegible]，不[illegible]是推廣工作，應設小型[illegible]驗室

（二）縣必需有一個原種場，繁殖站因[illegible]原種場工作，推廣時期則全部下鄉

（三）每個繁殖站應有[illegible]

[illegible]，每個繁殖站就是一個小型的原種場、實驗站

（四）希望每個縣[illegible]工作[illegible]

若

（五）將推廣一種品種前，先[illegible]

各繁殖站工作近况介绍　9-1-105（103）

法定事项，以政府统一。

四、定期召开繁殖站站内业务会议，交换工作经验与意见。

五、繁殖站应备自有业务开支基金

张远定关于良种繁殖与推广的工作日记（一九四九年九月七日至十五日） 9-1-105（92）

工作日記 張遠定

年月日	工作事項
38.9.7.	奉農業組通知至議處開會，討論此外推廣小麥及協助各輔導區成立繁殖站事宜。（討論事項畧）
〃 〃 8	奉農業組通知準既前往四、五、六三輔導區推廣小麥及協助立繁殖站，是日由璧東銅梁搭車至渝（車費肆元一角5分），午餐後渡过海棠溪乘巴縣公共車至巴縣第五輔導區辦事處（南溫泉），將所攜帶表冊通知給該區主任，並洽於成立繁殖一事，又會同該區輔導處農業輔導員趙廷泰商談結果，決定在南泉二三

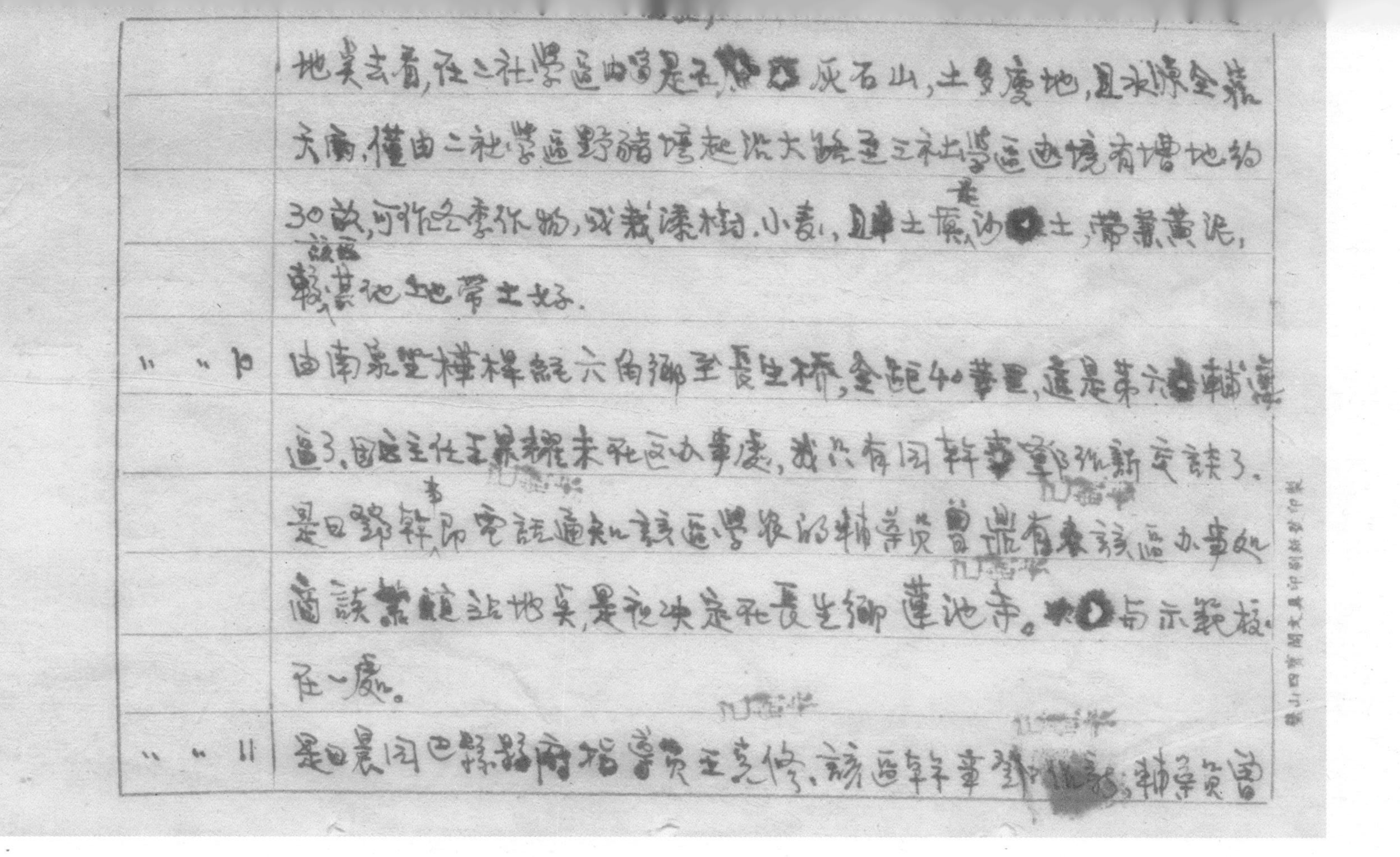

地点去看，在二社学區内尚是[illegible]灰石山，土多瘦地，且水源全靠天雨，僅由二社学區野豬塘起沿大路至三社学區內境有增地約30畝，可作冬季作物，或栽漆樹、小麥，且土质是沙[illegible]土，帶兼黄泥，較其他地帶土好。

〃 〃 13　由南泉坐撵撵經六角鄉至長生橋，全距40華里，適是第六輔導區了，因區主任王某剛來社區辦事處，我只有同幹事鄭张新交談了。是日鄭幹事即電話通知該區學農的輔導員曾某有來該區辦事處商談繁殖站地点，是社决定在長生鄉蓮池寺。[illegible]与示範校在一處。

〃 〃 14　是日晨同巴縣縣府指導員王克修、該區幹事鄭[illegible]、輔導員曾

张远定关于良种繁殖与推广的工作日记（一九四九年九月七日至十五日） 9-1-105（94）

鼎甫等又會同保農紳士六七人至蓮池寺。此處是長生鄉最肥美的地方，水田極多，地極少，不過有旱田，排水良好，可作土地之用。此處面積有30老石面積很無疑意的可共繁殖良种，另外有十餘户農家無疑慮的，可作表証農家，此處特產有大蒜、朱藍，其他重在稻麥，油桐，棉，茶為主要副產品。是日午後坐滑竿至廣元鄉全距35華里宿鄉公所。

〃 〃 12. 是日晨乘轎至木洞（塗白鄉），這是第四區，該區主李燮東未在辦事處，彭幹事以候在重慶領款未歸，當與木洞任鄉輔導員張明鏡及洞青輔導員何質彬會談，結果決定在繁殖年的，但办的太好。广州小麦水稻，此处繁殖站将来负责人，最好找张远定李先敬最好。

〃 〃13 因为江水太大，小轮船不能上驶，大船也未开不搭客，故等船在此住了一日。

〃 〃14 因为江水还在继续上涨，张之三日之内未有船之上驶，故改道而行，是日由滥泊坐梯梯至黄角桠，全距90华里，宿于檀树窝栈。

〃 〃15 由黄角桠至海棠溪全距10华里，是日中午乘车至青木关，夜坐黄色车至璧。

张远定关于良种繁殖与推广的工作日记（一九四九年九月七日至十五日） 9-1-105（95）

华西实验区各辅导区推广繁殖站工作报告（一九四九年四月至七月） 9-1-166（19）

10

中华平民教育促进会华西实验区
各辅导区推广繁殖站工作报告 三十八年四至七月

(一)璧山县第一辅导区城北乡杨家祠农业推广繁殖站

一、本站设于城北乡杨家祠负责人陶存表证农家一〇户耕地面积水田一四七亩旱地一〇六亩共计二五三亩

二、繁殖良种

(1)水稻—(1)中农四号播种数量二·四石栽培面积四八亩

(2)中农廿四号播种数量一·二石栽培面积二四亩

共计繁殖播种三·六石栽培面积七二亩估计今年收获三六〇石明年可供推广七二〇〇亩

（Ⅱ）南瑞苕—繁殖苕種一〇四斤栽培面積四畝估計今年收種八〇〇〇斤
明年可供推廣三二〇畝

（Ⅲ）小米桐—繁殖桐籽二〇〇斤播種苗圃二畝發芽率百分之八十估計
明年育成桐苗二四，〇〇〇株可供推廣植桐面積八〇〇畝

三、推廣良種

（Ⅰ）水稻—推廣中農四號稻種二八·三〇石（內有城南鄉推廣三石）栽
培面積五六六畝產量估計二八三〇石

（Ⅱ）南瑞苕—推廣種苕三四六斤栽培面積十四畝產量估計二八〇
播

（Ⅲ）小米桐—推廣桐苗八五〇〇株植桐面積二八三畝

华西实验区各辅导区推广繁殖站工作报告（一九四九年四月至七月） 9-1-166（21）

11

四、其他工作

（Ⅰ）调查表證农家农场经营概况

（Ⅱ）调查小麦品种採集麦穗标本

（Ⅲ）参加竹蝗防治工作

（Ⅳ）参加柑橙果实蝇防治工作

（Ⅴ）领养约克夏种猪大小各一头

（二）璧山区狮子乡农业推广繁殖站

一、本区设於狮子乡垛墩房子负责人王德伟表證农家九户耕地面积约二〇〇亩

二、繁殖良种

(Ⅰ)水稻

(1)中農四號繁殖數量〇、三九石栽培面積八畝

(2)中農卅四號繁殖數量〇、三三石栽培面積七畝

共計繁殖稻種〇、七二石栽培面積十五畝估計今年收穫七五石明年可供推廣七二〇畝

(Ⅱ)南瑞苕——繁殖種苕二二〇斤栽培面積九畝估計今年收穫一八〇〇〇斤明年可供推廣七二〇畝

(Ⅲ)小米桐——繁殖桐籽二〇〇斤播種苗圃二畝估計明年育成桐苗二四、〇〇〇株可供推廣植桐面積八〇〇畝

三、推廣良種

华西实验区各辅导区推广繁殖站工作报告（一九四九年四月至七月） 9-1-166（23）

12

(I) 水稻

(1) 中农四号稻种〇、六六石栽培面积一三亩

(2) 中农卅四号稻种一、五〇石栽培面积三〇亩

共计推广稻种六、一六石栽培面积四三亩产量估计二一五石

(II) 南瑞苕——推广苕种八四斤栽苕面积三亩产量估计六〇担

四、其他工作

(I) 水稻硫酸铵施肥试验五处稻田面积二、五亩施用硫酸铵五斤

(II) 参加竹螟及柑橘果实蝇防治工作

(三) 璧二区大兴乡农业推广繁殖站

一、本站设[illegible]

成立表證農家十三戶耕地面積二三九畝

二、繁殖良種

(I) 水稻——繁殖中農四號稻種〇.八五石栽培面積一七畝估計今年收穫八五石明年可供推廣一七〇〇畝

(II) 南瑞苕——繁殖苕種一一五斤栽培面積五畝估計今年收穫一〇、〇〇〇斤明年可推廣四〇〇畝

(III) 小米桐——繁殖桐籽二〇五斤播種苗圃二畝估計明年育成桐苗二四、〇〇〇株可供推廣植桐面積八〇〇畝

三、推廣良種

I. 推廣中農四號稻種一五石栽培面積三〇〇畝產量估計一五〇

华西实验区各辅导区推广繁殖站工作报告（一九四九年四月至七月） 9-1-166（25）

13

〇畝石

(Ⅱ)南瑞苕——推廣苕種五〇斤栽培面積二畝產量估計四〇擔

四、其他工作——參加竹蝗防治工作在本區福祿梓潼二鄉動員農民三一四五人捕蝗一二一七六兩約共七六一斤

(四)璧三區來鳳鄉農業推廣繁殖站

一、本站設於來鳳鄉負責人何鏡現由高西賓接佃表證農家九戶耕地面積二六五畝（已制卡）

二、繁殖良種

(Ⅰ)水稻——繁殖中農四號稻種一、八〇石栽培面積三六畝估計今年收種一八〇石明年可供推廣三六〇〇畝

(Ⅱ南瑞苕——繁殖苕種(三〇斤栽培面積五畝估計今年收穫一〇〇〇〇斤明年可供推廣四〇〇畝

(Ⅲ)小米桐——繁殖桐籽一四八斤播種苗圃一·五畝估計明年育成桐苗一八〇〇〇株可供推廣植桐面積六〇〇畝

三、推廣良種

Ⅰ、水稻——推廣中農四号稻種五五、〇五石栽培面積一八〇一畝產量估計五五〇五石

Ⅱ南瑞苕——推廣苕種一〇〇斤栽培面積四畝產量估計八〇擔

华西实验区各辅导区推广繁殖站工作报告（一九四九年四月至七月） 9-1-166（27）

14

四、其他工作——參加竹蝗防治工作

（五）璧山四區丁家鄉農業推廣繁殖站

一、本站設於丁家鄉負責人蔡芳鉞現調譚力中接

已制卡

任表證農家二十六戶耕地面積五二五畝自租苗圃

已制卡

六畝

二、繁殖良種

（Ⅰ）水稻——自行繁殖中農四號稻種〇、〇五石栽培

面積一畝估計今年收穫五石明年可供推廣

一〇〇畝

（Ⅱ）南瑞苕——自行繁殖栽培面積二畝估計今年

收穫四〇〇〇斤明年可供推廣一六〇畝

（III）小米桐——自行繁殖桐籽二〇〇斤播種苗圃二畝估計明年育成桐苗二四〇〇〇〇株可供推廣植桐面積八〇〇畝

三、推廣良種

（I）水稻——推廣中農四號稻種六七、五五石栽培面積一三五八畝產量估計六七五五石

（II）南瑞苕——推廣苕種八〇〇斤栽培面積三二畝產量估計六四〇擔

（III）美菸——馬坊廣普三合三鄉推廣菸苗八七

华西实验区各辅导区推广繁殖站工作报告（一九四九年四月至七月） 9-1-166（29）

15

七、九〇〇株栽培面積五八五畝產蔴估計六〇

〇種。

（六）璧五區河邊鄉農業推廣繁殖站

一、本站設於河邊鄉負責人張遠定表證農家

十戶耕地面積水田二四五畝旱地二二畝共計

二六七畝

二、繁殖良種

（1）水稻

繁殖中農四號稻種〇、六〇石栽培面積一二

畝估計今年收獲六〇石共推廣八二〇〇

华西实验区各辅导区推广繁殖站工作报告（一九四九年四月至七月） 9-1-166（30）

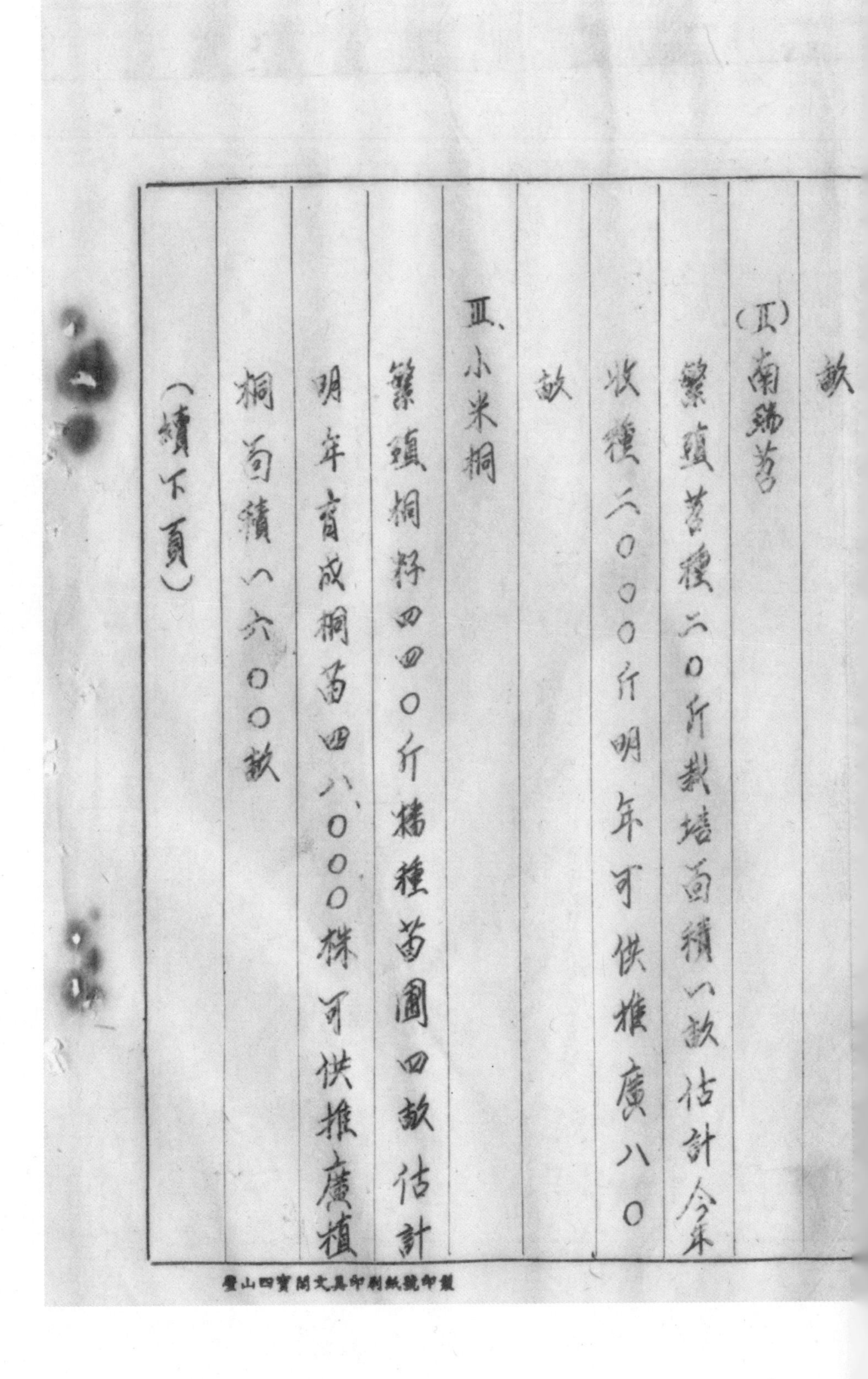

畝

(Ⅱ)南瑞苕

繁殖苕種二〇斤栽培面積八畝估計今年收穫二〇〇〇〇斤明年可供推廣八〇畝

Ⅲ、小米桐

繁殖桐籽四四〇斤播種苗圃四畝估計明年育成桐苗四八、〇〇〇株可供推廣植桐面積八六〇〇畝

(續下頁)

华西实验区各辅导区推广繁殖站工作报告（一九四九年四月至七月） 9-1-166（31）

16

三、推廣良種：

（1）水稻——推廣中農四號稻種三七、五〇石，栽培面積七五〇畝，產量估計三七五〇石。

（2）南瑞苕——推廣苕種一二〇〇〇斤，栽培面積四八畝，產量估計九六〇担。

（3）小米桐——推廣桐苗六〇〇〇株，分配六鄉一二五户，植桐面積二〇〇畝。

四、其他工作：

（1）竹蝗防治——河邊大路兩鄉共計動員六九一二人，捕蝗二九三三兩，約合一八三三斤。

华西实验区各辅导区推广繁殖站工作报告（一九四九年四月至七月）　9-1-166（32）

(四)飼養約克夏小種豬四頭，現由表証農家代養，豬舍正在修建中。

(七)璧六區依鳳鄉農業推廣繁殖站：

一、本站設於依鳳鄉涼水井，負責人李棚，表証農家一〇户，耕地面積約二五〇畝。

二、繁殖良種：

(一)水稻——繁殖中農四號稻種四石，栽培面積八〇畝，估計今年收種四〇〇石，明年可供推廣八〇〇〇畝。

(四)小米桐——繁殖桐籽四〇〇斤，播種苗圃四畝，估計明年育成桐苗四八〇〇〇株，可供推廣植桐面積一六〇〇

璧山四寶閣文具印刷紙號印製

华西实验区各辅导区推广繁殖站工作报告（一九四九年四月至七月） 9-1-166（33）

畝。

三、推廣良種：

（1）水稻—推廣中農四號稻種二六石，栽培面積五二〇畝，產量估計二六〇〇石。

（2）小米桐—推廣桐苗八〇〇〇株，植桐面積二六七畝。

四、其他工作：

（1）竹蝗防治—依鳳、八塘二鄉發動農民二一八八人，捕蝗七二八二兩，約合四五五斤。

（八）巴一區土主鄉農業推廣繁殖站：

一、本站設于土主鄉陳家橋，負責人賈孚支，表証農

华西实验区各辅导区推广繁殖站工作报告（一九四九年四月至七月） 9-1-166（34）

家六户，耕地面積二四〇畝。

二、繁殖良種：

(1) 水稻—繁殖中農四號稻種八四〇石，栽培面積，一六八畝，估計今年收種八四〇石，明年可供推廣一六〇〇畝。

(2) 小米桐—繁殖桐籽四五〇斤，播種苗圃四畝，發芽率百分之五〇，估計明年育成桐苗二四〇〇株可供推廣植桐面積八〇〇畝。

三、推廣良種：

(1) 水稻—推廣中農四號稻種一七·三五石，栽培面

璧山四寶閣文具印刷紙號中製

18

積三四七畝，產量估計一七三五石。

(五)南瑞苕——推廣苕種四四五斤，栽培面積一八畝，產量估計三六〇担。

四、其他工作：

(1)水稻硫酸錏肥料試驗——試驗稻田一六坵面積共八畝，施用硫酸錏肥料一六〇斤。

(九)巴三區歇馬鄉農業推廣繁殖站：

一、本站設于歇馬鄉第二〇保，負責人王承灌，表証農家一〇户，耕地面積一七五畝。

二、繁殖良種：

已制卡

（I）水稻—繁殖勝利秈稻種一·一〇石，栽培面積二二
畝，估計今年收穫一一〇石，明年可供推廣二二
〇〇畝。

（II）南瑞苕—繁殖苕種八〇斤，栽培面積三畝，估
計今年收穫六〇〇〇斤，明年可供推廣二四〇畝。

（III）小米桐—繁殖桐籽三四〇斤，播種苗圃三畝，
發芽率百分之六〇，估計明年育成桐苗四〇〇
株，可供推廣植桐面積八〇〇畝。

三、推廣良種：

（I）水稻—推廣勝利秈稻種四五·二四石，栽培面積

华西实验区各辅导区推广繁殖站工作报告（一九四九年四月至七月） 9-1-166（37）

19

九〇五畝，產量估計四五二五石。

(乙)南瑞苕——推廣苕種一九六八斤，栽培面積八〇畝，產量估計一六〇〇担。

四、其他工作：

(1)水稻硫酸硒肥料試驗——試驗稻田十六坵，面積共八畝，施用硫酸硒肥料一六〇斤。

华西实验区各辅导区推广繁殖站工作报告（一九四九年四月至七月） 9-1-166（37）

华西实验区各辅导区推广繁殖站工作简报总表（草稿）（一九四九年四月至七月） 9-1-217（99）

65

乙

平教会华西实验区

各辅导区推广繁殖站工作简报总表

三十八年四至七月

一 各站现况

站址	辅导区	负责人	表证农家	耕地面积	备注
城北乡	璧一区	陶存	十户	二五三挑	
狮子乡	〃	王德伟	九户	二〇〇挑	原负责人谭力中调丁家乡
大兴乡	璧二区	王建杰	十三户	二三九挑	
来凤乡	〃三区	曹西宾	九户	二六五〃	原负责人何大奇镜调北碚种猪站
丁家乡	〃四区	谭力中	廿一户	五二五〃	原负责人蔡秀敏调北碚种猪站
河边乡	〃五区	张远宣	十户	二六七〃	
依凤乡	〃六区	李[illegible]	十户	二五〇〃	

六、繁殖品种

站别	北碚 繁殖面积(亩)	北碚 栽培面积	北碚 收获估计	北碚 推广面积(亩)	南瑞苕 繁殖苕种(斤)	南瑞苕 栽培面积(亩)	南瑞苕 收获估计(斤)	南瑞苕 推广面积(亩)	小米桐 繁殖桐籽(斤)	小米桐 苗圃面积(亩)	小米桐 估计青苗(株)	小米桐 可供推广(亩)
城北乡	三·六〇	七二	三六〇	七二〇〇	一〇四	四	八〇〇〇	三二〇	二〇〇	二	二四〇〇〇	八〇〇
狮子乡	〇·七二	一五	七五	一五〇〇	二二〇	九	一八〇〇〇	七二〇	二〇〇	二	二四〇〇〇	八〇〇
大兴乡	〇·八五	一七	八五	一七〇〇	一一五	五	一〇〇〇〇	四〇〇	二〇五	二	二四〇〇〇	八〇〇
青风乡	一·八〇	三六	一八〇	三六〇〇	一三〇	五	一〇〇〇〇	四〇〇	一四八	一·五	一八〇〇〇	六〇〇
丁家乡	〇·〇五	一	五	一〇〇	五〇	二	四〇〇〇	一六〇	二〇〇	二	二四〇〇〇	八〇〇
河边乡	〇·六〇	一二	六〇	一二〇〇	二〇	一	二〇〇〇	八〇	四四〇	四	四八〇〇〇	一六〇〇
信风乡	四·〇〇	八〇	四〇〇	八〇〇〇	|	|	|	|	四〇〇	四	四八〇〇〇	一六〇〇
土主乡	八·四〇	一六八	八四〇	一六八〇〇	|	|	|	|	四五〇	四	二四〇〇〇	八〇〇
歇马乡	一·一〇	二二	一一〇	二二〇〇	八〇	三	六〇〇〇	二四〇	三〇〇	三	二四〇〇〇	八〇〇
共计	二一·一二	四二三	二一一五	四二三〇〇	七一九	二九	五八〇〇〇	二三二〇	二五四三	二四·五	二五八〇〇〇	八六〇〇

以上九站共有表证农家九十八户，耕地面积二四二四亩

歇马乡巴二区王咏权十一户一七五亩

华西实验区各辅导区推广繁殖站工作简报总表（草稿）（一九四九年四月至七月） 9-1-217（100）

66

三、推广良种

乡名	水稻 推广稻种(石)	水稻 栽培面积(亩)	水稻 估计产量(石)	南瑞苕 推广苕种(斤)	南瑞苕 栽培面积(亩)	南瑞苕 估计产量(担)	小麦柑 推广柑苗(株)	小麦柑 栽植面积(亩)
城北乡	三八·三〇	五六六	二八三〇	三四六	一四	二八〇	八五〇〇	二八三
狮子乡	二一·六	四三	二一五	八四	三	六〇	—	—
大兴乡	一五·〇〇	三〇〇	一五〇〇	五〇	二	四〇	—	—
青风乡	五五·五五	二〇二	五五〇五	一〇〇	四	八〇	—	—
丁家乡	六七·五五	一三五一	六七五五	八〇〇	三二	六四〇	美葵 八七七九〇	五八五
河边乡	三七·五〇	七五〇	三七五〇	三〇〇	四八	九六〇	六〇〇〇	二〇〇
依凤乡	二六·〇〇	五二〇	二六〇〇	—	—	—	八〇〇〇	二六七
土主乡	一七·三五	三四七	一七三五	四四五	一八	三六〇	—	—

华西实验区各辅导区推广繁殖站工作简报总表（草稿）（一九四九年四月至七月） 9-1-217（100）

总计	一九四二五	五八八三	二九四一五	四九九三	二〇一	一四〇二	美蔗 八七七九〇〇	美蔗 五八五

璧山四寶閣文具印刷紙號印製

华西实验区各辅导区推广繁殖站工作简报总表（草稿）（一九四九年四月至七月） 9-1-217（96）

62

②

三、推广良种

(一)水稻 1、推广中农四号稻种〇・六六石，栽培面积一三亩

(2) 〃 卅四号 〃 一・五〇石 〃 三〇亩

共计推广稻种二・一六石，栽培面积四三亩，产量估计二一五石

(四)南瑞苕—推广苕种八四斤，栽培面积三亩，产量估计六〇担

四、其他工作

(1)水稻硫酸铔施肥试验，稻田五处，面积二・五亩，施用硫酸铔五〇斤

(2)参加竹螳及甜橙果实蝇防治工作

(三)璧二区大兴乡农业推广繁殖站

一、本站设於大兴乡附场之第一社学区，负责人王廷杰，表证 三月二十三日成立

农家十三户，耕地面积二三九亩

二、繁殖良种

1、水稻—繁殖中农四号稻种〇・八五石，栽培面积一七亩

估计今年收种八五石，明年可供推广一七〇〇亩，

II、南瑞苕—繁殖苕种一一五斤，栽培面积五亩，估计今年

收种一〇〇〇〇斤，明年可推广[illegible]

四、小米棉：繁殖推广二〇三户……

棉苗二〇〇〇〇挑，可供推广植棉一五〇〇亩

三、推广良种

1. 水稻：推广中农四号稻种 石，栽培面积 亩，产量（估计共计一五〇〇石）

2. 南瑞苕：推广苕种五〇斤，栽培面积二亩，产量估计四〇担

四、其他工作：参加竹蝗防治工作，本区福禄、梓潼二乡，动员

农民三一四五人，捕蝗一二一七六两，约共七六一斤

（四）璧三区来凤乡农业推广繁殖站

一、本站设于来凤乡，负责人何奇德，现由高西亮担任

表证农家九户，耕地面积二六五亩

二、繁殖良种：

1. 水稻：繁殖中农卅四号稻种一·八〇石，栽培面积三六亩

估计今年收种一八〇石，明年可供推广三六〇〇亩

2. 南瑞苕：繁殖苕种一三〇斤，栽培面积五亩，估计今年

收种一〇〇〇〇斤，明年可供推广四〇〇亩

3. 小麦棉：繁殖棉籽一四八斤，播种苗圃一·五亩，估计

年生产棉苗一八〇〇〇挑，可供推广植棉六〇〇亩

吉成

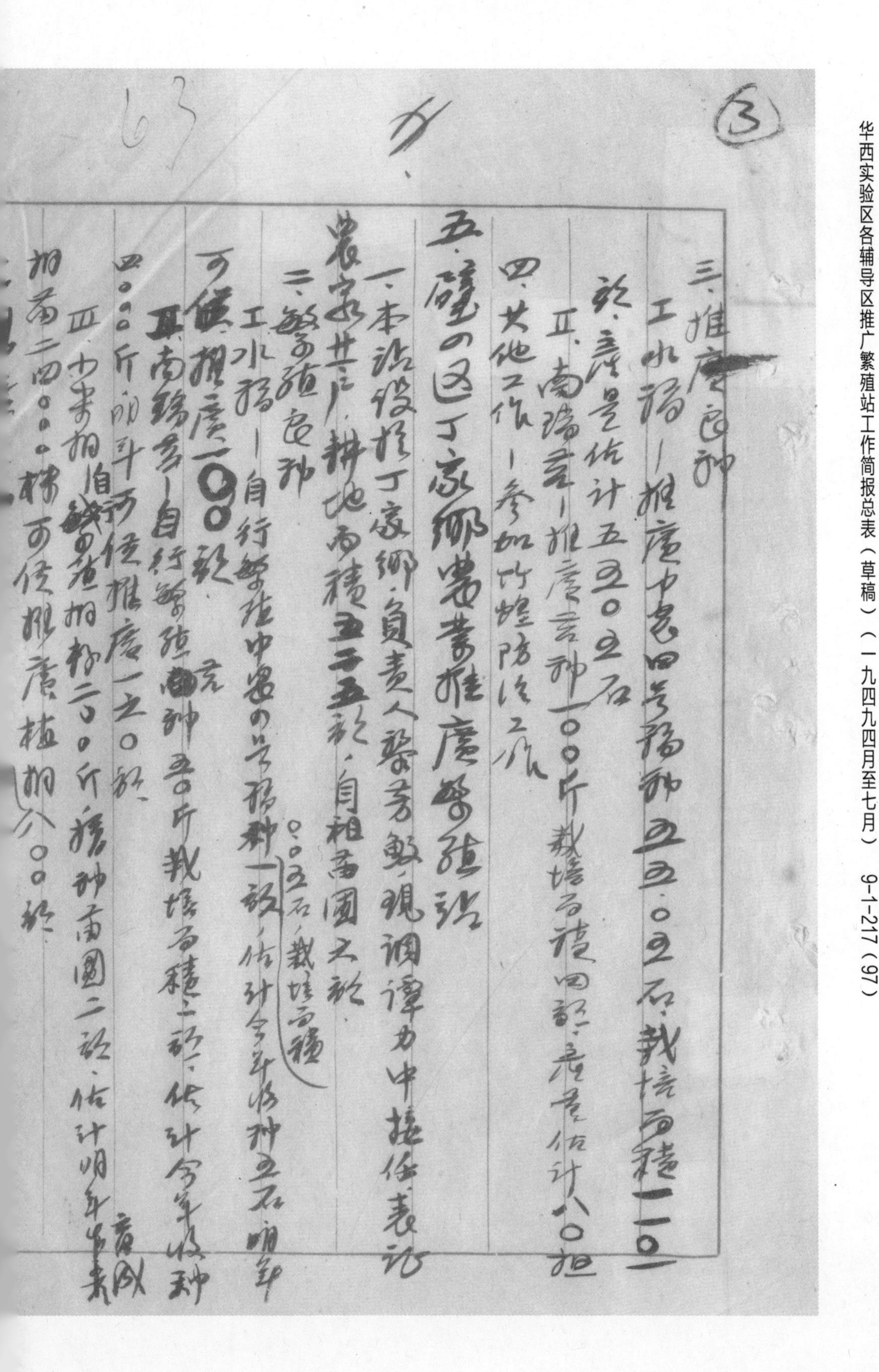
63
③

三、推廣良种
Ⅰ、水稻：推廣中農四號稻种五五〇五石，栽培面積一一〇五畝，產量估計五五〇五石
Ⅱ、南瑞苕：推廣苕种一〇〇斤，栽培面積四畝，產量估計八〇担
四、其他工作：參加竹蝗防治工作
五、璧山区丁家鄉農業推廣繁殖站
一、本站設於丁家鄉，負責人蔡秀敏，現調譚力中接任表證
農家共廿戶，耕地面積五二五畝，自租面積三畝
二、繁殖良种
Ⅰ、水稻：自行繁殖中農四號稻种一畝（〇〇五石，栽培面積），估計今年收种五石，明年可供推廣一〇〇畝
Ⅱ、南瑞苕：自行繁殖苕种三〇斤，栽培面積二畝，估計今年收种四〇〇〇斤，明年可供推廣一六〇畝
Ⅲ、小米柑：自繁殖柑秧二〇〇斤，種种面圍二畝，估計明年收產柑苗二四〇〇〇株，可供推廣植柑八〇〇畝

华西实验区各辅导区推广繁殖站工作简报总表（草稿）（一九四九年四月至七月） 9-1-217（97）

华西实验区各辅导区推广繁殖站工作简报总表（草稿）（一九四九年四月至七月） 9-1-217（97）

工、水稻：推广中农四号稻种五七五石五斗，栽培面积
一三五一亩，产量估计六七五五石。
Ⅱ、南瑞苕：推广苕种八〇〇斤，栽培面积三二亩，产量估计
六四〇担。
Ⅲ、美烟：马坊、广兴、三合三乡推广烟苗八七七、九〇〇株，
栽培面积五八五亩，产烟估计五〇担。

六、璧五区河边乡农业推广繁殖站
一、本站设于河边乡，负责人洪达宣，表证农家十三户，耕地
面积水田二〇五亩，旱地二二亩，共计二二七亩。
二、繁殖良种
工、水稻：繁殖中农四号稻种〇.六〇石，栽培面积一二亩，估计
今年收种六〇石，明年可供推广一二〇〇亩。
Ⅱ、南瑞苕：繁殖苕种二〇斤，栽培面积一亩，估计今年
收种二〇〇〇斤，明年可供推广八〇亩。
Ⅲ、小麦烟：繁殖烟籽四四〇斤，播种苗圃四亩，估计明年
出产烟苗四八〇〇〇〇株，可供推广植烟六〇〇亩。
青饭
面积

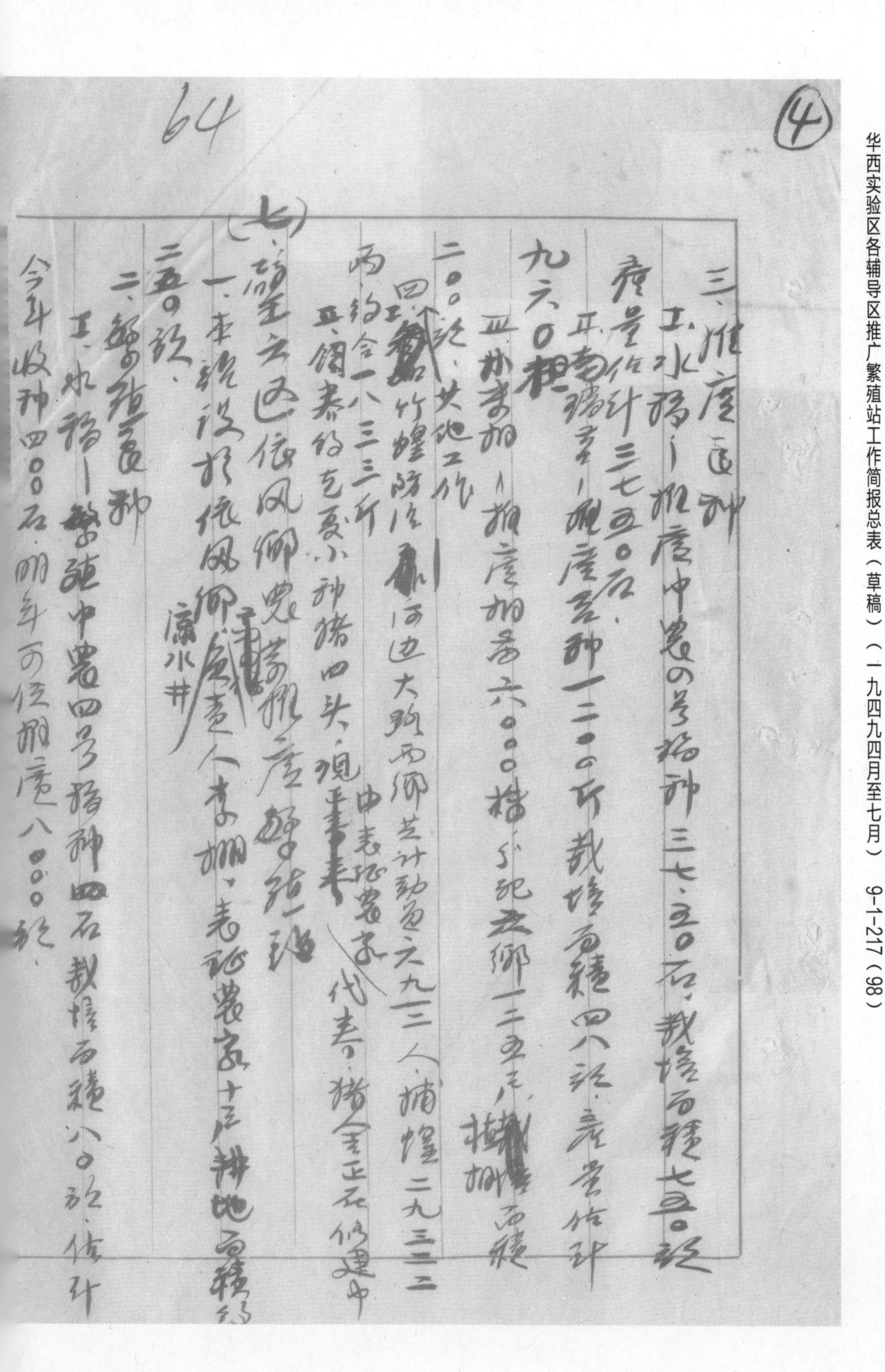
64

④

三、推广良种
子、水稻：推广中农四号稻种三七、五〇石，栽培面积七五〇亩，产量估计三七五〇石。
丑、玉蜀黍：推广玉种一二〇〇斤，栽培面积四八亩，产量估计九六〇担。
寅、烟叶：推广烟苗六〇〇〇株，分配五乡一二五户，[illegible]面积二〇〇亩。
四、其他工作
子、竹蝗防治：[illegible]河边大路西乡共计动员六九三人，捕蝗二九三二二两，约合一八三三斤。
丑、饲养约克夏小种猪四头，现由中表证农家代养，猪舍正在修建中。
（七）、辅导区：依凤乡农业推广繁殖站
一、本站设于依凤乡凉水井，负责人李[illegible]，表证农家十户，耕地面积约二〇〇亩。
二、繁殖良种
子、水稻：繁殖中农四号稻种四石，栽培面积八〇亩，估计今年收种四〇〇石，明年可供推广八〇〇〇亩。

华西实验区各辅导区推广繁殖站工作简报总表（草稿）（一九四九年四月至七月） 9-1-217（98）

华西实验区各辅导区推广繁殖站工作简报总表（草稿）（一九四九年四月至七月）　9-1-217（98）

Ⅱ、油菜[illegible]

育成柑苗四八〇〇〇株，可供推广植柑一二〇〇亩

三、推广良种

Ⅰ、水稻—推广中农四号稻种二六石，栽培面积三二〇亩

产量估计二六〇〇石

Ⅱ、小青柑—推广柑苗八〇〇〇株，栽培面积二六七亩

四、其他工作

Ⅰ、竹堤防汛—依凤八塘二节，发动农民二一八八人，捕蝗

七二八二两，约合四五五斤

（八）巴一区土主乡农业推广繁殖站

一、本站设于土主乡陈家操，负责人曹厚友、堯瓦

农家六五户，耕地面积二四〇亩。

二、繁殖良种

Ⅰ、水稻—繁殖站中农四号稻种八、四〇〇石，栽培面积一六八亩

预估今年收种八四〇石，明年可供推广一四〇〇〇亩。

Ⅱ、小青柑—繁殖柑籽四五〇斤，播种苗圃四亩，发芽

率百分之五十，估计明年育成柑苗二〇〇〇〇〇株，可供推广

植柑八〇〇〇亩

西德

华西实验区各辅导区推广繁殖站工作简报总表（草稿）（一九四九年四月至七月） 9-1-217（95）

61

5

三、推广良种

1、水稻：推广中农四号稻种一七・三五石，栽培面积三四七亩，蔗苗估计一七三五石，

2、南瑞苕：推广蓄种四四五斤，栽培面积一八亩，产量估计三六〇担

四、其他工作

1、水稻施硫酸铔肥料试验，试验小田十六块，共面积共八亩。施用硫酸铔一二〇斤

九、巴二区驸马乡繁殖推广繁殖站

一、本站设驸马乡第二十保，负责人王海澄，惠设农家十户，耕地面积一七五亩。

二、繁殖良种

1、水稻：繁殖胜利籼稻种一、一〇石，栽培面积二二亩，

估计今年收种一二〇石，明年可供推广二二〇〇亩。

收種六〇〇〇斤，明年可供推廣二〇〇〇畝

四、小麥桐—繁殖桐籽三〇〇斤，播種苗圃三畝，每畝

產苗六千，估計明年能育成桐苗二〇〇〇〇株，可供推廣植

桐八〇〇畝、

三、推廣良種

1、水稻—推廣勝利秈稻種四五、二〇石，栽培面積

九〇五畝，產量估計四五二五石，

2、南瑞苕—推廣薯種一九六八斤，栽培面積八〇畝、

產量估計一六〇〇擔。

四、其他工作

1、水稻硫酸錏肥料試驗—試驗水田十六塊，面積共

八畝，施用硫酸錏肥料一六〇斤

华西实验区各辅导区推广繁殖站工作简报总表（草稿）（一九四九四月至七月） 9-1-217（95）

华西实验区各辅导区推广繁殖站工作简报总表（一九四九年四月至七月） 9-1-217（48）

附件一、

28

中華平民教育促進會華西實驗區

各輔導區推廣繁殖站工作簡報總表

三十八年四五月

一、各站現況

站址	輔導區負責人	表證農家	耕地面積	備攷
城北鄉璧一區	陶序（已制卡）	十户	二五三畝	
獅子鄉璧弍區	王德偉（已制卡）	九户	二〇〇畝	原負責人譚力中調丁家鄉
大興鄉璧二區	王廷杰（已制卡）	十三户	二三九畝	
來鳳鄉璧三區	高西賓（已制卡）	九户	二六五畝	原負責人何奇魏調北碚種豬站
丁家鄉璧四區	譚力中（已制卡）	二十一户	五二五畝	原負責人蔡方敏調北碚種豬站
河邊鄉璧五區	張遂完（已制卡）	十户	二六七畝	

华西实验区各辅导区推广繁殖站工作简报总表（一九四九年四月至七月）　9-1-217（49）

依鳳鄉璧山六區李[illegible]彬	十户	二五〇畝
土主鄉巴縣一區賈李氏	六户	二四〇畝
歇馬鄉巴縣二區王成灌	十户	一七五畝

以上九站共有表證農家九十八户耕地面積二四一四畝

二、繁殖良種

站址	城北鄉	獅子鄉	大興鄉	[illegible]鳳鄉	丁家鄉	河邊鄉	依鳳鄉	土主鄉	歇馬鄉	合計
水稻　繁殖稻種（石）	三、六〇	〇、七三	〇、八五	一、八〇	〇、〇五	〇、六〇	四、〇〇	八、四〇	一、一〇	二一、一八
繁殖面積（畝）	七三	五	一七	三六	一	一二	八〇	一六八	三三	四六三
收穫部份（石）	三六〇	七五	八五	一八〇	五	六〇	四〇〇	八四〇	一一〇	二、一一五
可供推廣（畝）	七、二〇〇	一、五〇〇	一、七〇〇	三、六〇〇	一〇〇	一、二〇〇	八、〇〇〇	一六、八〇〇	二、二〇〇	四二、三〇〇

华西实验区各辅导区推广繁殖站工作简报总表（一九四九年四月至七月） 9-1-217（50）

X 29

站	三	桐	米		小	苕	瑞		南
名	推廣良種	可供推廣(畝)	估計苗(株)	栽培面積(畝)	繁殖桐种(斤)	可供推廣(畝)	收种估計(斤)	栽培畝數(畝)	繁殖苕种(斤)
		八〇〇	二四〇〇〇	二	二〇〇	三三〇	八〇〇〇	四	一〇四
		八〇〇	二四〇〇〇	二	二〇〇	七三〇	一八〇〇〇	九	三三〇
		八〇〇	二四〇〇〇	二	二〇五	四〇〇	一〇〇〇〇	五	二五
		六〇〇	一八〇〇〇	一·五	一四八	四〇〇	一〇〇〇〇	五	一三〇
		八〇〇	二四〇〇〇	二	二〇〇	一六〇	四〇〇〇	二	五〇
		一六〇〇	四八〇〇〇	四	四四〇	八〇	二〇〇〇	一	二〇
		一六〇〇	四八〇〇〇	四	四〇〇	—	—	—	—
		八〇〇	二四〇〇〇	四	四五〇	—	—	—	—
		八〇〇	二四〇〇〇	三	二四〇	二四〇	六〇〇〇	三	八〇
		八六〇〇	二六八〇〇〇	一四·五	二五八三	二三三〇	五八〇〇〇	三九	七九

推廣稻种(石) 栽培面積(畝) 產量估計(石) 推廣小麥(石) 栽培面積(畝) 產量估計(石) 推廣桐苗(株) 稻桐面積(畝)

水稻 南瑞苕 小米 桐

华西实验区各辅导区推广繁殖站工作简报总表（一九四九年四月至七月） 9-1-217（51）

鄉別								
城北鄉	六八三五	五六六	六八三〇	三四六	一四	六〇	八五〇〇	二八三
獅子鄉	二六六	四三	二一八六	八四	三	六〇	—	—
大興鄉	一五〇〇	三〇〇	一五〇〇	五〇	二	四〇	—	—
來鳳鄉	三五五五	一二〇八	五五〇五	一〇〇	四	八〇	—	—
丁家鄉	六六五五	一三五八	六七五五	八〇〇	三二	六四〇	美花生 八六九〇	美花生 五八九
河邊鄉	三七五〇	七五〇	三七五〇	一二〇〇	四八	九六〇	六〇〇〇	二〇〇
依鳳鄉	二六〇〇	五二〇	二六〇〇	—	—	—	八〇〇〇	二六七
土主鄉	一七三五	三四七	一七三五	四四五	一八	三六〇	—	—
歐高鄉	四五二四	九三五	四五三五	一九六八	八〇	一六〇〇	—	—
共計	二九四一五	三六八三	二九四八五	四九九三	二〇八	四〇二〇	二二五〇〇 美花生 八[illegible]	七五〇 美花生 五八九

璧山四寶閣文具印刷紙號印製

华西实验区各辅导区推广繁殖站工作简报总表（一九四九年四月至七月） 9-1-217（53）

31

Ⅰ、合約規定補助經費預算（四月十五日立約）

1、倉庫建築費　　一三〇〇美元

2、稻麥原種繁殖費（各四〇畝）　三〇〇美元

共計　　一六〇〇美元

Ⅱ、四月十五日撥付食米三〇〇市石共合美金四〇〇元

Ⅲ、餘款四分之三共計美金一二〇〇元折合銀幣一八〇〇元擬於七月底前付清

三、鄉建學院農場（場長李世材）

Ⅰ、合約規定補助經費預算（四月二十二日立約）

1、倉庫建築費　　一三〇〇美元

2、稻麥原種繁殖費（各四十畝） 三〇〇美元

共計 一六〇〇美元

II、已領補助經費

1、五月廿四日借領銀幣五〇〇元

2、六月九日借領銀幣六二二·八九元

共合食米五三四·七一市石

折合美金七一三元

其中美金四〇〇元折合食米三〇〇市石為稻麥原種繁殖及建倉補助餘為補助雞鴨魚苗及橙桐苗繁殖經費

III、未領補助經費美金一二〇〇元折合銀幣一八〇〇元擬於七月底前付清

四、璧山農推所（所長劉[illegible]）

璧山四寶閣文具印刷紙號印製

华西实验区各辅导区推广繁殖站工作简报总表（一九四九年四月至七月） 9-1-217（55）

38

I、合約規定補助經費預算（六月二十二日立約）

1、稻種繁殖費（一〇〇畝）

2、南瑞苕繁殖費（九〇畝）

3、麥種繁殖費（一五〇畝）

共計三〇〇美元

II、立約時稻苕播種期已過擬於七月底前撥付銀幣四五〇元今冬開始繁殖小麥一五〇畝

五、巴縣農推所（所長萬雨濃）

I、合約規定補助經費預算（七月六日立約）

1、稻種繁殖費（一五〇畝）

2、麥種繁殖費（一五〇畝）

共計三〇〇美元

华西实验区各辅导区推广繁殖站工作简报总表（一九四九年四月至七月）　9-1-217（56）

3、南瑞苕繁殖費（一五〇畝）

II、立約時稻麦播種期擬於七月底前撥付銀幣四五〇元今冬開始

繁殖小麦一五〇畝

六、北碚農推所（所長陳耀欽）

I、合約規定補助經費預算（五月三日立約）

1、稻種繁殖費（一五〇畝）

2、南瑞苕繁殖費（一九〇畝）

共計三〇〇美元

II、五月七日撥付食米五六·二五市石共合美金七五元

III、餘款四分之三共計美金二二五元折合銀幣三三七元於七月底前付清

七、合川農推所——合約正在商訂中補助經費美金三〇〇元折合銀幣四

五〇元擬於立約後一次付清

璧山四寶閣文具印刷紙號印製

华西实验区农业推广繁殖站一九五〇年业务计划纲要　9-1-145（71）

37

農業推廣繁殖站一九五〇年業務計劃綱要

一、根據一九四九年工作經驗，良種繁殖與推廣在不須專設機構與節省經費之條件下，農業推廣繁殖站之業務有繼續推行與充實之必要，本年度就人力物力所及之範圍，擬辦理繁殖站四處，其地址如下：

一、璧山　楊家祠　　二、璧山　來鳳驛

三、巴縣　陳家橋　　四、巴縣　歇馬場

二、每站派技術人員一人負專責，各項業務活動期間隨時增派輔導團協助工作

三、業務：

甲、稻、麥、南瑞苕及小米桐等優良品種之繁殖與推廣

乙、約克夏種豬之繁殖

丙、以繁殖站為中心建立約克夏與榮昌豬雜交一代推廣網

丁、推廣桐苗三萬株造成五至十里示範桐林

戊、推廣甜橙苗一千株造成示範果園一至二所

己、農業生產之調查

庚、農情報告

四、工作人員須知

甲、工作開始前對本計畫及農業組所擬之各項辦法有透澈之瞭解

乙、一切工作措施應與地方人民政府切實配合

丙、業務計畫及各項辦法如有不切合當地實際情況時得擬具具

华西实验区农业推广繁殖站一九五〇年业务计划纲要 9-1-145（73）

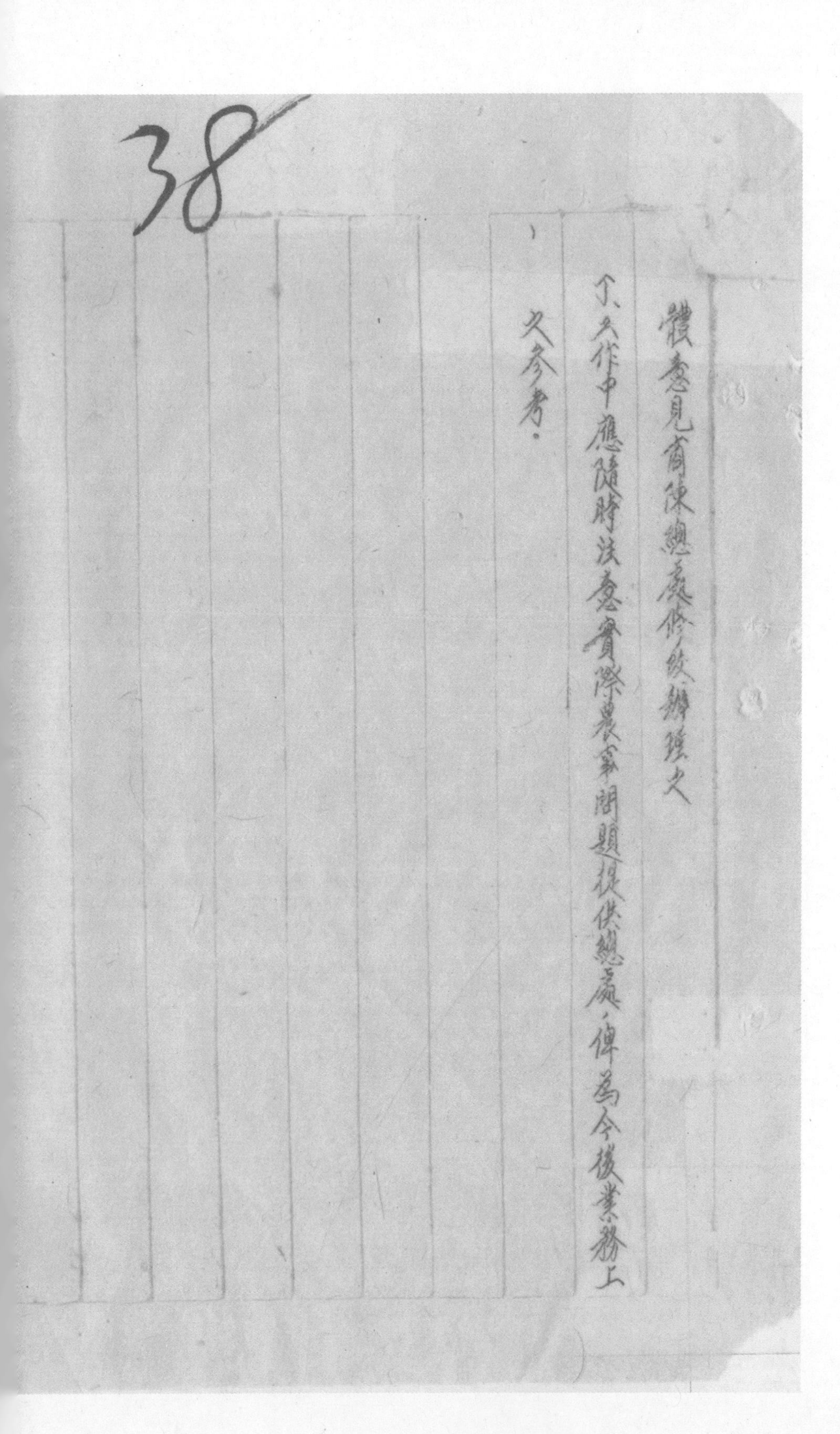

38

體意見商陳總處修改辦理之
工作中應隨時注意實際農事問題提供總處，俾為今後業務上
之參考。

增加耕牛贷款计划　9-1-54（69）

38

耕牛貸款計劃

本區耕田全賴水牛，惟以牛價過高，牛瘟及其他牛病流行，故耕牛特別缺少。據初步調查，每社學區（約有耕地二千畝）僅有耕牛二八頭，亦即每隻牛須耕田七〇畝，然事實上每牛只能耕田四〇畝，故常致時屆冬令，尚有約三分之一的田畝未能普耕，對於農作物之生產影响實大。未耕之地儲水不易，草及稻根不能腐化成為肥料，病虫卵不能凍斃，對於農作物之生產影响實大。農人間亦有自他處租得耕牛者，然租費極鉅，每耕一畝須出租谷三斗餘，貧農實無力負担。

川省耕牛之價，每頭約二十美金（合米十五市石），此斷非一般貧窮農人所能購置，故謹建議農村復興委員會撥予耕牛貸款一二〇〇〇美元（合米九〇〇〇市石），以解救本區之牛荒。貸款計劃如次

1、貸款：第三行政區計須增加耕牛10.000頭，本區共有四千個農業生產合作社，第一年擬先在壹千個合作社舉辦之，每社可貸予耕牛十頭，其中三頭為母牛，每母牛每年可生小牛一頭，今後本區內耕牛當可日漸增加。牛價以每頭20美元計，10.000頭耕牛共須200.000美元，農民自籌百分之四十，擬請農復會貸予120.000美元。

2、還款：農民之接受貸款者，應於三年內將貸款還清，計每年償還貸款之三分之一。

預　　算

	數目	每隻單價		總計	
		美元	米	農民自籌	貸款
耕牛	10,000頭	20元	15市石	80,000美元（或米60,000市石）	120,000美元（或米90,000市石）

增加耕牛貸款计划　9-1-54（70）

增加猪只贷款预算 9-1-54（68）

增加豬隻貸款預算

豬數	每隻貸款數		總計	
	金額(美金)	折合食米(市石)	金額(美金)	折合食米(市石)
公豬 1,024頭	4	3	4,096	3,072
母豬 40,000頭	1.6	1.2	64,000	48,000
			68,096	51,072

150

附件(三)

稻田養鯉法

利用稻田養魚，我國各地，已普遍盛行，尤其是鯉魚，生長快，價錢好，更受一般農友的歡迎。但是，如果要想年年都養得好，收得多，這也不是件容易的事情。現在把我們用過的方法，和得到的經驗，報告給農民們作參考。

(一)怎樣選擇稻田

不是每塊稻田，都能養魚的，最好是依照下面的標準，來加以選擇：

(1)要灌水和排水都方便的，這樣：才可以減少天乾和水淹的損失。

(2)要接近住宅和田土肥沃的，因為接近住宅，看管和保護，都較方便，田土肥沃，能使鯉魚，長

(4)要無毒質和放過石灰的，因為這種田的水質，對於魚類的生長，都有妨礙。

(5)要不當冲水當大的，因為當冲水大的田，多不肥沃，魚長得慢，並且在山洪暴發時，常因四面田水匯積，排洩不及，或冲潰田隄，或翻越田坎，使鯉魚也隨着逃跑。

(二)怎樣整理稻田

稻田既經選定，還要加以整理，才能養魚。

(1)田坎加高加寬　我們所見的稻田，如用來養魚，高度和寬度，都嫌不够，要加高為一尺四五寸，加寬為一尺二寸，這樣不但可以多容水量，水漲時亦能從容排洩，還可以避免田坎崩潰的危險，同時減少鯉魚逃跑的機會。

(2)注水口和排水口處要加竹箔　距注排水口的附近，須設高出水面約二三尺的竹箔，因在漲水時，鯉魚容易從那些地方逃跑。

(3)作魚窩　留田中央，[illegible]個，面積

稻田养鲤法 9-1-91【1】（72）

151

半方丈，深約一尺（將來移較大的秧苗放於窩内），同時在注水口處和排水口處，各作一魚溝，寬一尺，深約七八寸，與魚窩相連，在接近注水口處稍淺，排水口處較深，魚窩魚溝的作用，是當天熱或田水減少時，鯉魚有棲息逃避之處，而在漁獲時，更可便於捕捉。

（三）怎樣放魚

稻田既經選定，整理，以後應注意如何把魚苗放入田中：

（1）何時放魚苗 以魚苗體長一寸，於插秧一週後，田水澄清時放入田中為最佳，因魚苗過小，放入田中，死亡頗多，過大，在魚苗池裏密集，生長較慢，又在插秧時，一經耕耙，田水混濁，對小魚苗的生長，頗多妨礙，且有些地方，在插秧後常有「放早」的習慣，故不宜在插秧前放入。

（2）如何放魚苗 放時不可傾入田中，或擲入田中，這樣，魚苗一受驚駭，入水亂竄，有時使頭部撞入泥裏，有時使鰓裏浸滿泥沙，皆容易增加魚苗的死亡，故最好是用洗臉盆，瓦缽，木桶等裝魚苗[illegible]

(3)放[illegible]

，就我們的經驗，如果是肥田，每挑谷的田面積放四五十尾，瘦田放七八十尾，魚苗較小時，每挑谷田面積應多放二三十尾，總之，放魚的多少，不能一定，放得少，則魚長得大，放得多，則魚長得小，因為稻田對於魚的天然生產量，是有一定的。

(四)怎樣管理

(1)防山洪　夏天暴雨很多，山洪時發，許多養魚的農友，都因此失敗而灰心，所以這點要特別注意。養魚的田，如有排洪溝（在稻田旁邊，另備的排水溝），那最安全，否則，應在山洪發生時，到田邊去巡視，以便排水，在晚上，也要同樣注意，

稻田养鲤法　9-1-91【1】（73）

左右，可準備在年節時出賣，因為它大小輕重，都合市場需要，不到十兩重者，可準備明年再養，次年於揷秧後放入稻田，每挑谷田面，約放十尾即可，到年底可有二三斤重。

稍不小心，水漲時，魚就一溜而光了。

(2)防天旱　選擇稻田時，要特別注意：田坎的透水性，和注水的充足，當天旱時，最好是注入新水，不然，則祇有將魚轉運到其他蓄水較深的田中

(3)防人偷　偷魚或強迫取魚的壞風氣，各地常有，這使許多養魚的農友，不敢再養魚，防止的方法，是大家聯合養魚，互相看守，同時由鄉鎮保甲嚴令禁止，養魚的農友，晚上要巡查田坎，以防宵

(4)防敵害　待秋遲後，田水較淺，這時鷺鳥常涉水捕魚，平時翠鳥亦時在田邊，偷襲魚苗，均用鳥槍驅殺，家鴨最好不入養魚田，如有水老鼠（即水獺）為害，可用鳥槍或老虎鋏捕殺。

(5)餌料　稻田養魚，也應投給餌料，以補天然餌料的不足，米糠，麥麩，豆餅（用水浸透，撒入田中）為最佳，但花錢太多，可取長有沙蟲（即孑孓）的污水，清薄的糞汁，廁所的蛆兒，每隔三四天，用糞瓢撒入田中，供魚攝食。

(6)越冬

(A)原田越冬　秋收後，如果田水有三四寸以上，則可不取出，以後再引流新水，使鯉魚在原田裏過冬。

(B)換田越冬　秋收時田水甚淺，必須取出，轉於蓄水較深的田中。

(五)怎樣漁獲

稻田秋收以後，這時鯉魚，大者約有十二兩，小者亦有三四兩，如果田裏有水，最好再繼續養二三月，如田水缺乏，無法再養，祇好運去販賣，不過這時市價最低，如其他稻田有水，可以移入，到冬月初，魚已入越冬狀態，可漁獲起來，分別放入蓄水深的田中，或小池塘裏，這時，大者約近一斤

华西实验区饲养种猪的相关文件（约克夏种料饲养法、养猪及贷款办法、约克夏种猪分配、种猪饲养志愿书、种猪饲养须知、猪舍修建设计、种猪推广办法等） 9-1-116（121）

約克縣种料飼养法

一、飼料：

玉米、麸皮、黄豆粉（黄豆經磨碎後製成）并加食盐、骨粉（骨經消毒之蒸骨粉）混合共配合成份如下表：

品名	成份
玉米	60%
麸皮	30%
黄豆	9%
食盐	0.5%
骨粉	0.5%
合计	100%

华西实验区饲养种猪的相关文件（约克夏种料饲养法、养猪及贷款办法、约克夏种猪分配、种猪饲养志愿书、种猪饲养须知、猪舍修建设计、种猪推广办法等） 9-1-116（122）

二、……

视种猪体重而异，平均体重（150）市斤之种猪，每日需喂精料（如前表所配合之饲料）七市斤，另给青叶菜或青草一—一·五市斤、

三、喂料次数：

每日上下午各一次，间隔时间约八小时

四、喂料方法：

採用「生喂」方法，不必煮熟，可免浪费「燃料」「分」及「时间」，兹将喂料步骤分叙如左：

（一）玉米（生喂）（玉米须经水浸24—36小时，则易消化利用）可整粒倒入饲料槽中喂给、

华西实验区饲养种猪的相关文件（约克夏种料饲养法、养猪及贷款办法、约克夏种猪分配、种猪饲养志愿书、种猪饲养须知、猪舍修建设计、种猪推广办法等） 9-1-116（123）

70 ②

(二)次喂粉料——可将麸皮、黄豆粉及食盐、骨粉等用水调和至适当程度，候猪吃完第一次料时，即倒入饲料槽内喂之。

(三)后喂清水——饮水须清洁，供给须充分，夏日尤宜多喂清水。

每次喂料前，须将饲料槽用水冲洗干净，务需保持清洁以免生病。

喂青菜或青草之时间可不拘，最好在上下午两次喂料之间隔期中喂。

五、运动及放牧——

种猪每日须有适当运动机会，尤以公猪更不可少，除圈养（故种猪须有运动场）

放牧：除外，如有适当场地可将种猪放牧，对生长发育极有帮助。

一、——普通地面需以石板平舖
四、——或東南向
五、——坑長三尺、寬二尺、深三尺、
七、——場外四周掘防水溝深二尺、寬二尺、
——门寬改二尺——

华西实验区饲养种猪的相关文件（约克夏种料饲养法、养猪及贷款办法、约克夏种猪分配、种猪饲养志愿书、种猪饲养须知、猪舍修建设计、种猪推广办法等） 9-1-116（123）

华西实验区饲养种猪的相关文件（约克夏种料饲养法、养猪及贷款办法、约克夏种猪分配、种猪饲养志愿书、种猪饲养须知、猪舍修建设计、种猪推广办法等） 9-1-116（127）

華西實驗區農業生產合作社養豬及貸款辦法

一、本區為推廣優良種猪及提倡社員養豬增加生產起見特訂定本辦法

二、農業生產合作社養豬分為左列數項：

子、種猪

（一）本區以約克夏種豬分借於設有繁殖站之農業生產合作社暫以巴縣璧山北碚三縣局為限

（二）凡借養種豬之合作社須填具種豬飼養志願書（志願書格式附後）依照規定辦法飼養（飼養須知附後）本區必要時得隨時收回

（三）凡借養種豬之合作社應依照規定圖樣建築豬舍遇有困難

华西实验区饲养种猪的相关文件（约克夏种料饲养法、养猪及贷款办法、约克夏种猪分配、种猪饲养志愿书、种猪饲养须知、猪舍修建设计、种猪推广办法等） 9-1-116（127）

若此猪有移（舍）[illegible]照本區指導加以改造（修建[illegible]
舍設計附後）
（四）凡借養種豬之合作社其飼養辦法應經由社務會議決定參照左列辦法辦理：
甲、社員或保校飼養：
（1）委託設有糟房或粉房之社員飼養
（2）委託熱心之社員或表證農家飼養
（3）委託繁殖站所在地之保校飼養
（4）凡接受委託者對於豬舍（修建）及飼料管理等項均須自行負
責其照規定所收入之交配費與所產肥料均歸其所有

华西实验区饲养种猪的相关文件（约克夏种料饲养法、养猪及贷款办法、约克夏种猪分配、种猪饲养志愿书、种猪饲养须知、猪舍修建设计、种猪推广办法等） 9-1-116（132）

76

（四）貸款以當時肉價計算合作社自籌全部價款三成其餘由本區與農行配貸

（五）貸款方式以貸實收實為原則

（六）借款期限一年利息及手續均照農行規定辦理

三、種豬之防疫養護均應接受本區之指導

四、購養母豬應各輔導區聯合各社集體購買

五、本辦法自公佈之日施行

华西实验区饲养种猪的相关文件（约克夏种料饲养法、养猪及贷款办法、约克夏种猪分配、种猪饲养志愿书、种猪饲养须知、猪舍修建设计、种猪推广办法等） 9-1-116（132）

约克夏种種分配

(一)架子猪一四頭(平均年齡八個月)

性別：公猪四頭

號數：44、54、69、79、

(二)仔猪一十九頭(平均年齡三個月)

公猪十頭一號數 2 6 19 22 24 26 32 49 51 55

母猪九頭一號數 25 37 48 50 52 53 54 56 59

以上共計分配种猪二十三頭、(公猪十四頭、母猪九頭)

附註：架子猪公猪四頭均可配种但每日最多交配一次、隔三日須休息一日、以免交配過度、影响健康、

华西实验区饲养种猪的相关文件（约克夏种料饲养法、养猪及贷款办法、约克夏种猪分配、种猪饲养志愿书、种猪饲养须知、猪舍修建设计、种猪推广办法等） 9-1-116（133）

77

種豬飼養志願書

具志願書人　　今願飼養約克夏豬　頭自籌飼料管理以供雜交配種合作期間自　年　月　日起至　年　月　日止一切遵照
貴區之指示履行下列工作

一、合作期内一切工作悉聽指導
二、修建豬舍依照規定標準
三、遵照飼料標準配合飼養
四、保持豬身及豬舍之清潔衛生
五、種豬疾病死亡隨時報告接受指導防疫治療

华西实验区饲养种猪的相关文件（约克夏种料饲养法、养猪及贷款办法、约克夏种猪分配、种猪饲养志愿书、种猪饲养须知、猪舍修建设计、种猪推广办法等） 9-1-116（134）

六、同意貴區隨時將調種豬並竭誠協助

七、接種交配按照規定酌收費用

中華民國 年 月 日

立志願書人 立

华西实验区饲养种猪的相关文件（约克夏种料饲养法、养猪及贷款办法、约克夏种猪分配、种猪饲养志愿书、种猪饲养须知、猪舍修建设计、种猪推广办法等） 9-1-116（137）

77

種豬飼養須知

一、種豬之所有權仍屬實驗區，必要時可以隨時收回，純種小豬之所有權屬合作社，可作貸款之擔保，作價償還貸款，交回實驗區以便統籌推廣，飼養者不得自行支配處理。

二、種豬如有疾病死亡，應隨時報告，接受指導防疫治療。

三、修建豬舍必須依照規定標準，並與普通豬舍隔離，保持絕對之清潔乾燥。

四、種豬飼料應照規定標準配合，每日宜喂玉米四斤，麩皮二斤，青菜一斤半，另加食鹽骨粉各少許，豆渣，苕藤亦可利用。

五、種豬給飼時間宜早晚各一次，每日中午喂以新鮮菜葉，飲水要多

华西实验区饲养种猪的相关文件（约克夏种料饲养法、养猪及贷款办法、约克夏种猪分配、种猪饲养志愿书、种猪饲养须知、猪舍修建设计、种猪推广办法等） 9-1-116（138）

可助消化。

六、種豬交配，公豬年齡以十月至一年為宜，交配時間宜在八、九月或二、三月，每期配種以五十頭為限，母豬年齡宜在七月左右，交配日期以在發情後第三日為宜。

七、配種時公豬須要元氣活潑，精神飽滿，每日配種宜在午前十時或午後三四時，每天交配以一次為限。

八、雜交第一代小豬在產後六至八週即須去勢，以便肥育八個月後，體重可達二百斤。

华西实验区饲养种猪的相关文件（约克夏种料饲养法、养猪及贷款办法、约克夏种猪分配、种猪饲养志愿书、种猪饲养须知、猪舍修建设计、种猪推广办法等） 9-1-116（135）

78

豬舍修建設計

（一）修建豬舍的地方，應南向及高燥，若有天然傾斜更好，水及糞料容易排洩，通常先掘地土五寸至一尺，然後鋪以磚石或洋灰。

（二）臥地要溫暖，磚石洋灰乾燥被冷，土築潮濕經濟容易生病，可以常撒石灰，細心管理，以圖補救。

（三）豬舍四面圍牆，宜用磚石建築，但以土築比較經濟，或以磚石為底，上層則用土築。

（四）豬舍要空氣流通，日光充足，門窗要寬大，都宜南向。

（五）糞水排洩的設備要特別注意，豬舍四周，宜開淺溝，屋外掘坑收取糞水。

华西实验区饲养种猪的相关文件（约克夏种料饲养法、养猪及贷款办法、约克夏种猪分配、种猪饲养志愿书、种猪饲养须知、猪舍修建设计、种猪推广办法等） 9-1-116（136）

上宜撒用石灰，鋸屑或乾土以吸收尿液，減少臭氣。

（七）豬舍外面要有運動場，圍建木欄，可開一門，以便進出。

（八）豬舍修建簡單的圖樣如下：

(1)豬舍前高四尺，後高六尺，佔地長寬各八尺。

(2)正面門寬四尺，側面窗高離地三尺，長二尺，寬一尺。

(3)運動場長一丈六尺，寬八尺，欄高三尺。

(4)豬舍地面土築或鋪磚石，洋灰，向外斜傾，四週開淺溝，糞水可流出舍外，以便掘坑收取。

(5)豬舍牆用磚石或土築，屋頂蓋草加瓦，或釘木板。

(6)門，窗，豬欄，均用木料釘牢。

华西实验区饲养种猪的相关文件（约克夏种料饲养法、养猪及贷款办法、约克夏种猪分配、种猪饲养志愿书、种猪饲养须知、猪舍修建设计、种猪推广办法等） 9-1-116（139）

種猪推廣辦法

一、本區飼育之約克夏種猪依照本辦法分批推廣交各輔導區飼養以供接種交配

二、各輔導區已設有推廣繁殖站者均得申請優先推廣每區暫配約克夏公猪一頭至二頭

三、各輔導區飼育種猪辦法有二由各區自定選用

(1) 由輔導區示範繁殖站所在地之農業生產合作社負責飼養自籌飼料所為社員均可免費接種交配非社員則酌收交配費以作該社公益金

(2) 由表証農家負責飼養自籌飼料接種者均得酌收交

华西实验区饲养种猪的相关文件（约克夏种料饲养法、养猪及贷款办法、约克夏种猪分配、种猪饲养志愿书、种猪饲养须知、猪舍修建设计、种猪推广办法等） 9-1-116（140）

配費以補助其飼料及人工費用

四、種猪交配收費以实物計算每次以食米三升至五升為準

如未受孕必需第二次交配時則其費用免收

五、種猪珍貴各區農業輔導員須嚴密監督飼養及保健

六、猪舍之建築必須清潔適用如輔導員認有需要可申請

貸款修建每區貸款以食米二石為限一年為期無利償還

猪舍修建之設計見附表一

七、種猪之飼料須按照規定標準維持其營養健康飼料之配

合見附表二

八、種猪交配應將其出年月交配日期母体性狀特徵及其祖

璧山四寶閣文具印刷紙號印製

华西实验区饲养种猪的相关文件（约克夏种料饲养法、养猪及贷款办法、约克夏种猪分配、种猪饲养志愿书、种猪饲养须知、猪舍修建设计、种猪推广办法等） 9-1-116（141）

79

九等登記於繁殖紀錄簿上俾作譜系參考登記詳表見附表三。

九、接種所生之第一代仔猪必須去勢作肉猪飼養無論公牡不得用作種猪指導員并須按時查驗

十、種猪及雜交仔猪均須接受指導按時注射防疫血清疫苗。

十一、種猪如有疾病死亡負責飼養者均需隨時報告及由各區農業輔導員查明責任呈报核辦。

十二、種猪之所有權應屬本區如有需要得隨時收回或易換其他種猪飼料損失則可酌予補償

十三、飼養種猪之農業生產合作社或農家均須填具志願

华西实验区饲养种猪的相关文件（约克夏种料饲养法、养猪及贷款办法、约克夏种猪分配、种猪饲养志愿书、种猪饲养须知、猪舍修建设计、种猪推广办法等）　9-1-116（142）

言訂期一年規定權利義務切實遵行。

附表一、种猪猪舍之修建設計圖
附表二、种猪飼料之配合標準表
附表三、种猪交配之登記表
請中畜所代擬

璧山四寶閣文具印刷紙號印製

华西实验区纯种约克夏猪推广办法、各乡种猪分配表、种猪饲养志愿书　9-1-145（18）

中華平民教育促進會華西實驗區純種約克夏猪推廣辦法

一、推廣目的：保持純種並利用純種公猪與榮昌母猪交配繁殖雜交第一代以供農民飼養增加生産而利農民

二、推廣範圍：暫按本區舊有推廣範圍並有農民業繁殖站之地域為限必要時得擴大其範圍

三、分配數量：約八十頭暫以公猪四十頭母猪四十頭為預計分配表附後：附件一

四、推廣對象：

(一)農業生産合作社（辦理有成績者）可集體飼養

(二)農業生産合作社優秀社員

（三）表證農家

（四）與本區合作之農業機關特約農場願意接受推廣辦法而有示範作用者

五、進行步驟：

（一）由各區辦事處及繁殖站負責人就近調查農民或特約農場等有無推廣可能並徵求其意見

（二）凡願飼養者填具飼養志願書（附格式於後）交由各區彙送總處審查合格即予配給種猪一對

（三）飼養管理之作由各繁殖站負責人監督執行按月登記其生長情形及交配紀錄務使每頭種猪均有詳細記載（上

华西实验区纯种约克夏猪推广办法、各乡种猪分配表、种猪饲养志愿书 9-1-145（19）

項紀錄表由本區製（分發應用）

（四）種猪應按適合年齡交配其純種第一窩及第二窩仔猪由本區選擇一對於出生後三月內收回另予推廣

（五）未交回小猪二對以前原領種猪所有權屬於本區交回小猪二對後所有權屬飼養者但非經本區同意不得轉售他人飼養管理仍須接受本區指導凡按本辦法經領種猪者除非違犯本規約之規定否則種猪決不收回

（六）所產純種仔猪除本區收回者外餘者由農民按市價（或加二成）出售藉以推廣如本區範圍內是項種猪數量已達飽和程度時可指導農民運售其他指定社區

9

（七）成年之純種公猪除飼養人自[illegible]
[illegible]母猪配種酌收交配費

（八）雜交第一代仔猪須於五〇—六〇日内去勢方准出售

（九）本辦法在永遠保持約克夏及榮昌兩品種之純系並永遠
利用兩系之雜交優勢而推廣之

六、本辦法經區務會議修正通過呈請區主任核准施

华西实验区纯种约克夏猪推广办法、各乡种猪分配表、种猪饲养志愿书 9-1-145（21）

各鄉種豬分配表

輔導區	鄉名	公豬	母豬	共計
璧一區	城北	4	4	8
	城東	3	3	6
璧五區	接龍	2	2	4
	河边	3	3	6
璧六區	八塘	3	3	6
	臨江	3	3	6
巴一區	青木	2	2	4
	鳳凰	2	2	4
	虎溪	2	2	4
	土主	2	2	4
巴二區	歇馬	4	4	8
	興隆	3	3	6
北碚	全區	8	8	16
合計		43	43	86

種猪飼養志願書

具志願書人　　今願飼養約克夏種猪　　頭其飼養管理均由本　　負責並願遵照貴區指導履行下列工作

一、合作期内一切工作悉聽指導

二、經常保持猪舍及猪身之清潔衛生

三、配種後第一窩及第二窩分別交回仔猪各一對事後所有權即属本　　場或人 但一切辦法仍須遵照貴區指導不得任意轉讓或委託他人飼養

四、接種交配按照規定收費

年　　月　　日

10

立志願書人

住址：縣　鄉　保　甲

华西实验区纯种约克夏猪推广办法、各乡种猪分配表、种猪饲养志愿书　9-1-145（23）

华西实验区约克夏纯种猪推广各乡办法（附：各乡分配数量表） 9-1-145（36）

中華平民教育促進會
華西實驗區約克夏純種猪推廣各鄉辦法

一、推廣目的：推廣優良猪種繁殖榮昌母猪及約克夏公猪之雜交第一代增加生產而利農民

二、推廣範圍：暫按本區以往推廣範圍並設有農業繁殖站者其地名如下：

(一)璧山一五六區——八鄉

(二)巴縣一二區——六鄉

(三)北碚全區——六鄉

三、分配數量如附表一

約八十頭暫以公猪四十頭母猪四十頭爲預計

四、推廣辦法

（一）推广对象

1.农业生产合作社（办理有成绩者）集体饲养

2.农业生产合作社社员

3.表证农家（由本区合作社指定，确能起示范作用者）

4.本区范围内之特约农场（农场愿与本区合作推广优良种猪者）

（二）推广办法

1.凡愿饲养此项猪只者填具饲养志愿书（附格式后）送

2.各繁殖推广繁殖站审查合格予以分配一对。

3.本区对每只种猪补助合米一市石，由领猪人具领，由繁殖站及各区办事处监督购买饲料饲养，

后概不补助。

华西实验区约克夏纯种猪推广各乡办法（附：各乡分配数量表）　9-1-145（38）

18

3、種猪应照適合年齡支配其他種猪第一代（富小猪）由本区选择一對，於出生（後）三月內收回再予推廣。

4、其第二代（富）再交回一對後，原配给之大猪所有權即全部歸属於飼養者，非有違犯款約（飼養者）決不收回。

5、純種猪所產純種仔猪收回一對，餘可由農民按市價出售，購買者必須作種猪之用。

6、成年之純種公猪，除飼養人自行配種外，可與附近農民所養之營為母猪配種，酌收配費，但其飼養者一切須依照接受本区之指導

天數交第一代仔猪務須於五〇一六〇日內去勢，方准

出售、

8. 本办法在于永远保持约克夏及荣昌之纯系品种，并永远利用两纯系之杂交优势推广之。

五、经费负担

（一）由此种猪至各区办事处或繁殖站之运费由本区负担。

（二）每只猪补助饲料费（谷米）一市石半。

（三）由各区办事处或繁殖站至农家之运费由农民负担

六、本办法经区务会议通过并请总主任核准施行

18

附表二 各鄉分配數量表

各鄉種豬分配表

輔導區	鄉名	公豬	母豬	共計
璧一區	城北	4	4	8
	城東	3	3	6
璧五區	接龍	2	2	4
	河邊	3	3	6
璧六區	八塘	3	3	6
	臨江	3	3	6
巴二區	歇馬	4	4	8
	興隆	3	3	6
巴一區	青木	~~3~~ 2	~~3~~ 2	~~6~~ 4
	鳳凰	3	3	6
	虎溪	~~3~~ 2	~~3~~ 2	~~6~~ 4
	土主	2	2	4
北碚區	集中二鄉	~~4~~ 3	~~4~~ 3	~~8~~ 6
合計	14鄉	40	40	80

华西实验区约克夏纯种猪推广各乡办法（附：各乡分配数量表） 9-1-145（40）

種猪飼養志願書

具志願人　　今願飼養約克夏種猪　　頭

~~飼料準由~~

貴區補助穀米一年所需 其餘飼料管理均由本　負

担並願遵照[illegible]

貴區指導履行下列工作

一、合作組內一切工作應聽指導

二、經常保持猪舍及猪身之清潔衛生

三、種猪疾病死亡隨時報告接受指導防疫治療

四、配種後交回貴區純種仔猪二對，原領种猪所有權即系

华西实验区约克夏纯种猪推广各乡办法（附：各乡分配数量表） 9-1-145（42）

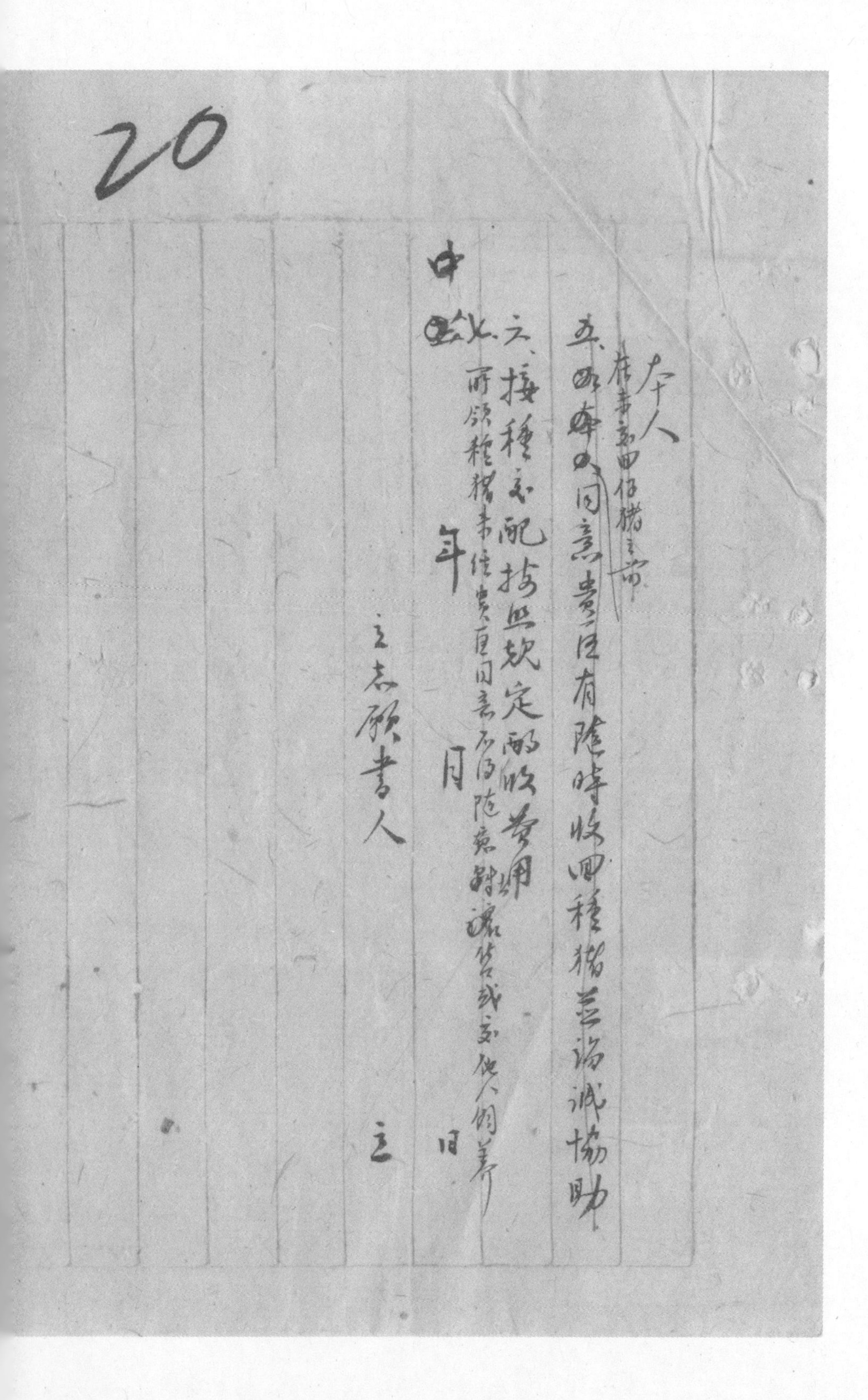

20

本人（在本会领仔猪之前）

五、如本会同意贵会有随时收回种猪并请诚协助

六、接种交配按照规定酌收费用（所领种猪未经贵会同意不得随意转让或交他人饲养）

中华民国　　年　　月　　日

立志愿书人　　立

华西实验区约克夏纯种猪推广各乡办法（附：各乡分配数量表）　9-1-145（42）

华西实验区纯种约克夏猪推广办法、各乡种猪分配表、种猪饲养志愿书（附：各区种猪分配表） 9-1-145（64）

純種約克夏豬推廣辦法

一、推廣目的：保持純種並利用純種公豬與榮昌母豬交配繁殖雜交第一代以供農民飼養增加生產而利農民

二、推廣範圍：暫以璧山一區三區及巴縣一二區有農業繁殖站之地域為推廣範圍，必要時得擴大之。

三、分配數量：約八十頭暫以公豬四十頭母豬四十頭為預計分配表附后

四、推廣對象：

(一)農業生產合作社社員

(二)表證農家

(三)與本區合作之農業機關特約農場願意接受推廣辦法而

有示範作用者

五、進行步驟：

(一)由各繁殖站負責人調查農民或特約農場等有無推廣可能，並徵求其意見

(二)凡願飼養者填具飼養志願書(附格式於後)彙送總處審查合格即予配給種猪(一對

(三)飼養管理工作由各繁殖站負責人監督執行按月登記其生長情形，及交配紀錄務使每頭種猪均有詳細記載(上項紀錄表由本區署(一)分發應用)

(四)種猪應按適合年齡交配其純種第一窩及第二窩仔猪由繁殖

华西实验区纯种约克夏猪推广办法、各乡种猪分配表、种猪饲养志愿书（附：各区种猪分配表） 9-1-145（66）

34

站選擇（對於出生后三月內收回另予推廣

(五)未交回小豬之對以前原領種豬所有權屬於繁殖站交回小豬之對後所有權為飼養者但非經繁殖站同意不得轉售他人飼養管理仍須接受指導凡按本辦法經領種豬者除非違犯本規約之規定否則種豬决不收回

(六)所產純種仔豬除收回者外餘者由農民按市價加二成出售（售出時須向繁殖站登記）藉以推廣如該區範圍內是項種豬數量已達飽和程度時可由繁殖站指導農民運售其他指定区域

(七)成年之純種公豬除飼養人自行配種外並須與附近農民榮昌母豬配種酌收交配費其所收費額為養豬人所有但不得

起出當地土猪之交配費

（八）雜交第一代仔猪須於五〇——六〇日内去勢方准出售

（九）本辦法在永遠保持約克夏及榮昌兩品種之純系並永遠利用兩系之雜交優勢而推廣之。

六、本辦法商得中畜所家畜保育站同意後由各繁殖站配合各地方人民政府施行之

华西实验区纯种约克夏猪推广办法、各乡种猪分配表、种猪饲养志愿书（附：各区种猪分配表） 9-1-145（68）

35

各區種豬分配表

地區	鄉名	公豬	母豬	共計
璧八區		7	7	14
璧六區		7	7	14
璧山縣農推所		2	2	4
巴縣農推所		2	2	4
巴八區	鳳凰 虎溪 大兴	7	7	14
巴六區		13	13	26
江津農推所		2	2	4

华西实验区纯种约克夏猪推广办法、各乡种猪分配表、种猪饲养志愿书（附：各区种猪分配表） 9-1-145（69）

合计		40	40	80

種猪飼養志願書

具志願書人　　今願飼養約克夏種猪　　頭其飼養管理均由

本　　負責並願遵照指導履行下列工作：

一、合作期内一切工作悉聽指導

二、經常保持猪舍及猪身之清潔衛生

三、配種後第一窩及第二窩於出生三個月至一百天之内分别交回

仔猪各一對事後所有權即屬本　人社場　但一切辦法仍須遵照指

導不得任意轉讓或委託他人飼養

四、接種支配按照規定收費

华西实验区纯种约克夏猪推广办法、各乡种猪分配表、种猪饲养志愿书（附：各区种猪分配表） 9-1-145（70）

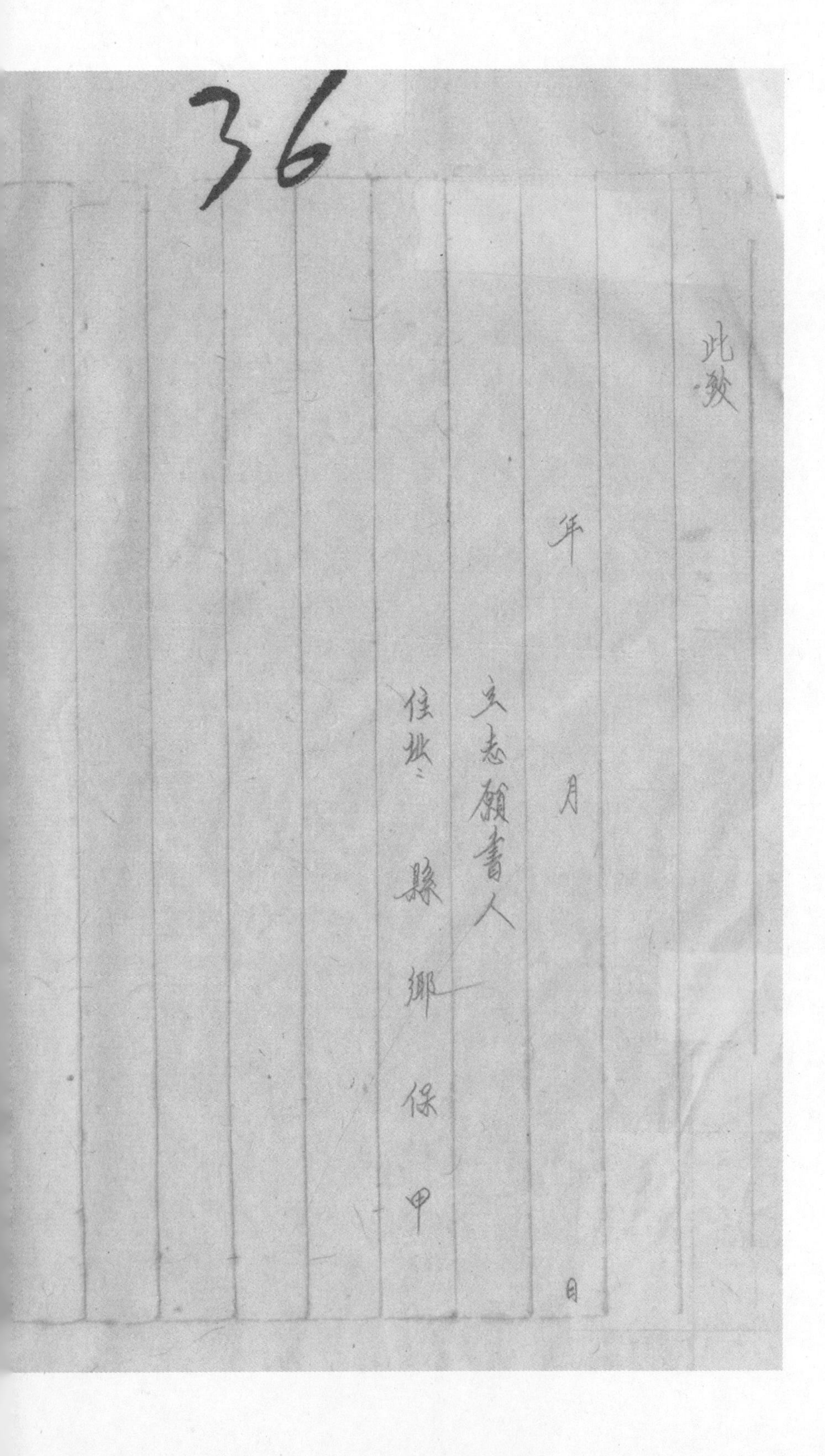
36

此致

年 月 日

立志願書人

住址： 縣 鄉 保 甲

华西实验区纯种约克夏猪推广办法、各乡种猪分配表、种猪饲养志愿书（附：各区种猪分配表） 9-1-145（104）

54

各鄉種豬分配表

輔導區	鄉名	公豬	母豬	共計
璧一區	城北	4	4	8
	城东	3	3	6
璧五區	接龍	2	2	4
	河边	3	3	6
璧六區	八塘	3	3	6
	臨江	3	3	6
巴一區	青木	2	2	4
	凤凰	2	2	4
	康溪	2	2	4
	土主	2	2	4
巴二區	歇马	4	4	8
	興隆	3	3	6
北碚	全區	8	8	16
	合計	43	43	86

华西实验区纯种约克夏猪推广办法、各乡种猪分配表、种猪饲养志愿书（附：各区种猪分配表）　9-1-145（105）

種猪飼養志願書

具志願書人　　　今願飼養約克夏種猪　　頭

飼料除由貴區補助食米壹市石外其餘飼養管理

均由本人負責並願遵照貴區指導履行下列

工作

一、合作期內一切工作悉聽指導

二、經常保持猪舍及猪身之清潔衛生

三、配種後第一窩及第二窩分別交回仔猪各一對，以後

所有权即屬本人　　場址人　但一切辦法仍須遵照貴

四、區指導不得任意轉讓或委托他人飼養。

55

四、在未交回小猪二对之前因意貴应有随時〃
種猪之权力

五、接種交配按照規定收費。

年　　月　　日

立志願書人

住址：　縣　鄉　保　甲

华西实验区农业生产合作社养猪及贷款办法 9-1-191（46）

78

p

華西實驗區農業生產合作社養豬及貸款辦法

一、本區為推廣優良種豬及提倡社員養豬增加生產起見特訂定本辦法

二、農業生產合作社養豬分為左列數項：

子、種豬

(一)本區以約克夏種豬分借於設有繁殖站之農業生產合作社暫以巴縣璧山合川三縣為限

(二)凡借養種豬之合作社須填具種豬飼養志願書(志願書格式附後)依照規定辦法飼養(飼養須知附後)本區必要時得隨時收回

(三)凡借養種豬之合作社應依照規定圖樣建築豬舍遇有困難者以舊有豬舍改造利用時須照本區指導加以改造(修建豬舍設計附後)

(四)凡借養種豬之合作社其飼養辦法應經由社務

(1)委託設有槽房或粉房之社員飼養

(2)委託熱心之社員或表證農家飼養

(3)委託繁殖站所在地之保校飼養

(4)凡接受委託飼養種豬者除遵照本辦法各項規定外並應訂立合約報請輔導區辦事處核轉本區備查

乙、合作社飼養

(1)由合作社附設槽房或粉房飼養

(2)除種豬外兼養母豬以十頭至五十頭為限

(3)合作社飼養種豬而附設於原有槽房或粉房需要資金週轉時得擬具計劃經社員大會決議請由輔導區辦事處依照「辦理農業合作社申請借款應行注意要點」協助辦理借款手續核轉本區核辦

(4)合作社養豬業務應單獨記帳統一決算

(五)飼養種豬所產之純種小豬得由本區照核定之價格收購以推廣其他區域

华西实验区农业生产合作社养猪及贷款办法　9-1-191（48）

P2

（六）各社及社員所產一代雜交豬應於一月半至二月全部去勢後分售社員飼養不得售於非社員

（七）社員保校或合作社飼養種豬其豬舍修建及飼料費須自行負責交配費之收入及所產肥

华西实验区农业生产合作社养猪及贷款办法　9-1-191（48）

（一）設有繁殖站之合作社得優先請求母豬貸款
（二）購養母豬以配合種豬年齡為準
（三）每社購養母豬最多以五十頭為限
（四）貸款以當時肉價計算合作社自籌全部價款三
　　成其餘由本區與農行配貸
（五）貸款方式以貸實收實為原則
（六）借貸期限一年利息及手續均照農行規定辦理

三、種豬之防疫養護均應接受本區之指導
四、購養母豬應由各輔導區聯合各社集體購買
五、本辦法自公佈之日施行

铜梁县巴岳山茶叶桐树生长情况暨今后计划　9-1-194（94）

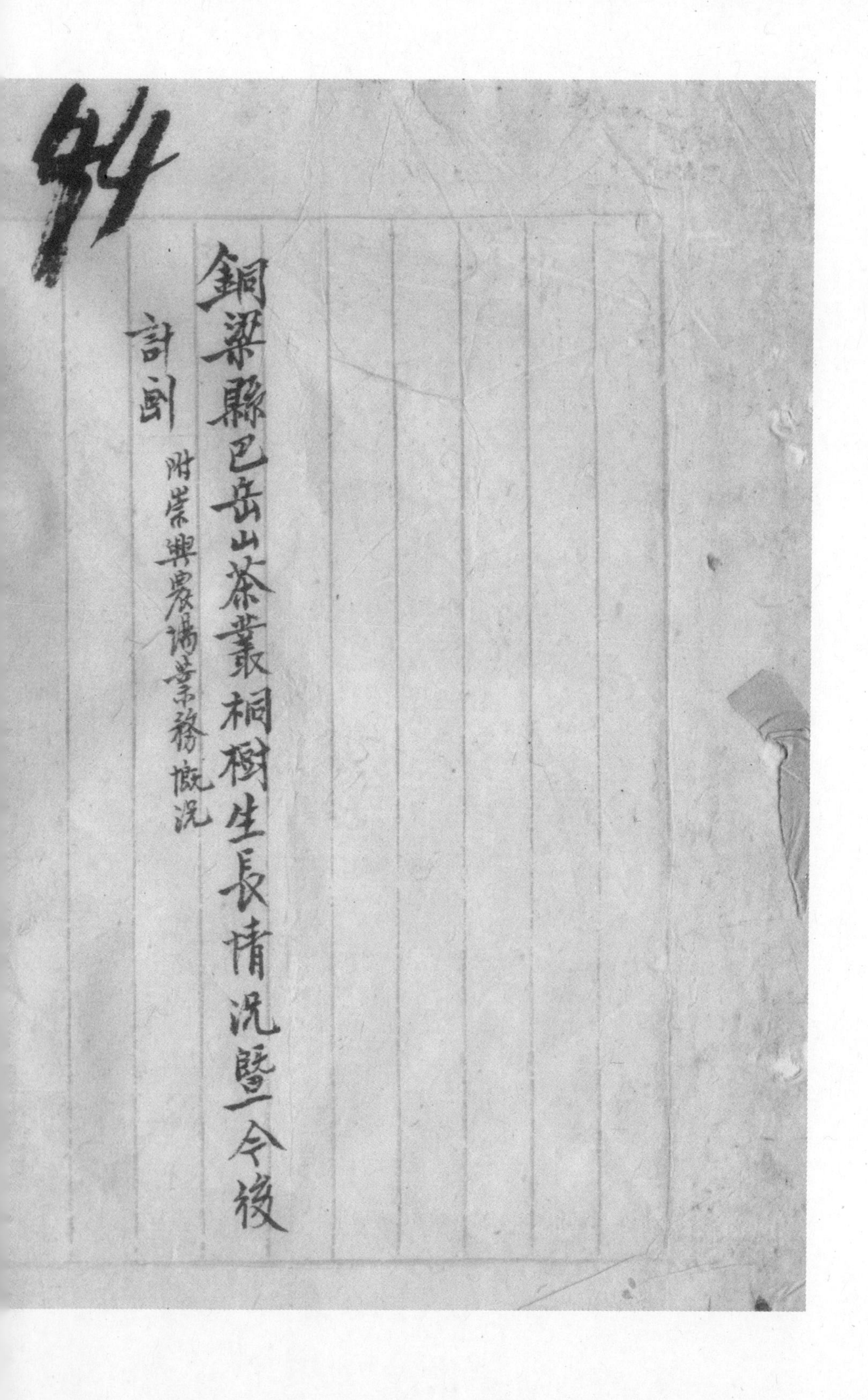
94
銅梁縣巴岳山茶叢桐樹生長情況暨今後
計劃
附崇興農場業務概況

铜梁县巴岳山茶叶桐树生长情况暨今后计划　9-1-194（94）

目次

铜梁县巴岳山茶叶桐树生长情况暨今后计划　9-1-194（95）

95

铜梁縣崇興墾植農場業務概況及計劃書

一、場名地址：銅梁縣崇興墾植農場縣屬東南面十八華里之巴岳山城内南街自設辦事處專售場内農產品

二、場面土壤

1、面積：全場四千四百餘市畝

2、土壤：灰棕壤土約4/10　腐植質土2/10　礫質土3/10　黃粘土1/10

3、坡度：十五度以下3/10　十五度至二十度4/10　二十度以上3/10

三、氣候環境：據歷年記載本均較本地（即山下）温度低五六度雨水適宜整年有兩季為雲霧所籠罩故對茶樹之發育及品質最為合宜桐樹之發育亦無不良情況

四、創辦日期：民國二十三年時值大旱災為救濟飢民特集資開辦從事墾植種植茶樹油桐本以為主業其餘農作為副業場地自有三分之一其餘係租佃廟產官荒租期四十年於開辦時曾向縣府備案三十五年向農林部註册

五、組織：合資經營兼勞資合作式

铜梁县巴岳山茶叶桐树生长情况暨今后计划　9-1-194（97）

46

六、業務項目：

1、主業：原有茶樹不多明清兩代曾作貢品後以製造技術不加改進經濟價值低落農民棄之不理本場開辦後一面繁殖一面力求技術改進故先後每年經復旦大學浙江大學教授及製茶專家胡浩川先生來場指導訓練如紅茶綠茶青茶等本場均能製造而品質方面復經諸專家之化驗分析均認為至品氣候土壤最為適宜在四川一切產茶區茶質之上以致年來所出茶葉供不應求名譽全國因此經濟價值提高而一

铜梁县巴岳山茶叶桐树生长情况暨今后计划　9-1-194（98）

般山民以生茶能賣高價又多相率繁殖愛如珍寶惟以農村經濟破産種籽肥料無着實有心餘不足之慨

茶：混植於桐林之下除原有萬餘叢外年有增植（有性繁植無性繁植均用）至今已植五十餘萬叢以上目前可能採葉之茶樹有三分之二因歷年均有種植至少以種後三年始能採摘新葉刻以肥料人工不敷不能達到預期計劃

桐：已植三年桐品種二十餘萬株均已開花結實然産量僅産一百餘石亦以肥料人工不够不能

铜梁县巴岳山茶叶桐树生长情况暨今后计划 9-1-194（99）

按照每株最低产量收获

五、副业：

木瓜、桤数约十万株现已有收获者六七万株仍在繁殖中

栀子、四五万株均能结实

棕榈、约五万株

农作物、主要者如玉米甘薯小麦黄豆马铃薯

牲畜、猪牛羊鸡

七、经营情形：

本场自开办迄今所经营主副业以气候土壤均甚相

铜梁县巴岳山茶叶桐树生长情况暨今后计划　9-1-194（100）

宜在主業未收獲前（初開墾五六年）玉米曾產一百五六十石小麥豆類年產各三四十石甘藷馬鈴薯各產數萬斤至二十九年後主業開始收入遂逐年減低現年僅二三十石惟主副各業均賴人工肥料接濟多寡而定在抗戰期中因場邊遷往正誼中學有七八百人肥料賴以充足當時人工不貴勞力容易解決故彼時之茶桐農作均欣欣向榮近以物價變異失常而此項事業彈性又小受時間季節限制故目前僅能收支相抵則無餘力發展如每年應中耕一次除草一次施肥一次整枝一次等工作亦不能配合季節作合理化之經營則

铜梁县巴岳山茶叶桐树生长情况暨今后计划　9-1-194（101）

更不能增產矣

八、今後計劃：

業務方針在示範提倡推廣之原則下從事增加生產以繁榮農村擬舉辦如後

一、茶　山上居民約二百餘家如能有種籽肥料至少可植茶叢二百萬以上本場除已有五十萬叢外尚可植五十萬叢左右擬於兩年內完全種植現正值採茶時期如能貸以肥料促其多發新葉即可增產數仟斤乾茶

二、桐　山上油桐普通均較場下優良因氣候濕潤油質豐富以每老石桐籽所得桐油比場下桐籽多出油十四五斤

（此係本場歷年經驗而山上一般農家亦然）與茶樹間作又可盡地力如全山推廣至少能種四五十萬株

三、牲畜 一般農家因地處山上肥料供應不易又無能力購買牲畜本場前曾試辦以下各種

猪 在復旦大學購買醃肉用約克豬與榮昌豬襍交成績良好限于飼料與活動資金不敷未能大量推廣

來克杭雞種與下一代襍種雞推廣於沿山農家借除蟲害增進農家副業收入與營養

四、籌設山上榨油房兩所以免桐籽搬運下山一則節省人力一則增加山上肥料來源又可免除一部份油商剝削

五增設製茶場所訓練農民科學方法製造免除生葉
賤價出售增加一般農民收入并可珍惜原料
六提倡多種農作—玉米 甘藷 馬鈴薯 豆類—等
增加牲畜飼料 儲備粮荒
附言 右列計劃均為山上實際情形而目前急待着手首
推肥料製茶場因季節已到桐樹茶叢急待施肥
為上可以增產其餘各項亦應預備是否有當敬請
指正

卅八年三月二十五日擬

铜梁县巴岳山茶叶桐树生长情况暨今后计划　9-1-194（103）